架构师书库

SOLUTIONS ARCHITECT'S HANDBOOK

解决方案架构师
修炼之道

［印］所罗伯·斯里瓦斯塔瓦（Saurabh Shrivastava）内拉贾利·斯里瓦斯塔夫（Neelanjali Srivastav）著

陈亮 王磊 周训杰 万学凡 译

机械工业出版社
China Machine Press

图书在版编目（CIP）数据

解决方案架构师修炼之道 /（印）所罗伯·斯里瓦斯塔瓦（Saurabh Shrivastava），（印）内拉贾利·斯里瓦斯塔夫（Neelanjali Srivastav）著；陈亮等译 . -- 北京：机械工业出版社，2021.11（2022.10 重印）
（架构师书库）
书名原文：Solutions Architect's Handbook
ISBN 978-7-111-69444-1

Ⅰ. ①解… Ⅱ. ①所… ②内… ③陈… Ⅲ. ①软件设计 Ⅳ. ① TP311.5

中国版本图书馆 CIP 数据核字（2021）第 218071 号

北京市版权局著作权合同登记 图字：01-2020-7586 号。

解决方案架构师修炼之道

出版发行：机械工业出版社（北京市西城区百万庄大街 22 号 邮政编码：100037）
责任编辑：王春华 李忠明　　　　　　责任校对：殷 虹
印　　刷：北京捷迅佳彩印刷有限公司　　版　　次：2022 年 10 月第 1 版第 2 次印刷
开　　本：186mm×240mm 1/16　　　　印　　张：21.25
书　　号：ISBN 978-7-111-69444-1　　　定　　价：119.00 元

客服电话：（010）88361066 68326294

本书是一本非常好的解决方案架构师手册，因为它系统、全面，并且与时俱进。这本手册涵盖了 SOA、云迁移和混合云、无服务器、微服务、基于队列、事件驱动、大数据等架构设计模式，对性能、安全性、可靠性、运维、成本等进行了全方位考量，也涉及云原生架构、DevOps、数据工程和机器学习等一些崭新领域，从架构师的角色和职责开始，逐步深入探讨设计原则、设计模式及其实践。我相信，它会成为架构师的案头必备。

——朱少民，《架构之道：软件构建的设计方法》译者，

《敏捷测试：以持续测试促进持续交付》作者，QECon 大会发起人

解决方案架构师对于软件产品开发而言越来越重要，只有根据业务场景做针对性的架构设计才能保证整体架构方案可落地。因此，解决方案架构师不仅是技术专家，更是千锤百炼的业务专家。成为一名优秀的解决方案架构师绝非一日之功，这本书好比一位向导，指引大家成为一名优秀的解决方案架构师。

——张尧，凯捷中国首席架构师

如果说产品经理的价值是指导团队开发正确的产品，那么架构师的价值就是教团队以正确的方式开发产品。架构师其实有许多种，比如系统架构师、应用架构师、数据架构师、安全架构师等。如果说哪一种架构师既懂技术，又懂产品，还懂业务，那一定就是解决方案架构师。强烈推荐这本经典著作，阅读这本书会帮助你成为一名出色的综合型技术人才。

——黄勇，《架构探险：从零开始写 Java Web 框架》作者

在云服务成为数字化最重要的基础设施和驱动力的今天，围绕着云服务，以涵盖业务、应用、数据和基础设施的解决方案设计来指引数字变革，已越来越多地被各行业头部企业所采纳。而其中的架构设计，正是支撑这场变革的骨架。与之相适应，新的趋势、场景、技术

也对投身其中的架构师提出了新的要求。本书很好地定位于这样的趋势当中，定位在云服务体系的数据和基础设施层面，从弹性、安全、灾备、DevOps、云迁移及混合云等若干重要维度展开，以架构设计的视角进行详细阐述。同时，结合这样的环境，对架构的含义、原则、模式和方法进行了再归纳和再升华。本书对于投身数字变革中的架构师来说是非常有益的给养。推荐大家阅读、参考。

——马徐，腾讯云高级战略专家，《服务设计方法与项目实践》译者

解决方案架构师的重要性越来越受到行业的关注。这个角色由企业架构领域的应用架构师与 IT 架构师发展而来，它的兴起与演进，契合了当下从"架构适配业务的内部视角"到"业务驱动架构的外部视角"关注点变化的趋势。但是对于这个新兴的角色，行业中相关的文献仍显空白。很高兴看到这本书出版，它能为这个新角色的定义与发展提供指导。

——王健，Thoughtworks 首席咨询师，"白话中台战略"系列文章作者

解决方案如何解释？我的理解是：对一组抽象问题的一揽子解决办法。每个公司内部都面临着各种各样的业务问题，面对这些棘手的问题，解决方案架构可以帮助识别、理解、解决业务中出现的各类问题。在这个过程中，我们首先需要对解决方案架构的定义达成共识，并对解决方案架构的发展有深刻理解。强烈推荐几位好友联手翻译的这本书，它一定能帮到你。

——吴瑞诚，小米业务中台武汉负责人

在第四次工业革命的浪潮之下，各行各业纷纷转战竞争激烈的数字化转型赛道。众人皆知转型之路需披荆斩棘，不仅需要绩效高、执行力强的研发团队，更需要一支着眼全局，从战略到战术视角定义问题和设计解决方案的架构团队。对于这样的架构团队，不同的企业皆有解读，然而林林总总的架构师头衔（解决方案架构师、云架构师、技术架构师、应用架构师等）往往会令从业者困惑不已。幸运的是，这本书的出版恰逢其时。它先从"道"出发，帮助读者理解这个时代下架构师面临的挑战以及架构设计原则。然后，进一步洞察了架构师的"法"和"术"，分享了云时代的架构设计模式、设计框架和方法。此外，本书也对优秀架构师的软技能和实战工具选择提出了期待。

——笪磊，Thoughtworks BeeArt 产品负责人，
《EDGE：价值驱动的数字化转型》《领域驱动设计精粹》译者

在企业数字化转型过程中，一个重要的议题就是技术如何赋能业务，以及如何开创数字化业务。解决方案架构师在将业务目标和需求与数字化服务、产品及基础设施进行结合的过

程中，担任了至关重要的角色。解决方案架构师是一位多面手，需要能透彻地理解业务，根据业务问题准确地提炼、抽象、设计解决方案，并最终使之落地。我的几位朋友翻译的这本书为有志于成为解决方案架构师的读者提供了系统性的指导。

——周柯，Thoughtworks 中国区首席信息官

解决方案架构师是未来 IT 架构中不可或缺的关键角色。本书作者从全球视角出发，经过多年沉淀积累，总结出一套科学、严谨的解决方案架构师参考指南。几位译者在翻译的过程中，亦融入了许多专业见解，对处于困惑之中的解决方案架构师起到了领航的作用。

——方强，旺米科技创始人

推荐序一 *Recommendation*

回顾企业信息化建设的数十年，我们经历了从商业化到部分自主研发的发展阶段，随之而来的企业级数字化应用越来越多、越来越复杂，因此技术架构的需求也日益凸显。企业信息化建设开始将注意力放在企业架构上，也开始从互联网行业学习企业架构——这是因为随着企业建设的项目越来越多，系统越来越不稳定，性能越来越差，交付时间也越来越长，很多企业的 IT 团队都深受其扰。

企业信息化的过程，也是在各种方案间之中不断"权衡"，进而选择出最优或最合适的"答案"的过程。然而，传统企业往往缺少具备这种能力的专业人员，也就是缺少解决方案架构师这样的角色。

解决方案架构师的工作就是在面对千变万化的业务需求和用户场景时，定制化地设计出各类解决方案。更困难的是，他们需要在企业高速发展的同时，提炼出适合企业发展的技术规范。在面对不同的需求重点时，解决方案架构师的工作职责也会有所不同：基础架构方案团队的侧重点是快速部署、资源可清晰划分、成熟的运维体系；面对客户的交付团队则将重点聚焦于业务蓝图、业务流程、业务生态以及用户体验，等等。

解决方案架构师还需要具备跨领域的思维，即拥有"横向"和"纵向"两种能力：横向是跨业务领域的知识广度，纵向是在某一领域的沉淀深度。他们经常会在方案设计过程中遇到跨多个领域的综合分析与设计。这极具挑战，也最具价值。

解决方案架构师在技术人员眼中是颇具神秘色彩的角色，也是众多技术人员努力的目标，大家都希望有一天由自己来规划整体设计。本书从架构设计理念、设计原则和策略、架构的核心要点等方面系统地阐述了解决方案架构师所需掌握的知识和核心思想，本书的几位译者也是业内的资深解决方案架构师，我向各位读者隆重推荐这本书，祝各位阅读愉快。

——郑金伟，吉利集团 IT 中心 CTO

我们都听过这样一个说法：一名优秀的战斗机飞行员的培养成本比飞行员等重的黄金价值还要高。飞行员培养成本高，主要是因为其训练环境极其复杂。同样，在 IT 领域里，解决方案架构师的培养成本也是极高的，架构的优劣决定着企业 IT 的建设和运营成本，架构设计上的漏洞可能会给企业带来巨大的损失。一名优秀的解决方案架构师在成长的道路上，要学习各类 IT 知识，在项目中摸爬滚打，总结经验教训，从实践中提炼方法论。

在阅读本书的过程中，我非常自然地联想到了著名的旅行系列丛书——"Lonely Planet 旅行指南系列"。对于旅行者来说，该丛书既有对于一个地方的整体概述，又有对其特色之处的有趣描述，它不仅能帮旅行者规划好行程，还能激发旅行者的探索欲望。正如这本关于 IT 架构的书，它完美地平衡了全局和细节，既介绍了常见 IT 架构的方方面面，包括软件开发、网络、数据、安全和存储，也提供了对于日常工作的全面和快速的指导。

本书的两位作者本身就是云计算的实践者和布道师，他们结合自己的经验，对云原生架构、DevOps 和云迁移等实战工作做出了非常详尽的指导。翻译本书绝对不是简单的工作，译者需要具备极其全面的 IT 领域知识，并且熟悉国内外技术和 IT 架构体系上的差异。几位译者有着开发、交付、解决方案咨询和敏捷培训等工作经历，也是资深的解决方案架构师，他们为本书的翻译工作付出了大量的心血。

"解决方案架构师是在实践中学习的构建者。一个原型胜过一千张幻灯片。"对书中的这句话，我感同身受。我曾经在中国、欧洲和美国做了 10 年的企业 IT 专业咨询，为上百家世界 500 强企业提供过产品、项目、优化和架构设计的咨询服务。之后我加入了一家科技公司，作为 CIO 主导企业的数字化变革，深度参与了企业 IT 基础和应用架构向分布式、云原生、开源和 SaaS 方向转型的过程。在咨询项目中，可能 50% 的交付物是通过 PPT 来完成的。但是在企业架构实践中，更看重原型设计，在工作中我同样希望合作伙伴和开发团队以方案原型的方式来交流工作。基于对架构和原型的理解，我们也在 Github 上开源了一个基于容器的应用架构设计工具 DrawDocker。在我看来，解决方案架构师就是企业 IT 的"神笔马良"，用自己的知识和实践为企业 IT 勾画出完美的图景。

——沈旸，神州数码集团副总裁兼 CIO

　　非常荣幸受邀作序。第一时间浏览了目录和自己重点关注的章节内容，感觉酣畅淋漓！本书从什么是解决方案架构、解决方案架构的意义起步，首先，讲解了"是什么"与"为什么"的问题；然后，描述了架构师的角色、类型、职责等，回答了"我是谁"的问题；接着，拆解解决方案架构的各种属性，进而深入每一个领域进行讨论，展开本书的核心部分；最后，落脚于架构师软技能的讨论和分享，这部分篇幅虽短，但是却极其重要。

　　作为一名非科班出身的架构师，我也来谈谈如何用好这本书。

　　首先，这本书更像是架构师们所需知识图谱的索引，而非一部"宝典"。我们从来都不缺乏各种特定技术领域、技术栈、交付方法等的专业书籍，然而回到架构领域，尤其是能够帮助技术人员成长为架构师的内容则寥寥无几。本书从资深架构师的视角出发，以非常清晰的脉络帮助读者梳理了架构师所涉猎的领域，这就是解决方案架构的"T"字的这一横，每位读者可以根据自身的情况找到适合的方向，去深入挖掘属于自己的那一竖。

　　其次，在具体的解决方案架构属性的分解以及方案场景的用例方面，本书既抽象地概括了"不变"的部分，也在具象处与时俱进。不变的部分包括架构原则以及架构的设计模式。对解决方案架构原则的深入理解是架构师判断力的核心，而真正简单的、美的原则，甚至与建筑设计的架构是相通的。原则也可以根据组织的现状和面对的问题进行裁剪，但是形成并坚持原则可以帮助架构师不偏航、快决策。设计模式更无须多言，是值得反复思考、越思考越深刻的"不变"部分。所谓与时俱进，则体现在云迁移、混合云架构以及对于安全架构的强调等方面，是不少架构师在日常工作中反复思考的内容。

　　最后我想说，要成为一名好的架构师，就必须实践出真知！我个人非常欣赏作者在最后一章中提出的对读者的期望：终身学习，终身思考。所有技术人员都有学不完的新技术、新工具、新理念，架构师需要对技术边界有深入的了解，能够回答任何一个新的方法来自哪里，可以解决什么问题，与现有主流方法比较有何优劣。再衍生来说，架构师要做的决策不是纯技术决策，而是要在条件有限、所有相关的要素和环境高度不确定的情况下，做出在时间线上对于组织而言最合理的判断和决策！这就需要每个架构师在真实的挑战中去锻炼自我。软技能往往是区别顶级架构师和一般架构师的关键，其中的深意更是"只可意会，不可言传"！

目前，市场上无论是互联网企业、传统的软件解决方案公司，还是不同行业的领军品牌，都希望能完成数字化转型，因此对于架构师的需求会越来越多。祝愿各位读者通过阅读本书能有所收获，在成为架构师的道路上，心中有光，脚踏实地。

——王博，阿迪达斯中国数字化中心高级总监最近，学凡等几位好友合作翻译了一本书，推荐给我阅读。受好友所托，我在出差的飞机上翻开了这本书，阅读完毕后收获了意外惊喜。因此，写下如下文字，希望帮助读者从本书有所收获。

作为在一线摸爬滚打多年的咨询师，我每天面对的是客户现场层出不穷的问题，深深理解"成事"之难。特别是在售前阶段，快速理解客户需求与约束，形成一份能够打动客户的方案书，是与客户达成合作的至关重要的一环。可以说，我每天都在围绕客户提出的大大小小的问题，做解决方案并努力获得客户认可。虽然我过去做了不少解决方案架构师相关的工作，但并未仔细去思考和总结解决方案形成、调整、落地与演进的全流程"套路"，对解决方案架构师的核心技能也未进行过深入思考。本书向我展示了一个全面的框架，让我对上述两个问题有了系统性的认识，特别是在设计解决方案过程中的风险、难点与应对之策方面，作者基于多年经验进行了有效总结。

解决方案架构师这个岗位，在很多人眼里是相当"高大上"的。也有些人对架构师的刻板印象是只会指手画脚，不管落地——这是本书极力纠正的一个认知。所谓"欲戴其冠，必承其重"，作为架构师，对整个解决方案应该端到端负责，在光鲜亮丽的头衔后面是"成事"的能力、勇气和推动力。为了"成事"，架构师需要承担很多责任，围绕最核心的解决方案的形成和落地展开，包括需求分析、了解并推动干系人、明确约束、技术选型、原型设计与概念验证、交付解决方案等，努力成为解决方案的扩展与技术布道者，在上述每项职责背后都需要进行反复思考、不断交流，付出说服性沟通、调整与再调整的努力。一名好的解决方案架构师，不能表面上能说会道、挥斥方遒，而要能做到深思熟虑、知行合一、软硬能力兼备，这也是本书给我带来的反思。

最近几年数字化转型盛行起来，敏捷组织打造以及敏捷研发模式的实施日臻成熟，本人过去七年多来沉浸于金融行业敏捷转型工作，感触颇深。在此过程中，传统金融机构面临一个严峻的问题,就是技术架构的灵活性如何才能调整得更加敏捷。本书专门对敏捷组织中的解决方案架构师进行了讨论,对此问题的解决大有裨益。我个人非常认同作者的观点——"只有当组织能够快速适应并更快地响应变化时,快速创新和发布才有可能实现,这意味着组织和解决方案架构的每个部分都必须具有灵活性。"

解决方案架构师的核心能力在于多约束平衡。基于 Dave Snowden 提出的 Cynefin 模型,解决方案架构师的日常工作是在 Complex 域,面对如何平衡业务、技术与组织多重维度的挑战,在诸多约束中找到一个平衡点。具体来说,书中列出了架构师应该考虑的众多维度,包括可伸缩性和弹性、高可用性、容错和冗余、灾备与业务连续性、可扩展性与可重用性、易用性、安全合规性等,这些内容对资深人士来说自然耳熟能详,但未必真正深入了解。再比如结合书中提到的 11 条架构设计原则,给出平衡约束角度全景图,按图索骥而又能不墨守成规,则是架构师成长道路上必须经历的旅程。最近,我正在给某家大型股份制银行做数字化转型相关咨询服务,一个业务与技术开始融合的团队正在开发一款行业领先的产品,目标是 5 个月后发布。其研发团队一直致力于功能性开发,至此还没有考虑过性能、安全、集成、体验相关的问题。我们介入后,围绕发布目标,反向梳理了三大模块工作细节及其配合关系,包括功能性开发与测试、非功能性开发与验证、产品运营与推广等,帮助产品相关的几十人的业务与技术团队就目标形成共识,包括帮助团队明确和调整优先级,舍弃一些不太重要的功能,提升安全相关模块开发、性能测试、用户体验验证的优先级。这些工作大大提升了业务与技术团队的领导对发布会成功召开的信心。我所用到的知识与思考方式,与本书中的相关内容不谋而合。

当然,本书中还谈到了很多其他内容,比如数据工程和机器学习、遗留系统架构设计,这两部分在传统大型企业中正是热门的课题,值得大家去细细品读。

冯唐在他的著作《成事:冯唐品读曾国藩嘉言钞》里面引用过曾国藩的一句话:"凡专一业之人,必有心得,亦必有疑义。"解决方案架构师之路道阻且长,本书在令我颇有所得的同时,也激励我进行更多的思考,希望大家也如此。此外,"平日千言万语,千算万计,而得失仍只争临阵须臾之顷。"学得再多也不如一战,能不能成事,战场上见分晓。

祝大家阅读愉快,仰取俯拾。

——张岳,汇丰软件交付总监,《数字化转型:企业破局的 34 个锦囊》译者本书由我与陈亮、王磊、周训杰几位好朋友共同翻译完成。因为在多年的共同工作、生活中建立了深厚的信任和默契,整个翻译过程非常顺利且愉快。陈亮、王磊和周训杰都是资深技术专家,在各自的团队中担任着重要的职责,他们不仅作为技术领导者带领团队通过软件技术为客户解决具体的业务问题,也以解决方案架构师的身份为大型企业提供专业的架构咨询服务。在翻译本书期间我担任一家知名互联网公司的解决方案架构师,这份工作让我有机会真正去了解我的客户,了解如何通过数字化的方式来解决客户的核心诉求,使我沉下心来深刻理解如何推进变革——从产品思维转向解决方案思维,进而为客户打造定制化的解决方案。

我们共同翻译本书的一个非常重要的原因,是为了在自己深耕的领域持续学习。解决方案的内涵很广,本书从组织、技术、流程和工具等各个方面讲述了解决方案架构的精髓,可以让我们快速扩宽知识广度,全面搭建解决方案架构师知识体系。本书或许无法让我们深入探知所有架构模式或工具的细节,但是它结构化地呈现了解决方案架构师需要了解的方方面面,让很多未知的未知问题转换为已知的未知问题。它是一本手册,让我们在需要的时候,只要随手翻开,阅读相应的章节,就可以获取需要的知识;它也是一份指南,看似平铺直叙,却向我们娓娓道来解决方案架构师的进阶之路。

在过去的十年中,软件行业发生了很大的变化,技术实践日新月异。在敏捷实践被广泛应用的基础上,CI/CD 流水线已经被建立起来;虚拟化、大数据、云计算模式已逐渐成为主流,一切看似欣欣向荣。然而我们认为,这仅仅只是开始。本书翻译完成的时候,新冠肺炎病毒(Delta 变异毒株)再次冲击了我们的工作与生活。我们对解决方案的理解以及数字化转型的紧迫性有了更深刻的体会:解决方案架构师需要具备更强的使命感——不仅需要广泛的知识来应对各种问题,必要的时候还需要深入了解某项技术来确保方案的可行性和投入产出比,必须以客户价值为中心,采取先进的技术实践和正确的企业架构,不断追求管理创新和技术创新。

结合业务理解提出定制化的解决方案,其实是一件很有趣的事情。我们正在用精心设计的解决方案去表达自己的想法,进而解决客户的实际问题。在数字化时代,整个行业都可以用数字化的方式重构一遍。那么,我们的解决方案如何才能帮助更多的人?如何让现代生活中的弱势群体生活得更好?这是解决方案的核心价值,也是我们这些解决方案架构师前行的方向。

希望各位读者喜欢我们精心翻译的这本书。道阻且长,行则将至,与诸位共勉。

万学凡

2021.8.24

Foreword 序　言

技术领域的发展日新月异，IT 专业人员为了自身的职业发展，必须与时俱进地掌握新技能。然而，在过去的十年中，这种快速变化的趋势已经在云计算领域中占据主导地位，成为"新常态"。现在，几乎每天都有云供应商发布新的公告、功能和服务更新，因此有必要建立持续学习的文化。与此同时，开发人员、数据库管理员、安全专业人员、构建 / 发布工程师等常规角色之间的典型界限逐渐变得模糊，这也导致了新角色的出现，这些角色需要着眼全局来把握端到端的完整流程。其中之一就是"解决方案架构师"，该角色从行业中现有的"应用架构师"和"IT 架构师"等角色演变而来，现在已经成为主流。随着专业方向的不同，这个角色也发生了一些变化。最常见的是"云解决方案架构师"（Cloud Solutions Architect），该角色本身就相当动态。

通常，IT 专业人士希望能转换角色，但是他们缺乏在这条道路上取得成功的指导。本书正是围绕着从现有 IT 角色到解决方案架构师的有效转换展开，并以一种非常合理的方式说明了开启这段转换之旅的步骤。首先，本书简洁而贴切地说明了这个角色需要什么，以及它与其他类似角色有什么不同。之后，讲到了成为成功的解决方案架构师要具备的技术技能和各方面的知识。本书从基本的设计理念和架构原则（包括高可用性、可靠性、性能、安全性和成本优化）开始，对其中的每一方面进行深入探讨。本书还涵盖了有关云原生架构、DevOps 以及数据工程和机器学习领域（现代架构的基石）的一些关键概念。

我个人曾经历了从开发团队负责人变为解决方案架构师的历程，Saurabh 也是如此，当年我们一直希望能够有一本手册指导我们转型。正是为了填补这方面的重大空白，Saurabh 编写了这本非常详细的书。这本书基于个人经验和所学知识编写而成，这使它对于不同背景的人来说都非常有亲和力。强烈建议大家阅读这本书，并把它作为一份便利的参考资料一直留存，因为在书中你会发现非常重要的知识点，而这些知识将帮助你成为成功的解决方案架构师并开启一个充满无限可能的新世界！

Kamal Arora

AWS 解决方案架构高级经理

AWS 解决方案架构负责人以及 *Cloud-Native Architectures* 和 *Architecting Cloud-Native*

Applications（https://www.amazon.com/Kamal-Arora/e/B07HLTSNRJ）的作者

本书介绍云环境下的解决方案架构和下一代架构设计，引导读者创建健壮、可伸缩、高可用且容错的解决方案。本书首先阐述对解决方案架构的理解，以及它如何适应敏捷的企业环境。通过介绍关于设计理念、高级设计模式、反模式以及现代软件设计的云原生方面的详细知识，带领读者完成解决方案架构设计的历程。

本书对安全性、基础设施、DevOps、灾难恢复的自动化以及解决方案架构的文档等方面均提供了深刻的解释。读者可以深入探究解决方案设计中的性能优化、安全性、合规性、可靠性、成本优化和卓越运维。此外，读者还将了解云平台（如 Amazon Web Services（AWS））中的各种架构设计，以及如何最好地利用云平台来满足解决方案设计、现代化和迁移的需求。

本书还阐述了面向未来的架构设计与数据工程、机器学习和物联网（Internet of Things，IoT）的联系。此外，本书还将提供软技能方面的知识，帮助你提升解决方案架构技能和持续学习技巧。读完本书后，你将获得成为解决方案架构师所必备的技能，开启职业生涯的新篇章。

目标读者

本书适合从事 IT 行业的软件开发人员、系统工程师、DevOps 工程师、架构师和团队负责人，以及有志于成为解决方案架构师并热衷于设计安全、可靠、高性能和高性价比的架构的人阅读。

本书涵盖的内容

第 1 章主要定义解决方案架构并解释其重要性。本章诠释了采用解决方案架构的各种益处，并探讨了在公有云上的架构设计。

第 2 章讲述不同类型的解决方案架构师角色，以及他们如何融入组织结构。本章详细探讨了解决方案架构师的各种职责，并进一步说明了解决方案架构师在敏捷组织中的作用及如何与敏捷流程相适应。

第3章揭示解决方案架构的各种属性，如可伸缩性、韧性、灾难恢复、可访问性、可用性、安全性和成本。本章解释了这些架构属性的共存和使用原则，以创建高效的解决方案设计。

第4章讲述创建可伸缩、韧性和高性能架构的设计原则。本章通过应用安全性、克服约束、应用变更以及测试和自动化方法解释了什么是有效的架构设计，并通过探索面向服务的架构和采取数据驱动的方法来研究架构原则，从而有效地使用设计思维。

第5章解释云的优势和设计云原生架构的方法。本章阐述了对于不同云迁移策略和迁移步骤的理解，讨论了混合云设计，并探讨了受欢迎的公有云供应商。

第6章通过实例探讨各种架构设计模式，如分层、微服务、事件驱动、基于队列、无服务器、基于缓存和面向服务等模式。本章展示了解决方案架构属性和原则的适用性，以根据业务需求设计最佳架构，并解释了 AWS 云平台中的各种参考架构。

第7章阐述应用程序性能提升的关键属性，如延迟、吞吐量和并发性。本章解释了在多个架构层级提高性能的各种技术选型，包括计算、存储、数据库和网络，以及性能监控。

第8章讨论适用于保护工作负载安全的各种设计原则。安全性需要应用于架构的每一层和每一个组件，本章有助于了解正确的技术选型，以确保架构的每一层级都是安全的。本章探讨了适用于架构设计的行业合规性准则，并通过共享安全责任模型解释了云中的安全问题。

第9章对促使架构可靠的设计原则进行讨论。本章探讨了各种用于确保应用程序的高可用性的灾难恢复技术，以及用于业务流程连续性的数据复制方法，解释了最佳实践和云在应用程序中实现可靠性的作用。

第10章论述在应用程序中实现卓越运维的各种流程和方法。本章解释了适用于应用程序设计、实现和后期生产全流程的最佳实践和技术选型，以提高应用程序的可运维性，还探讨了云工作负载的卓越运维。

第11章讨论在不影响业务敏捷性的情况下优化成本的各种技术。本章解释了用于监控成本和成本控制治理的多种方法，有助于读者理解云服务使用的成本优化。

第12章解释 DevOps 在应用程序部署、测试和安全方面的重要性。本章探讨了 DevSecOps 及其在应用程序的持续部署和交付流程中的作用，讲述了 DevOps 的最佳实践以及实现这些实践的工具和技术。

第13章讲述如何设计大数据和分析架构。本章概述了创建大数据流水线的步骤，包括数据摄取、存储、处理和可视化，帮助读者理解物联网所涉及的概念和技术，本章还探讨了有关机器学习、模型评估技术的详细信息，并对各种机器学习算法进行了概述。

第14章讲述遗留系统的各种挑战和现代化驱动因素。本章解释了对遗留系统进行现代化改造的策略和技术。对许多组织来说，使用公有云正在成为首选策略，因此本章还探讨了遗留系统的云迁移。

第15章讨论解决方案架构文档及其结构以及所需的各种细节。本章研究了各种IT采购文档（解决方案架构师需要参与其中以提供反馈）。

第16章讲述胜任解决方案架构师所必需的各种软技能，有助于读者了解如何获得战略技能（如售前和高层沟通）、发展设计思维以及个人领导技能（如大局观和主人翁意识）。本章探讨了将自己打造成领导者并不断拓展自身技能的技巧。

充分利用这本书

有一定软件架构设计经验将有助于你读懂本书。但是，理解本书并不需要特殊的先决条件。各个章节中贯穿了详尽的实例和相关说明。本书将带你深入理解解决方案架构设计的深层概念，你不需要具备任何特定编程语言、框架或工具的知识。

下载彩色图像

本书中屏幕截图或图表的彩色图像可以从 http://www.packtpub.com 通过个人账号下载，也可以访问 http://www.hzbook.com 下载。

排版约定

本书中使用了一些排版约定。

代码体：表示文本中的代码、数据库表名、文件夹名、文件名、文件扩展名、路径名、虚拟 URL、用户输入和 Twitter 句柄。例如，"你可以在传输和静止时应用数据加密。当推送到代码存储库（git push）时，它会对数据进行加密，然后将其存储。当从存储库提取（git pull）时，它会解密数据，然后将数据发回给调用者。"

粗体：表示新术语、重要词语或屏幕上显示的内容。例如，菜单或对话框中的词语会以粗体出现在文中。例如，"**Jenkin Master** 在超载的情况下，会将构建分配到从属节点实例。"

 表示警告或重要说明。

 表示提示和技巧。

作者简介 About the Authors

    所罗伯·斯里瓦斯塔瓦（Saurabh Shrivastava）是一位技术领导者、作家、发明家和公开演说家，在 IT 行业拥有超过 16 年的工作经验。他目前在 Amazon Web Services（AWS）担任解决方案架构师团队负责人，帮助全球咨询合作伙伴和企业客户展开云计算之旅。他还牵头了全球技术伙伴的合作，并且拥有云平台自动化领域的专利。

    Saurabh 撰写了各种博客文章和白皮书，涉及大数据、物联网、机器学习和云计算等技术领域。在加入 AWS 之前，他曾在《财富》50 强企业、初创企业以及全球产品和咨询机构担任企业解决方案架构师和软件架构师。

    内拉贾利·斯里瓦斯塔夫（Neelanjali Srivastav）是一位技术领导者、敏捷教练和云计算从业者，在软件行业拥有超过 14 年的经验。她拥有昌迪加尔旁遮普大学生物信息学和信息技术专业的学士和硕士学位。目前，她领导着由软件工程师、解决方案架构师和系统分析师组成的团队，为大型企业实现 IT 系统的现代化并开发创新的软件解决方案。

    Neelanjali 曾在 IT 服务行业和研发领域担任过不同的职务。她是一位以结果为导向、业绩优异的领导者，在为全球规模的大型企业提供项目管理和敏捷 Scrum 方法论方面表现出色。

Kamesh Ganesan 是一位云计算的布道者，也是一位经验丰富的技术专家，在主要的云技术平台（包括 Azure、AWS、谷歌云平台（GCP）和阿里云）拥有近 23 年的 IT 从业经验。他拥有超过 45 个 IT 认证，其中包括 5 个 AWS、3 个 Azure 和 3 个 GCP 认证，担任过多种职务，包括认证的多云架构师、云原生应用架构师、首席数据库管理员和程序员分析师。他设计、构建、自动化并交付高质量、关键任务型和创新的技术解决方案，帮助企业以及商业和政府客户取得了巨大成功，并通过使用多云战略极大地提升了客户的商业价值。

目 录 *Contents*

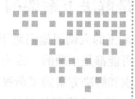

解决方案架构的含义

本书是你踏进解决方案架构世界的第一步。通过本书，你将全面了解解决方案架构，以及如何成为一名解决方案架构师。本章将介绍解决方案架构的含义。解决方案架构是组织中用于开发解决方案的基础构件。它有助于在复杂组织中创建成功的解决方案，在这类组织中，产品开发依赖于多个团队。

为了开发出正确的应用程序，第一步应确定解决方案架构，解决方案架构为应用程序的实现奠定了基础并规划了稳健的基础构件。解决方案架构不仅要考虑业务需求，还要处理关键的非功能性需求，如可伸缩性、高可用性、可维护性、性能、安全性等。

解决方案架构师的职责是通过与各利益相关者合作来设计解决方案架构。他们既要分析功能性需求，还要定义非功能性需求，这样才能考虑到解决方案的方方面面，并规避风险。每个解决方案都有多种约束，如成本、预算、时间表、法规监管等，解决方案架构师在进行设计和技术选型的同时，还要考虑这些因素。

解决方案架构师需要进行概念验证和原型开发以评估各种技术平台，然后采取最佳策略来实施解决方案。他们会在整个解决方案开发过程中对团队进行指导，并提供上线后的指导方针，以维护和规模化最终产品。

本章涵盖以下主题：

☐ 什么是解决方案架构。
☐ 解决方案架构的演进。
☐ 解决方案架构的重要性。
☐ 解决方案架构的益处。
☐ 公有云中解决方案架构的运作原理。

1.1 什么是解决方案架构

如果你向周围的人询问他们对于解决方案架构的定义,可能会得到十几个不同的答案,而且这些答案可能都是正确的,因为这些人所处的组织结构不同。每个组织都会根据其业务需求、组织层次和解决方案的复杂程度,从不同的视角来看待解决方案架构。

简而言之,解决方案架构从战略和战术的视角,对业务解决方案的方方面面进行定义和展望。解决方案架构不仅仅是软件解决方案,它涵盖了系统的方方面面,包括但不限于系统基础设施、网络、安全、合规性要求、系统运维、成本和可靠性。图 1-1 展示了解决方案架构师可以解决的不同方面的问题。

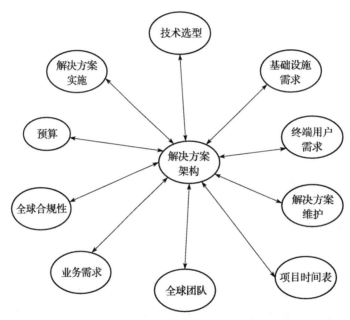

图 1-1　解决方案架构环形图

从图 1-1 可以看出,一位好的解决方案架构师可以解决组织中关于解决方案最常见的问题:

❑ **全球分布式团队**:在这个全球化的时代,几乎每个产品都会有分布在全球各地的用户,以及负责满足客户需求的利益相关者团队。通常,软件开发团队会采用在岸 – 离岸模式,该模式下团队跨时区工作,以提高工作效率并优化项目成本。解决方案设计需要考虑全球分布式团队结构。

❑ **全球合规性要求**:当在全球范围内部署解决方案时,每个国家和地区都有其法律和合规制度,这些都是解决方案需要遵守的。以下是一些示例:

- 美国的联邦风险与授权管理计划(Federal Risk and Authorization Management Program, FedRAMP)和国防部云计算安全需求指南(Department of Defense Cloud Computing Security Requirements Guide,DoD SRG)。

- 欧洲的通用数据保护条例（General Data Protection Regulation，GDPR）。
- 澳大利亚的信息安全注册评估师计划（Information Security Registered Assessors Program，IRAP）。
- 日本的金融业信息系统中心（Center for Financial Industry Information Systems，FISC）。
- 新加坡的多层云安全（Multi-Tier Cloud Security，MTCS）标准。
- 英国的 G-Cloud。
- 德国的 IT-Grundschutz。
- 中国的网络安全等级保护制度（Multi-Level Protection Scheme，MLPS）3.0。

　　此外，不同行业的合规性要求也不一样，例如**国际标准化组织（ISO）9001**（主要针对医疗、生命科学、医疗器械以及汽车和航空航天行业）、针对金融行业的支付卡行业数据安全标准（Payment Card Industry Data Security Standard，PCI-DSS）、针对医疗行业的健康保险携带和责任法案（Health Insurance Portability and Accountability Act，HIPPA）等。解决方案架构在设计阶段就需要考虑这些合规性（更多关于合规性的内容见第 8 章）。

- **成本和预算**：解决方案架构能够很好地估计项目的总成本，这有助于确定预算。预算包括资本支出（CapEx），即前期成本，以及运维支出（OpEx），即持续成本。它有助于管理层为人力资源、基础设施资源以及其他与许可相关的成本制订整体预算。
- **解决方案实施组件**：解决方案架构预先提供了产品不同实施组件的高层次概述，这有助于计划执行过程。
- **业务需求**：解决方案架构考虑了所有的业务需求，包括功能性需求和非功能性需求。它确保业务需求是兼容的，因此可以将它们转化到技术实施阶段，并在利益相关者之间取得平衡。
- **IT 基础设施需求**：解决方案架构决定了项目执行需要的 IT 基础设施，包括用于计算、存储、网络等的基础设施。这有助于有效规划 IT 资源。
- **技术选型**：在解决方案设计过程中，解决方案架构师会进行概念验证和原型开发，考虑企业需求，然后推荐合适的实施技术和工具。解决方案架构的目标是进行内部自建或者向第三方采购工具，并定义整个组织的软件标准。
- **终端用户需求**：解决方案架构特别关注终端用户的需求，因为他们将是产品的实际消费者。这有助于发现因产品经理缺乏技术细节而无法捕获的隐藏需求。在实施和发布的过程中，解决方案架构师会提供标准文档和典型的语言结构，以确保所有的要求都已满足用户的需求。
- **解决方案维护**：解决方案架构不仅涉及解决方案的设计与实施，还需要负责上线后的活动，例如解决方案的可伸缩性、灾难恢复、卓越运维等。
- **项目时间表**：解决方案架构设计根据每个组件的复杂性布局其细节，通过提供资源估算和相关风险信息，进一步帮助确定项目里程碑和时间表。

行业标准和明确定义的解决方案架构可以在技术解决方案中解决所有业务需求，并确保交付预期的结果，以满足利益相关者对解决方案的质量、可用性、可维护性和可伸缩性的期望。

解决方案架构的初始设计可以在售前环节的早期进行构思，比如需求建议书（Request For Proposal，RFP）或信息请求（Request For Information，RFI），然后再创建原型或进行概念验证，以发现解决方案存在的任何风险。解决方案架构师还需要确定是构建解决方案还是采购解决方案。这有助于确定技术选型，同时也要牢记组织内关键的安全性和合规性要求。

创建解决方案架构的两种主要情况如下：

❏ 第一种情况是，增强现有应用程序的技术，可能包括硬件更新或软件重构。
❏ 第二种情况是，从头创建一个新的解决方案，这样可以更加灵活地选择最适合的技术来满足业务需求。

然而，在重构现有解决方案时，还需要考虑最小化影响范围，创建最适合当前环境的解决方案。如果现有解决方案不值得重构，解决方案架构师可以决定重建以提供更好的解决方案。

简而言之，解决方案架构就是要考虑系统的方方面面，勾画出技术愿景，从而提供实现业务需求的步骤。通过将所有与数据、基础设施、网络和软件应用程序相关的不同部分整合在一起，解决方案架构可以为复杂环境中的一个或一组项目定义实施方案。一个好的解决方案架构不仅要满足功能性和非功能性需求，还要能解决系统的可伸缩性和长期维护问题。

我们刚刚概述了解决方案架构及其不同方面的内容。下一节将探讨解决方案架构的发展历程。

1.2 解决方案架构的演进

解决方案架构随着技术的现代化而演进。今天，随着互联网的广泛应用、高带宽网络的出现、存储成本的降低，以及计算机的普及，解决方案架构设计与几十年前相比发生了天翻地覆的变化。

早在互联网时代之前，大多数解决方案设计都专注于提供胖桌面客户端，当系统无法连接到互联网时，它能够在低带宽的情况下运行并离线工作。

这项技术在近十年不断演进。**面向服务的架构**（Service-Oriented Architecture，SOA）开始形成分布式设计，应用程序开始从单体转向现代的 N 层架构，其中前端服务器、应用服务器和数据库都运行于独立的计算机和存储之上。这些 SOA 主要是通过一种基于 XML 的消息传递协议来实现的，这种协议称为**简单对象访问协议**（Simple Object Access Protocol，SOAP）。这主要是遵循客户端 – 服务器的模式来创建服务。

在这个数字化时代，基于微服务的解决方案设计越来越流行，它基于 **JavaScript 对象符号**（JavaScript Object Notation，JSON）的消息传递和**表示层状态转移**（Representational State Transfer，REST）服务。这些 Web API 不需要基于 XML 的 SOAP 来支持其接口，而是依赖于基于 Web 的 HTTP，如 POST、GET、UPDATE、DELETE 等。不同的架构模式详见第 6 章。

微服务架构解决了敏捷环境中不断变化的需求。在敏捷环境中，任何解决方案的变化都需要快速地适应和部署。组织必须敏捷才能在竞争中保持领先地位。这迫使解决方案架构必须更加灵活（与项目发布周期较长的瀑布模型相比）。

基于 Web 的微服务架构是由几乎无限的资源所推动的，这种资源可以从云供应商那里获得，并且可以在几分钟甚至几秒内进行扩展。由于解决方案架构师和开发人员即使失败也不会造成任何损失，因此创新、试验和变革变得越来越容易。

1.3　解决方案架构为何如此重要

解决方案架构是整体企业软件解决方案的基础构件，用于解决特定的问题和需求。随着项目规模的扩大，团队分布在全球各地。为了奠定长期的、可持续的坚实基础，需要有一个解决方案架构。

解决方案架构可以解决各种解决方案需求，保持业务上下文的完整性。它指定并记录了技术平台、应用程序组件、数据需求、资源需求以及许多重要的非功能性需求，如可伸缩性、可靠性、性能、吞吐量、可用性、安全性和可维护性。

解决方案架构对于任何行业及其解决方案都至关重要。在没有解决方案架构的情况下，软件开发很可能会面临失败，项目可能会延期、超出预算，并且不能提供足够的功能。通过创建解决方案架构并运用经验和知识可以极大地改善这种情况，而所有这一切都是由解决方案架构师来提供的。它有助于让所有领域的利益相关者达成共识（从非技术性的业务功能到技术开发），从而避免混乱，确保项目的进度和时间不脱离正轨，并有助于获得最大的**投资回报率**（Return On Investment，ROI）。

通常，解决方案架构师需要与客户合作才能更好地理解需求规格。在解决方案架构师的角色中，架构师需要具备从技术负责人及专家到业务分析师和项目经理等角色的多种技能。更多关于解决方案架构师角色的内容，请见第 2 章。

好的解决方案架构会将需求规格落实到定义明确的解决方案中，这有助于交付并完成最终产品，并在产品上线后实现顺畅的可维护性。一个问题可以有多种解决方案，每个解决方案都有其约束。解决方案架构考虑所有的解决方案，并通过创建能够适应所有业务和技术限制的概念验证，来寻求最佳方案。

1.4　解决方案架构的益处

上一节阐述了解决方案架构的重要性。本节将详细介绍解决方案架构在组织各个方面的优势，如图 1-2 所示。

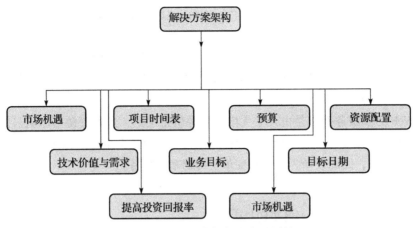

图 1-2　解决方案架构的有益属性

从图 1-2 可以看出，好的解决方案架构具有以下属性：

❑ **技术价值与需求**：解决方案架构决定了投资回报率，可以通过特定的技术选型以及市场趋势来选择解决方案。解决方案架构师负责评估组织或项目应该采用哪种技术以实现长期的可持续性、可维护性和团队舒适度。

❑ **业务目标**：解决方案架构设计的主要任务是满足利益相关者的需求，并适应他们的需求变更。解决方案架构通过分析市场趋势和实施最佳实践，将业务目标转化为技术愿景。解决方案架构需要有足够的灵活性，以满足新的、具有挑战性的、苛刻的和快速变化的业务需求。

❑ **目标日期**：解决方案架构师与所有的利益相关者（包括业务团队、客户和开发团队）持续合作。解决方案架构师定义了流程标准，并为解决方案的开发提供指导。他确保整体解决方案与业务目标和发布时间表保持一致，以最大限度地降低目标日期延期的可能。

❑ **提高投资回报率**：解决方案架构决定了投资回报率，并且有助于衡量项目成败。解决方案架构迫使企业思考如何降低成本并消除浪费，以提高整体投资回报率。

❑ **市场机遇**：解决方案架构涉及分析和持续评估市场最新趋势的过程。它有助于支持和推广新产品。

❑ **预算和资源配置**：为了获得更准确的预算，我们一般建议在估算方面进行适当的投资。定义明确的解决方案架构有助于了解完成项目所需的资源数量。这有助于更好地进行预算预测和资源规划。

❑ **项目时间表**：定义准确的项目时间表对于解决方案的实施非常关键。解决方案架构师在设计阶段就确定了所需的资源和工作量，这将有助于定义时间表。

现在，你已经对解决方案架构及其益处有了大概的了解。接下来将深入研究解决方案架构的各个方面。

1.4.1　满足业务需求和交付质量

在产品开发的生命周期中，最具挑战性的阶段是确定需求的性质，特别是当所有的需求都需要作为高优先级来处理，而且它们一直都在快速变化时。当不同的利益相关者对同一需求有不同的看法时，这种挑战就更加严峻。例如，业务用户从用户的角度分析页面设计，而开发人员则从实现的可行性和加载延迟的角度来分析。这就可能造成业务人员和技术人员之间的需求冲突和误解。在这种情况下，解决方案架构有助于消除分歧，并定义一个所有成员都能理解的标准。

解决方案架构定义了标准文档并定期更新，该文档可以向非技术利益相关者解释技术方面的内容。由于解决方案架构的设计横跨组织和不同的团队，它可以帮助发现隐藏的需求。解决方案架构师可以确保开发团队了解需求，并维持进度周期。

一个好的解决方案架构不仅定义了解决方案设计，还以定性和定量产出的形式定义了成功标准，以确保交付质量。定性产出可以从用户的反馈（比如他们的情绪分析）中收集，而定量产出则包括技术方面的延迟、性能、加载时间，以及业务方面的销售数字。持续获得反馈并根据反馈进行调整，是高质量交付的关键，应该在解决方案设计和开发的所有阶段予以遵循。

1.4.2　选择最佳技术平台

在快速竞争的市场中，最大的挑战是一直使用最好的技术。今天，当在全球拥有众多可选资源时，就必须非常谨慎地选择技术。解决方案架构设计过程可以有效解决这个问题。

技术栈的选择对于团队高效实现解决方案起着重要作用。在解决方案架构中，应该采取不同的策略来选用各种平台、技术和工具。解决方案架构师应该对所有的需求进行仔细验证，然后通过创建产品的工作模型作为原型，用多个参数对结果进行评估和研究，以找到最适合产品开发的解决方案。

好的解决方案架构通过调查所有可能的架构策略，基于混用的案例、技术、工具和代码复用，来解决不同工具和技术的深度问题，而这一切都来自多年的经验。最佳平台可以简化实施过程，然而，正确的技术选型至关重要。我们可以根据业务需求评估，以及应用程序的敏捷性、速度和安全性来构建原型，从而实现最佳技术平台的选择。

1.4.3　处理解决方案的约束和问题

任何解决方案都会受到各种约束的制约，并且可能因为复杂性或不可预见的风险而遇到问题。解决方案架构需要平衡多种制约因素，如资源、技术、成本、质量、上市时间、频繁变化的需求等。

每个项目都有其特定的目标、需求、预算和时间表。解决方案架构评估所有可能的关键路径，并分享最佳实践，从而在给定的时间和预算范围内实现项目目标。这是一种系统化方法，所有的任务都与之前的任务相互依存，为了成功实现项目，所有任务都需要按顺序执行。一项任务的延迟可能会影响项目的时间表，并有可能导致组织失去发布产品的市场窗口。

如果在项目开发过程中出现问题，项目被延期的概率就会更高。有时，遇到的问题会是技术或解决方案环境的局限性造成的。对于经过深思熟虑获得的解决方案架构，最常见的问题一般与非功能性需求有关。对于产品开发生命周期，资源和预算是有帮助的。

解决方案架构师通过深入研究项目的每一个组件来推动项目的进展。他们会找到开箱即用的方法来解决项目的问题，并准备一个备份计划，以防事情没有按照计划进行。他们通过选用最佳实践和平衡约束来评估执行项目的最佳可行方案。

1.4.4 协助资源和成本管理

在解决方案实施过程中，总是存在着风险和不确定性。了解开发人员将花费多少时间来修复一个 bug 是非常烦琐的。好的解决方案架构通过在优先级、不同的通信服务和每个组件的细节方面为开发人员提供所需的指导，从而控制成本和预算并减少不确定性。

解决方案架构还创建了用于使系统保持最新状态的文档、部署图、软件补丁及版本，并通过施行运行手册来解决经常出现的问题和业务连续性流程。它还通过考虑可扩展性、可伸缩性以及其他对开发环境有重要影响的外部因素，来解决间接影响解决方案构建成本的问题。

1.4.5 管理解决方案交付和项目生命周期

在解决方案架构的初始阶段需要进行大量的规划。解决方案架构从战略角度出发，在逐步推进解决方案实施的过程中提供更多的技术实现投入。

解决方案架构确保了端到端的解决方案交付，并影响整个项目生命周期。它为项目生命周期的各个阶段定义了标准，并确保该标准在整个组织中得到应用，以便在实施推进过程中处理其他依赖项。

解决方案架构考虑的是项目的整体视图，不断同步其他依赖项，如安全性、合规性、基础设施、项目管理和支持，以便根据需要将它们纳入生命周期的不同阶段。

1.4.6 解决非功能性需求

在通常情况下，你必须处理应用程序中的非功能性需求（Non-Functional Requirement，NFR）。为了项目的成功，解决它们是非常必要的，因为它们对整个项目和解决方案具有更广泛的影响。这些 NFR 可以决定用户群组建的成败，并处理方案中关键方面的问题，例如安全性、可用性、延迟问题、维护、日志、隐藏机密信息、性能问题、可靠性、可维护性、可伸缩性、易用性等。如果不及时考虑这些问题，就会影响项目的交付。

图 1-3 显示了一些最常见的 NFR。

从图 1-3 可以看出，NFR 包括解决方案架构的以下属性（根据项目的不同，可以有更多的 NFR）：

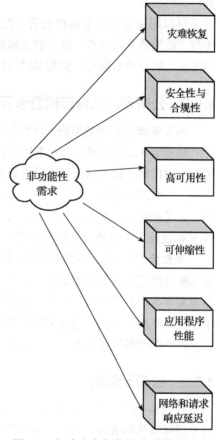

- □ **灾难恢复**：确保在意外事件发生时，解决方案能够正常启动、运行。
- □ **安全性与合规性**：为解决方案设置安全网，使其免受外部攻击，如病毒、恶意软件等。同时，通过满足合规性要求确保解决方案符合当地和行业法规。
- □ **高可用性**：确保解决方案始终处于运行状态。
- □ **可伸缩性**：确保解决方案能够在需求增加的情况下处理额外的负载。
- □ **应用程序性能**：确保应用程序按照用户的期望加载，并且没有太多的延迟。
- □ **网络和请求响应延迟**：应用程序上执行的任何活动都应在适当的时间内完成，不应超时。

第 3 章将更深入地介绍以上属性。解决方案架构定义了产品开发的初始框架和解决方案的基础构件。在建立解决方案时，架构、质量和客户满意度始终是重点。解决方案架构需要通过概念验证来持续构建，并不断进行探索和测试，直到达到预期的质量。

图 1-3　解决方案架构的非功能性属性

1.5　公有云中的解决方案架构

如今，云上的解决方案架构变得越来越重要，是应用程序解决方案的未来。云计算架构最大的优势在于，可以端到端查看所有的架构组件，包括前端平台、应用程序开发平台、服务器、存储、数据库、自动化、交付，以及管理整个解决方案环境所需的网络。

在讨论云上的解决方案架构之前，我们先来了解一下公有云，以及它是如何成为一个更加重要、更有驱动力的技术平台的。

1.5.1　什么是公有云

公有云是在标准计算模式的基础上，服务提供商通过互联网向客户提供虚拟机、应用程序、存储等资源。公有云服务提供的是一种**按需付费**模式。

在云计算模式中，公有云供应商按需提供服务器、数据库、网络、存储等 IT 资源，企业可以通过基于 Web 的安全接口或互联网上的应用程序来使用这些资源。在大多数情况下，客户只需为使用期间所申请的服务付费，这样通过优化 IT 资源，减少闲置时间，就可以为客户节约成本。

可以用供电模式来解释公有云的概念：打开灯，只需按单位用电量支付电费，只要关闭灯，就无须支付电费。这种模式将你从复杂的发电过程中解脱出来，不必使用涡轮机，不用考虑维护设施的资源、大型基础设施设置，就可以以一种简化的方式使用整个服务。

1.5.2　公有云、私有云和混合云

本节将概述不同类型的云计算部署模型，更多细节见第 5 章。

私有云（本地环境） 归属于拥有并访问它的单一组织。私有云可看作公司现有数据中心的副本或扩展。通常情况下，**公有云** 具有共享租约，这意味着来自多个客户的虚拟服务器共享同一台物理服务器，但是，出于许可或合规性的需要，它们会向客户提供专用的物理服务器。亚马逊网络服务（AWS）、微软 Azure 或谷歌云平台（GCP）等公有云创建了一个庞大的 IT 基础设施，可以通过互联网以按需付费模式使用。

混合云 通常用于那些将工作负载从企业内部转移到云上的大型企业，它们可能仍然拥有无法直接迁移到云的遗留应用程序，或者有需要留在本地的特许应用程序，又或者因合规性而需要在本地保护数据安全。在这样的情况下，混合模式就会很有帮助，企业必须在本地维护部分环境，并将其他应用程序迁移到公有云。有时，企业会将测试和开发环境移至公有云，并将生产环境保留在本地。混合模式可以根据组织的云战略而有所不同。

1.5.3　公有云架构

按照典型的定义，公有云是完全虚拟化的环境，它既可以通过互联网访问，也可以通过专用网络线路访问。然而，如今公有云供应商也开始提供本地物理基础设施，以便更好地采用混合云。公有云提供了一种多租户模式，在这种模式下，存储和计算等 IT 基础设施由多个客户共享，但是，它们在软件和逻辑网络层面上是隔离的，并且不会相互干扰对方的工作负载。在公有云中，通过建立网络层面的隔离，企业可以拥有自己的虚拟私有云，这相当于逻辑数据中心。

公有云存储通过使用多个数据中心创建的冗余模型以及强大的数据复制，实现了高持久性和高可用性。这使它们实现了架构的韧性并易于伸缩。

云计算模式主要有三种类型，如图 1-4 所示。

从图 1-4 可以看到本地环境下客户责任与云计算服务模式下客户责任的对比。在本地环境下，客户必须管理一切，而在云计算模式下，客户可以将责任转移给供应商，只专注于自己的业务需求。以下是不同云计算模式提供的高级服务：

❑ **基础设施即服务**（Infrastructure as a Service，IaaS）：在 IaaS 模式下，供应商以托管服务的方式提供基础设施资源，如计算服务器、网络组件和数据存储空间。它帮助

客户使用 IT 资源，而不用担心处理数据中心的开销，如加热和冷却、机架和堆叠、物理安全等。

❑ **平台即服务**（Platform as a Service，PaaS）：PaaS 模式增加了一层服务，供应商负责开发平台所需的资源，如操作系统、软件维护、补丁等，以及基础设施资源。PaaS 模式通过代替客户承担所有的平台维护负担，让团队专注于编写业务逻辑和处理数据。

❑ **软件即服务**（Software as a Service，SaaS）：SaaS 模式在 PaaS 和 IaaS 模式的基础上又增加了一个抽象层，即供应商提供现成的软件，而你为服务付费。例如，使用 Gmail、雅虎邮箱、AOL 等电子邮件服务时，你可以获得自己的电子邮件空间，而不必考虑底层应用程序和基础设施。

第四种新兴的模式是**函数即服务**（Function as a Service，FaaS）**模式**，它在使用包括 AWS Lambda 在内的服务构建无服务器架构（见第 6 章）的过程中逐渐流行起来。

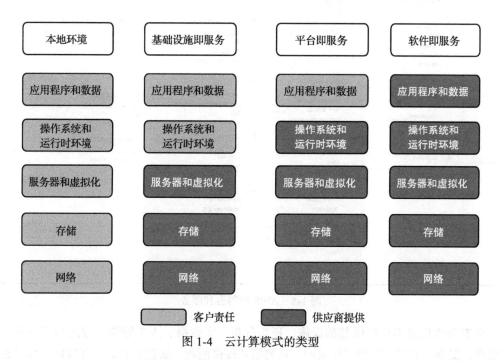

图 1-4　云计算模式的类型

1.5.4　公有云供应商和云服务产品

IT 行业有多个公有云供应商，主要有 AWS、GCP、Azure 和阿里云。这些供应商提供了一系列服务，从计算、存储、网络、数据库、应用程序开发到大数据分析、AI/ML 等都有涉及。

从图 1-5 所示的 AWS 控制台的屏幕截图可以看到在多个领域提供的 100 多项服务。突出显示的 EC2（即 Amazon Elastic Cloud Compute）服务可以让你在几分钟内在 AWS 中启动虚拟机。

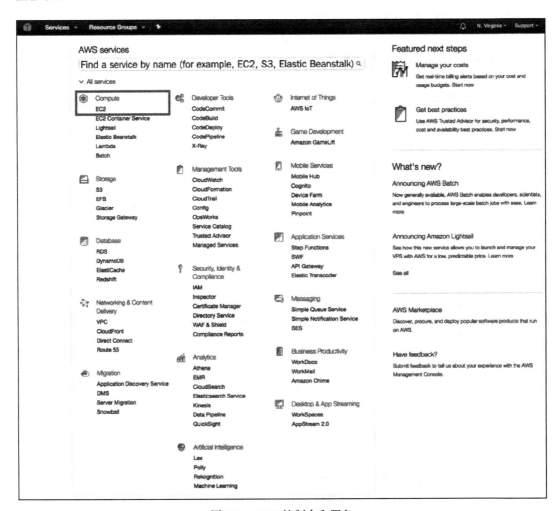

图 1-5　AWS 控制台和服务

公有云供应商不仅提供基础设施，还为分析、大数据、人工智能、应用程序开发、电子邮件、安全、监控、告警等领域的一系列服务提供便利。通过公有云，开发团队可以更方便地访问各种不同的技术，这有助于推动创新，缩短产品发布的时间。

1.6　小结

在本章中，我们以行业标准和简化方式对解决方案架构的定义有了一定的了解，认识到了解决方案架构的重要性，以及它如何帮助组织取得更显著的成果，并使其投资回报率最大化。本章帮助你了解拥有解决方案架构的优势，以及它如何在解决方案设计和实施的不同方面提供帮助。

总而言之，解决方案架构是复杂组织中的基石，用于解决所有利益相关者的需求，并建立标准以弥补业务需求和技术解决方案之间的差距。好的解决方案架构不仅可以解决功能性需求，还能长期考虑并满足非功能性需求，如可伸缩性、性能、韧性、高可用性、灾难恢复等。解决方案架构可以找到最优解决方案，以适应成本、资源、时间表、安全性和合规性等方面的限制。

本章的后半部分探讨了云计算的基础知识、云环境中的解决方案架构，以及主要的公有云供应商及其服务产品。这也可以帮助你了解对于不同云计算模式（如 IaaS、PaaS、SaaS 等）以及公有云、私有云和混合云的云计算部署模式的概述。最后，本章简要介绍了解决方案架构设计的发展。

下一章将详细介绍解决方案架构角色的相关内容，包括不同类型的解决方案架构师、该角色在解决方案架构方面的职责，以及他们如何适应组织结构和敏捷环境。

Chapter 2 第2章

组织中的解决方案架构师

解决方案架构师了解组织的需求和目标。通常，解决方案架构师会参与团队的工作。所有的利益相关者、流程、团队和组织管理都会影响解决方案架构师角色及其工作。在本章中，我们将学习和理解解决方案架构师的角色，以及解决方案架构师如何适应组织并发挥作用。之后，再去了解各种类型的解决方案架构师以及他们如何在组织中共存。根据项目的复杂性，可能需要一位通才型解决方案架构师和其他专业型的解决方案架构师。

本章将详细介绍解决方案架构师的职责以及它如何影响组织的成功。解决方案架构师身兼数职，业务主管在很大程度上依赖于他们的经验和决策来理解技术愿景。

在过去的几十年里，解决方案和软件开发方法已经发生了巨大的变化，从瀑布式方法发展到了适应敏捷环境的敏捷方法，解决方案架构师正需要采用这种敏捷方法。本章将详细介绍敏捷方法与迭代方法，解决方案架构师应该采取这些方法来实现解决方案交付的持续改进。总的来说，敏捷思维对于解决方案架构师来说非常重要。

除了解决方案设计外，解决方案架构师还需要处理各种约束，以评估风险并规划应对方案。另外，质量管理也起着不容忽视的重要作用。在整个解决方案的生命周期（从需求收集、解决方案设计、解决方案实施到测试和发布）中，解决方案架构师都扮演着至关重要的角色。

在应用发布后，解决方案架构师也需要定期参与相关事务，以确保解决方案的可伸缩性、高可用性和可维护性。对于更广泛的消费类产品，解决方案架构师还需要与销售团队合作，通过在各种论坛上发布内容和公开演讲，成为产品的技术布道者。

本章涵盖以下主题：

❑ 解决方案架构师角色的类型。

❑ 解决方案架构师的职责。

❑ 敏捷组织中的解决方案架构师。

2.1　解决方案架构师角色的类型

第 1 章介绍了解决方案架构以及各利益相关者如何影响解决方案策略。现在，我们来了解一下解决方案架构师的角色。根据项目规模的大小，软件解决方案的开发可以不需要解决方案架构师，但对于大型项目，应该配有专门的解决方案架构师。方案的成败就取决于解决方案架构师。

始终需要有一个人能够为团队做架构决策，并推动团队与利益相关者的合作。有时候，根据项目的规模，需要在团队中配备多个解决方案架构师。

图 2-1 描述了不同类型的解决方案架构师，展示了他们在组织中所承担的不同职责。

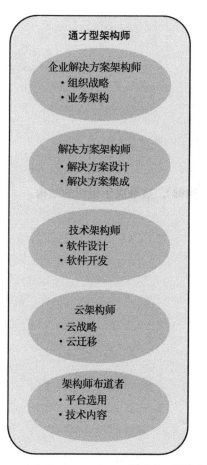

图 2-1　解决方案架构师的类型

从图 2-1 可以看出，组织可以有多种类型的解决方案架构师。解决方案架构师可以分为通才型与专业型。通才型解决方案架构师的知识广度涉及众多技术领域。专业型解决方案架构师则在其专业领域（如大数据、安全性和网络）有非常深入的研究。通才型解决方案架构师与专业型解决方案架构师合作才能实现项目的需求并满足相应的复杂性。

解决方案架构师的角色因组织而异，有各种与解决方案架构师相关的职位，最常见的是通才型解决方案架构师角色。他们的侧重点如下：

- ❑ 企业解决方案架构师：
  - 组织战略。
  - 业务架构。
- ❑ 解决方案架构师：
  - 解决方案设计。
  - 解决方案集成。
- ❑ 技术架构师：
  - 软件设计。
  - 软件开发。
- ❑ 云架构师：
  - 云战略。
  - 云迁移。
- ❑ 架构师布道者：
  - 平台选用。
  - 技术内容。

可能还有其他头衔（如应用架构师和软件架构师），这取决于组织的结构。

专业型解决方案架构师的角色如下：

- ❑ 基础设施架构师：
  - IT 基础设施设计。
  - 软件标准化与补丁。
- ❑ 网络架构师：
  - 网络设计。
  - IT 网络策略与运维。
- ❑ 数据架构师：
  - 数据工程与分析。
  - 数据科学与智能。
- ❑ 安全架构师：
  - 网络安全。
  - IT 合规性。

❑ DevOps 架构师：

- IT 自动化。
- 持续集成与持续部署（Continuous Integration and Continuous Deployment，CI/CD）。

可能还有其他类型的专业型解决方案架构师，如迁移架构师和存储架构师，这同样取决于组织的结构。根据项目和组织的复杂性，一个解决方案架构师可以承担多个角色，不同解决方案架构师承担的职责可能有重叠。接下来将介绍更多关于架构师角色的信息。

2.1.1　企业解决方案架构师

你是否考虑过信息技术行业的产品是如何推出的？这就是企业解决方案角色的作用，它们定义了最佳实践、文化和合适的技术。企业架构师与利益相关者、领域专家及管理层密切合作，制定组织的 IT 战略，并确保 IT 战略和业务战略保持一致。

企业架构师负责整个组织的解决方案设计，与股东和领导层一起制订长期计划和解决方案。其中最重要的一个方面是确立公司应该使用哪些技术，并确保公司使用这些技术时保持其一致性和完整性。

企业架构师职责的另一个重要方面是定义业务架构。某些组织可能会将业务架构师作为一种职位头衔。业务架构是组织战略与战略成功实施之间的桥梁。它有助于将战略转化为可执行的行动项，并将其带入战术层面实施。

总体而言，在为成功实现企业愿景而在组织层面定义标准时，企业架构师需要与公司的愿景和使命保持一致。

2.1.2　解决方案架构师

本书以一种比较通用的方式来探讨解决方案架构师的角色。不过，根据组织的结构，解决方案架构师往往会有不同的头衔，例如，企业解决方案架构师、软件架构师或技术架构师。本节将研究一些与不同头衔相关的独特属性。然而，根据组织的结构，解决方案架构师的职责可能会重叠。

关于如何组织和交付解决方案，解决方案架构师发挥着至关重要的作用。解决方案架构师设计整体系统，以及不同的系统如何在不同的组别中集成。解决方案架构师通过与业务利益相关者合作来定义预期的结果，并让技术团队对交付目标有清晰的理解。

解决方案架构师连接着组织中的各点，并确保不同团队之间的一致性，以避免在最后时刻出现意外情况。解决方案架构师在整个项目生命周期中都参与，并定义监控和告警机制，以确保产品发布后的平稳运维。解决方案架构师在项目管理中也发挥着重要作用，提供有关资源、成本和时间表估算的建议。

总的来说，与企业架构师相比，解决方案架构师参与战术层面的工作。有时，如果需要更具战略性的参与，解决方案架构师就会充当企业架构师的角色。

2.1.3 技术架构师

技术架构师也可以称为应用架构师或软件架构师，负责软件的设计和开发。技术架构师在工程方面与组织合作，更侧重于定义团队软件开发的技术细节。他们跨组织工作，以了解集成如何与软件模块的其他部分一起工作，这些模块可能是由其他团队负责的。

技术架构师可以处理 API 设计的细节，并定义 API 性能和可伸缩性。他们确保软件的开发符合组织的标准，并且可以轻松地与其他组件集成。

技术架构师是工程团队相关技术问题的联络人，有能力根据需要对系统进行故障排除。对于小型软件开发项目，可能不会专门配备技术架构师，因为高级工程师就可以担任该角色进行软件架构设计。

技术架构师指导并支持软件工程团队，与他们紧密合作，解决由于跨团队集成或业务需求所产生的任何阻碍。

2.1.4 云架构师

云架构师这个角色在过去十年中可能还没有出现，但是随着云在企业中的应用越来越广泛，该角色也是现今需求很高的一个角色。云架构师规划和设计云环境，并负责部署和管理公司的云计算策略。云架构师为云服务提供广度和深度，并可以定义云原生设计。

正如 1.5 节所讲述的那样，云的使用是当前的一大趋势，企业迁移至公有云已经成为一种常态。亚马逊网络服务（AWS）、微软 Azure 和谷歌云平台等主要的云供应商正在通过软件即服务（SaaS）、平台即服务（PaaS）和基础设施即服务（IaaS）等产品帮助客户以指数级速度采用云平台。更多关于云架构的内容见第 5 章。

有许多企业希望将现有的工作负载迁移到云上，以利用其可伸缩性、易操作性和价格优势。云架构师能够制定云迁移策略，并开发混合云架构。云架构师可以建议内部应用程序如何连接到云，以及不同的传统产品如何适应云环境。

对于初创企业和刚涉足云领域的企业，云架构师可以帮助它们设计云原生架构，该架构针对云进行了更多优化，并充分使用了云提供的功能。云原生架构往往采用按需付费模式，以优化成本并利用云上的自动化能力。

现在，云已经成为企业战略的重要组成部分，而云架构师则是企业希望通过加快创新和自动化步伐在这个时代取得成功的必备角色。

2.1.5 架构师布道者

架构师布道者也被称为技术布道者，是一个相对较新的角色。这是一种新的营销模式，尤其是在需要提高复杂解决方案平台的采用率时。人们总是希望听取专家的意见，因为专家往往有深厚的知识储备并且有能力回答各种疑问，这样他们就可以放心做出明智的决定。在这种情况下，架构师布道者引起了人们的注意，因为他们正是竞争激烈的环境中的领域专家。

架构师布道者可以根据客户需求设计架构，从而解决客户的痛点，帮助客户获得成功。布道者可以成为客户和合作伙伴值得信赖的顾问。架构师布道者对架构问题、概念和市场趋势有着非常深刻的理解，有助于确保平台采用率，并通过占领市场来显示收入增长。

为了提高整体目标受众的平台采用率，架构师布道者会撰写公开内容，如博客、白皮书和文章。他们会在行业峰会、技术讲座和会议等公共平台上发表演讲。他们还会举办技术研讨会并发布教程，以传播平台的信息。因此，解决方案架构师必须拥有出色的书面和口头沟通能力，解决方案架构师往往会把技术传播作为自己的一项额外责任。

2.1.6　基础设施架构师

基础设施架构师是专业型架构师，主要致力于企业 IT 基础设施设计、安全防护和数据中心运维。他们与解决方案架构师紧密合作，以确保组织的基础设施战略与其整体业务需求相一致，并通过分析系统需求和现有环境来规划适当的资源能力来满足需求。他们能帮助减少用于运维支出的资本支出，以提高组织效率和投资回报率。

基础设施架构师是组织的骨干，因为他们对从存储服务器到单个工作区的整体 IT 资源进行定义和规划。基础设施架构师为采购和设置 IT 基础设施制订详细计划。他们定义了整个组织的软件标准、软件补丁和软件更新计划系统。基础设施架构师负责基础设施的安全，并确保所有环境都受到保护，避免不必要的病毒攻击。他们还就灾难恢复和系统备份进行了筹划，以确保业务运营持续运行。

在大多数电子商务企业中，基础设施架构师的工作变得颇具挑战性，因为他们需要为销售旺季（如美国的感恩节、加拿大和英国的节礼日、印度的排灯节等）做好计划，大多数消费者会在这个时候开始购物。他们需要准备足够的服务器和存储容量来应对旺季，因为旺季的工作量可能是平时的 10 倍，这样就会增加成本。但是旺季过后，系统将在一年中的大部分时间里处于闲置状态。因此，他们需要同时就成本优化和良好用户体验进行规划，这也是他们会使用云来实现额外容量和按需扩展以降低成本的原因之一。他们需要确保系统在支撑新的专业能力时被有效利用。

总的来说，基础设施架构师需要对数据中心的运维和所涉及的组件，如加热、冷却、安全、机架和堆叠、服务器、存储、备份、软件安装和补丁、负载均衡器和虚拟化，有充分的理解。

2.1.7　网络架构师

你是否考虑过，如何将拥有多个办公地点或商店的大型企业连接在一起？这时候，网络架构师的作用就体现出来了，他们负责协调组织的网络通信策略，建立 IT 资源之间的通信，从而为 IT 基础设施赋予活力。

网络架构师负责设计计算机网络、**局域网**（Local Area Network，LAN）、**广域网**（Wide

Area Network，WAN）、互联网、内部网和其他通信系统。他们管理组织信息和网络系统，确保为用户提供低延迟和高性能的网络，以提高用户生产力。他们使用**虚拟专用网**（Virtual Private Network，VPN）连接，在用户工作区和内部网络之间建立安全连接。

网络架构师与基础设施架构师密切合作（有时你会发现这两个角色是重叠的），以确保所有 IT 基础设施都相互连接。他们常与安全团队合作，设计组织的防火墙，以防止非法攻击。他们负责通过数据包监控、端口扫描以及**入侵检测系统**（Intrusion Detection System，IDS）和**入侵防御系统**（Intrusion Prevention System，IPS）来监控和保护网络。更多关于IDS/IPS 的内容见第 8 章。

总体而言，网络架构师需要对网络策略、网络运维、使用 VPN 的安全连接、防火墙配置、网络拓扑、负载均衡配置、DNS 路由、IT 基础设施连接等有非常深入的了解。

2.1.8 数据架构师

任何解决方案的设计都是围绕数据展开的，并且通常都涉及数据的存储、更新和访问，无论这些数据是关于客户的还是关于产品的。随着互联网的应用越来越普及，数据飞快地增长，对数据架构师的需求也越来越大。在过去的十年里，数据的增长呈指数级上升，不久前，1GB 的数据就被认为是较大的数据，但现在，100TB 的数据司空见惯，一个平常的计算机硬盘就有 1TB。

传统上，数据通常以关系型的结构化方式存储。现在，大多数数据都是以非结构化的格式存储，这些数据通常来源于社交媒体、物联网（IoT）和应用程序日志等。企业需要存储、处理和分析数据以获得有用信息，于是数据架构师应运而生。

数据架构师定义一套规则、策略、标准和模型，用于管理组织数据库中使用和收集的数据类型。他们设计、创建和管理组织中的数据架构。数据架构师开发数据模型并设计数据湖，以捕获业务的**关键绩效指标**（Key Performance Indicator，KPI）并实现数据转换。他们确保整个组织的数据性能和数据质量保持一致。

数据架构师的主要客户如下：

❏ 使用**商业智能**（Business Intelligence，BI）工具进行数据可视化的业务主管。

❏ 使用数据仓库以获得更多数据洞见的业务分析师。

❏ 使用**提取、转换和加载**（Extract，Transform，Load，ETL）进行数据整理的数据工程师。

❏ 使用机器学习的数据科学家。

❏ 管理应用程序数据的开发团队。

为了满足组织需求，数据架构师负责以下工作：

❏ 数据库技术选型。

❏ 用于应用程序开发的关系型数据库模式。

❏ 用于数据分析和 BI 工具的数据仓库。

❑ 作为中心化数据存储的数据湖。

❑ 数据集市设计。

❑ 机器学习工具。

❑ 数据安全和加密。

❑ 数据合规性。

更多关于数据架构的知识见第 13 章。总而言之，数据架构师需要了解不同的数据库技术、BI 工具、数据安全性和加密技术，才能做出正确的选择。

2.1.9　安全架构师

安全应当是任何组织的头等大事。我们经常看到一些久负盛誉的大型组织因为安全漏洞而导致破产。安全事故不仅会让组织失去客户的信任，而且会因此遭遇法律纠纷。各种行业合规性认证都是为了确保组织和客户数据的安全而制订的，比如**组织安全**（SOC2）、**金融数据**（PCI）和**医疗数据**（HIPPA），公司必须根据其应用程序的性质来遵守这些规定。

考虑到安全的关键性，组织需要为其项目研究和设计最强大的安全架构，这就需要安全架构师。安全架构师与所有团队和解决方案架构师密切合作，以确保安全的最高优先级。安全架构师的职责包括以下内容：

❑ 对组织中网络和计算机的安全进行设计并部署实施。

❑ 了解公司的技术和信息系统，保障组织中计算机的安全。

❑ 通过各种设置保障公司网络和网站的安全。

❑ 规划漏洞测试、风险分析和安全审计。

❑ 检视并审核防火墙、VPN 和路由器的安装，并对服务器进行扫描。

❑ 测试最终的安全流程，并确保其按预期工作。

❑ 为安全团队提供技术指导。

❑ 确保应用程序符合所需的行业标准。

❑ 通过必要的可访问性和加密控制确保数据的安全性。

安全架构师需要使用各种工具和技术来了解、设计并指导与数据、网络、基础设施和应用程序安全相关的各个方面。更多关于安全性和合规性的内容见第 8 章。

2.1.10　DevOps 架构师

当系统变得越来越复杂，出现人为错误的可能性就越来越大，这可能会导致额外的工作、成本的增加、质量的降低。自动化是避免故障并提高系统整体效率的最佳方式。现如今，自动化已经不是一个可有可无的选择，如果想变得敏捷且行动更快，自动化不可或缺。

自动化可以应用在任何地方，无论是测试和部署应用程序，还是启动基础设施，甚至是确保安全性。自动化起着至关重要的作用，DevOps架构师可以让一切都实现自动化。DevOps是实践和工具的组合，有助于以更快的速度交付应用程序。

这样可以使组织更好地服务于客户，并在竞争中保持领先。在DevOps中，模型开发团队和运维团队同步合作。对于软件应用程序，DevOps架构师定义了持续集成和持续交付（CI/CD）。在开发团队将其代码变更合并到中央存储库之前，CI将进行自动构建并执行测试。CD扩展了持续集成，在构建和测试阶段后将所有代码更改部署到生产环境。

DevOps架构师将基础设施的部署自动化，即所谓的基础设施即代码，这在云环境中非常普遍。DevOps可以利用Chef和Puppet等工具进行指令性自动化，如果工作负载在云环境中，则可以使用云原生工具。基础设施自动化为开发团队的实验提供了极好的灵活性，并使运维团队能够创建副本环境。

为了平稳的运维，DevOps架构师规划了监控和告警机制，并在出现问题或任何重大更改时进行自动化的通信。任何安全事件、部署故障或基础设施故障都可以被自动监控，并且在需要时通过移动设备或电子邮件向相应团队发出告警。

DevOps架构师还为灾难恢复规划了不同的部署方式。组织**恢复点目标**（Recovery Point Objective，RPO）是指组织可以容忍的数据丢失量。**恢复时间目标**（Recovery Time Objective，RTO）表明应用程序需要花费多少时间来恢复并重新开始运行。更多关于DevOps的内容见第12章。

2.2 理解解决方案架构师的职责

上一节介绍了解决方案架构师的角色、组织中不同类型的架构师，以及他们如何共存。本节将探讨更多关于解决方案架构师职责的详细信息。解决方案架构师是技术领导者，也是面向客户的角色，承担了许多职责。解决方案架构师的主要职责是将组织的业务愿景转化为技术解决方案，并作为企业和技术利益相关者之间的联络人。解决方案架构师利用广泛的技术专长和业务经验来确保解决方案的成功交付。

根据组织的性质，解决方案架构师的职责可能略有不同。通常情况下，在咨询机构中，解决方案架构师可能专门负责特定的项目和客户，而在产品型机构中，解决方案架构师可能会与多个客户合作，对他们进行产品培训，并检视他们的解决方案设计。总的来说，解决方案架构师主要承担的职责如图2-2所示。

从图2-2可以看出，解决方案架构师承担着各种重要职责。接下来将详细介绍解决方案架构师职责的各个方面。

2.2.1 分析用户需求

业务需求是解决方案设计的核心，并且在项目启动时，它们就以原始术语进行了定义。一开始就必须让不同的团队参与进来，其中就包括有识别需求技术能力的团队。业务利益相关者定义需求，当涉及技术演进路线时，还需要进行多次调整。为了节省工作量，在定义用户需求文档时，有必要让解决方案架构师参与进来。

图 2-2　解决方案架构师的职责模型

解决方案架构师设计的应用程序可能会影响整体的业务产出。这使需求分析成了解决方案架构师应该具备的关键技能。好的解决方案架构师需要具备业务分析师的技能以及与不同利益相关者合作的能力。

解决方案架构师具有广泛的业务经验。他们不仅是技术专家，而且对业务领域也有很深入的理解。他们要与产品经理和其他业务利益相关者紧密合作，以了解需求的各个方面。优秀的解决方案架构师可以帮助产品团队发现隐藏的需求，这些需求可能是非技术利益相关者从整体解决方案的角度无法考虑的。

2.2.2　定义非功能性需求

对用户和客户来说，非功能性需求（Non-Functional Requirement，NFR）可能并不直观，但它们的缺失可能对整体的用户体验产生负面影响，并阻碍业务的开展。NFR 包括系统的关键方面，如性能、延迟、伸缩性、高可用性和灾难恢复。最常见的非功能性需求如图 2-3 所示。图 2-3 显示了以下 NFR，供参考：

❑ **性能：**
- 用户的应用程序加载时间是多长？
- 如何处理网络延迟？

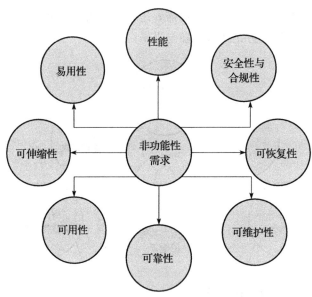

图 2-3　解决方案设计中的 NFR

❑ **安全性与合规性**：
  - 如何保护应用程序免受未经授权的访问？
  - 如何保护应用程序免受恶意攻击？
  - 如何满足当地法律和审计要求？

❑ **可恢复性**：
  - 如何从停机中恢复应用程序？
  - 如何在发生停机时最大限度地缩短恢复时间？
  - 如何恢复丢失的数据？

❑ **可维护性**：
  - 如何确保应用程序监控和告警？
  - 如何确保应用程序支持？

❑ **可靠性**：
  - 如何确保应用程序的性能稳定？
  - 如何检查和排除故障？

❑ **可用性**：
  - 如何确保应用程序的高可用性？
  - 如何使应用程序具有容错性？

❑ **可伸缩性**：
  - 如何满足日益增长的资源需求？
  - 如何实现良好的规模，以应对利用率的突然飙升？

❑ **易用性：**
- 如何简化应用程序的用法？
- 如何实现无缝的用户体验？

然而，根据项目的性质，可能会存在仅适用于该项目的 NFR（例如，呼叫中心解决方案的语音清晰度）。第 3 章将对这些属性做进一步的介绍。

解决方案架构师从非常早期的阶段就开始参与项目了，这意味着他们需要通过衡量组织中各个团队的需求来设计解决方案。解决方案架构师需要确保跨系统组件和需求的解决方案设计的一致性。解决方案架构师负责定义跨组织的团队和不同组件的 NFR，因为他们要确保解决方案的易用性得到全面实现。

NFR 是解决方案设计中不可或缺的重要方面，当团队过于关注业务需求时，NFR 往往会被忽略，这可能会影响用户体验。好的解决方案架构师的主要责任是传达 NFR 的重要性，并确保它们作为解决方案交付的一部分得到实施。

2.2.3　与利益相关者的接触与合作

利益相关者可以是与项目有直接或间接利益关系的任何人。除了客户和用户外，还可能是项目开发、销售、市场营销、基础设施、网络、支持团队或项目出资团队。

利益相关者可以在项目的内部，也可以在项目外部。内部利益相关者包括项目团队、赞助商、员工和高级管理人员。外部利益相关者包括客户、供应商、生产商、合作伙伴、股东、审计人员和政府。

通常情况下，利益相关者根据其环境对同一业务问题会有不同的理解，例如，开发人员可能会从编码的角度来看待业务需求，而审计师可能会从合规性和安全性的角度来看待。解决方案架构师需要与所有技术和非技术利益相关者协作。

他们拥有出色的沟通能力和谈判技巧，这有助于找出解决方案的最佳路径，同时让每个人都参与其中。解决方案架构师作为技术资源和非技术资源之间的联络人，填补了沟通落差。通常，业务人员和技术团队之间的沟通落差会成为失败的原因。业务人员试图更多地从特性和功能的角度来看问题，而开发团队则努力构建一个技术上更兼容的解决方案，有时可能会倾向于项目的非功能性方面。

解决方案架构师需要确保两个团队的观点一致，同时确保建议的功能和技术方案的兼容性。他们根据需要对技术团队进行指导和引导，并将自己的观点用简单的语言表达出来，让大家都可以理解。

2.2.4　处理各种架构约束

架构约束是解决方案设计中最具挑战性的属性之一。解决方案架构师需要仔细管理架构约束，并能够在它们之间进行协调以找到最佳解决方案。通常，这些约束是相互依赖的，强调某种约束可能会放大其他约束。最常见的约束如图 2-4 所示。

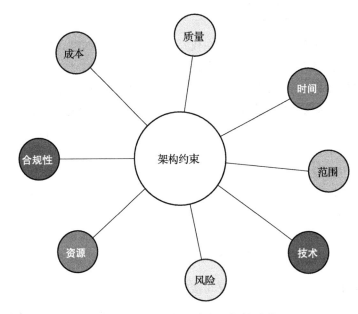

图 2-4　解决方案设计中的架构约束

解决方案设计可以帮助我们了解应用程序的以下属性：

❏ **成本**：
- 有多少资金可以用于解决方案的实施？
- 预期的**投资回报率**（ROI）是多少？

❏ **质量**：
- 结果与功能性及非功能性需求的匹配程度如何？
- 如何确保和跟踪解决方案的质量？

❏ **时间**：
- 什么时候应当交付产出？
- 时间上是否灵活？

❏ **范围**：
- 确切的期望是什么？
- 需求差距需要如何处理和适应？

❏ **技术**：
- 可以利用什么技术？
- 对比传统技术，使用新技术能提供什么灵活性？
- 应该由公司自建还是从供应商采购？

- ❑ **风险**：
  - 什么地方可能出问题？
  - 如何降低风险？
  - 利益相关者的风险容忍度是多少？
- ❑ **资源**：
  - 完成解决方案的交付需要哪些资源？
  - 谁将负责解决方案的实施？
- ❑ **合规性**：
  - 可能影响解决方案的当地法律要求是什么？
  - 审计和认证要求是什么？

可能会有更多与项目相关的具体约束，比如，由于政府监管需要将数据存储在某一区域，或者出于安全考虑而选择自建。处理约束可能会非常棘手。通过减少资源来节约成本，可能会影响交付时间表。

在资源有限的情况下实现进度可能会影响质量，而质量又会因为不必要的 bug 修复而增加成本。所以，在成本、质量、时间和范围之间找到平衡点是非常重要的。范围蔓延是最具挑战性的情况之一，因为它会对所有其他约束产生负面影响，并增加解决方案交付的风险。

解决方案架构师必须了解每个约束的所有方面，并能够识别任何由此而产生的风险，这一点非常重要。他们必须将风险缓解计划落实到位，并在两者之间找到平衡。处理范围蔓延对项目的按时交付有很大帮助。

2.2.5　技术选型

技术选型最能体现解决方案架构师角色的关键性和复杂性。现在可用的技术种类繁多，解决方案架构师需要为解决方案确定适合的技术。解决方案架构师需要在技术层面具备广度和深度，才能做出正确的决策，因为所选择的技术栈会影响产品的整体交付。

每个问题都可能有多种解决方案和一系列可用的技术。为了做出正确的选择，解决方案架构师需要牢记功能性需求和非功能性需求，并在创建技术决策时定义选择标准。所选择的技术需要考虑不同的维度，无论目标是与其他框架和 API 集成的能力，还是满足性能要求和安全需求的能力。

解决方案架构师应该能够选择不仅能满足当前需求，还可以根据未来需求进行扩展的技术。

2.2.6　概念验证和原型开发

创建原型可能是作为解决方案架构师最有趣的部分。为了选择一个经过验证的技术，解决方案架构师需要在各种技术栈中开发**概念验证**（Proof Of Concept，POC），以分析它们是否适合解决方案的功能性和非功能性需求。

　　开发 POC 的思路是实现关键功能的一部分来评估技术，这可以帮助我们根据其能力来决定技术栈。它的生命周期很短，并且仅限于由团队或组织内的专家进行评审。解决方案设计 POC 是指解决方案架构师试图弄清楚解决方案的基础构件。

　　在使用 POC 评估多个平台后，解决方案架构师可以继续对技术栈进行原型设计。开发原型是出于演示的目的，将其呈现给客户，以便可以获得资金。POC 和原型设计绝不是可以投入生产的，解决方案架构师构建的功能有限，但足以验证解决方案开发中具有挑战性的某个方面。

2.2.7 设计解决方案并持续交付

　　解决方案架构师在了解功能性需求、非功能性需求、解决方案约束和技术选型等不同方面后，着手进行解决方案设计。在敏捷环境中，这将是一种迭代的方法，其中的需求可能会随着时间的推移而发生变化，并且需要适应解决方案设计。

　　解决方案架构师需要设计面向未来的解决方案，这个解决方案应该具有健壮的基础构件，并且有足够的灵活性来适应变化。但是，解决方案架构师需要谨慎对待需求的剧烈变化，并实施风险缓解计划。

　　对于面向未来的设计，可以参考基于 RESTful API 的松耦合微服务架构。这类架构可以扩展以满足新的需求，并且更易于集成。更多关于不同架构设计的内容见第 6 章。

　　图 2-5 所示的流程图显示了解决方案交付生命周期。解决方案架构师参与了解决方案设计和交付的所有阶段。

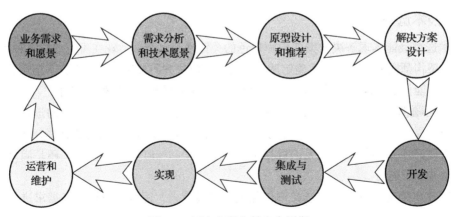

图 2-5　解决方案交付生命周期

解决方案交付生命周期包括以下内容：
❑ **业务需求和愿景**：解决方案架构师与业务利益相关者合作，以理解他们的愿景。
❑ **需求分析和技术愿景**：解决方案架构师分析需求并定义技术愿景，以执行业务战略。

- ❑ **原型设计和推荐**：解决方案架构师通过开发 POC 和展示原型进行技术选型。
- ❑ **解决方案设计**：解决方案架构师根据组织的标准，并与其他相关团体协作设计解决方案。
- ❑ **开发**：解决方案架构师与开发团队合作开发解决方案，并作为桥梁连接业务和技术团队。
- ❑ **集成与测试**：解决方案架构师要确保最终的解决方案能够按照预期满足所有功能性和非功能性需求。
- ❑ **实现**：解决方案架构师与开发和部署团队合作，以确保方案顺利地实现，并在团队遇到障碍时提供指导。
- ❑ **运营和维护**：解决方案架构师确保日志和监控到位，并根据需要指导团队进行扩展和灾难恢复。

然而，整个生命周期是一个迭代的过程。一旦应用程序投入生产，客户开始使用，就可能会从客户反馈中发现更多的需求，这将推动产品愿景的长远优化。

解决方案架构师在解决方案设计过程中拥有主导权，他们可以执行以下操作：

- ❑ 记录解决方案标准。
- ❑ 定义高层次设计。
- ❑ 定义跨系统集成。
- ❑ 定义解决方案的不同阶段。
- ❑ 定义实施方案。
- ❑ 定义监控与告警的方案。
- ❑ 记录设计选型的利弊。
- ❑ 记录审计与合规性要求。

解决方案架构师不仅仅负责解决方案的设计，他们还帮助项目经理进行资源和成本估算，定义项目的时间表和里程碑、项目的发布及其支持计划。解决方案架构师的工作贯穿解决方案生命周期的不同阶段，从设计到交付及发布都有参与。解决方案架构师通过提供专业知识和对项目广泛的了解，帮助开发团队克服重重障碍和壁垒。

2.2.8　确保发布后的可操作性和可维护性

解决方案发布后，解决方案架构师会在产品可操作性方面发挥不可或缺的作用。为了应对不断增长的用户群和产品利用率，解决方案架构师应该知道如何在不影响用户体验的前提下，对产品进行扩展以满足需求，同时确保高可用性。

在诸如停机之类的突发事件中，解决方案架构将指导如何执行灾难恢复计划，以保证业务流程的延续。解决方案架构满足组织恢复点目标（RPO）和恢复时间目标（RTO）。RPO 是指组织能够容忍的数据丢失量，即在停机期间丢失的数据量，例如，15 分钟的数据丢失。RTO 是指系统重新启动并运行所需的时间。更多关于 RTO 和 RPO 的信息见第 12 章。

在因需求增加而导致性能问题时，解决方案架构师会水平伸缩系统以缓解应用程序瓶颈，或垂直伸缩以缓解数据库瓶颈。更多关于不同扩展机制和自我修复的信息见第9章。

解决方案架构师会计划让现有产品能够适应因使用模式或其他原因而产生的任何新需求。他们可以根据监控到的用户行为，对非功能性需求进行修改，例如，如果加载时间超过3秒，用户就会跳出页面。解决方案架构师负责解决这些问题，并指导团队处理发布后可能出现的问题。

2.2.9　担任技术布道者

布道者是解决方案架构师角色中最激动人心的部分，他们的职责就是作为技术布道者来工作。解决方案架构师通过在公共论坛上广为宣传来增加产品和平台的采用率。他们撰写有关解决方案实施的博客并举办研讨会，以展示技术平台的潜在优势和应用。

他们为技术建立大规模的支持，并帮助创建标准。解决方案架构师应该对技术充满热情。他们应当是优秀的公众演说家，并拥有卓越的写作技巧，才能担任技术布道者的角色。

2.3　敏捷组织中的解决方案架构师

在过去的五年中，敏捷方法论被迅速地采用。在竞争激烈的市场中，组织需要积极主动地应对快速变化，并为客户带来极为快速的产出。只有当组织能够快速适应并更快地响应变化时，快速创新和发布才有可能实现，这意味着组织和解决方案架构的每个部分都必须具有灵活性。

要想在敏捷环境中取得成功，解决方案架构师需要有敏捷的思维方式，并且必须采用快速交付的方法，不断与利益相关者合作以满足他们的需求。首先，我们来进一步了解敏捷方法论。这是一个庞大的主题，本节将对其进行总体概述。

2.3.1　为什么选择敏捷方法论

敏捷可以在快速变化的商业环境中创建并应对变化，从而获得利润。其敏捷性来自平衡灵活性和稳定性。在当今竞争激烈的环境中，技术发展日新月异（这就导致大概率会发生客户需求变化），敏捷正是应对这种情况并获得竞争优势的手段。

如今，所有成功的组织都是以客户为导向的。它们经常从终端用户获取对产品的反馈，并利用这些反馈来扩大它们的用户群。敏捷有助于从开发团队收集结果，从而根据反馈意见不断地调整软件，发布新的版本，并且在大多数情况下，所有的事情都具有很高的优先级。应对这种情况就需要敏捷。

执行管理层提供资金并寻求透明度。他们要求高效的产出以提高投资回报率，而我们希望通过展示产品的增量开发来赢得他们的信任。要为项目创造透明度并跟踪其预算和交付时间表，就需要敏捷。

当希望通过向利益相关者展示产品演示来吸引他们，而且需要在开发的同时对产品进行测试时，就会需要敏捷方法论。

在上述场景中，我们看到了需要用敏捷方法论来使组织在交付和客户反馈方面保持领先地位的各种情况。

敏捷能够以一种时间盒的方式快速移动，这意味着可以将活动限定在较短的周期内，并采取迭代的方式进行产品开发，而不是一次性地对整个产品进行开发和交付。敏捷方法主张通过保持客户和利益相关者的密切参与来寻求持续反馈，让他们参与产品开发的每一个阶段，将反馈调整为需求，评估市场趋势，并与他们一起确定利益相关者的优先级。然后，开发团队处理优先需求，进行技术分析、设计、开发、测试和交付。

每个人像团队一样朝着一个目标努力，打破了孤岛思维定式。敏捷思维可以帮助技术团队从客户的角度理解需求，并快速高效地响应变化。这就是大多数公司想要采用敏捷方法论的原因。敏捷方法论是快速和容易采用的，可以使用市场上的许多工具，如 JIRA、VersionOne 和 Rally。在发展敏捷思维的同时，可能会面临一些初期的挑战，但是与组织在准备采用敏捷方法论时所面临的挑战相比，收益是非常显著的。

2.3.2 敏捷宣言

应用任何一种敏捷方法，都需要清楚地理解敏捷宣言中所阐述的四个核心价值观。我们来看这些宣言：

- ❑ **个体与交互高于流程和工具**。流程和工具总是有助于完成项目。项目利益相关者作为项目的一部分，明白如何实施计划，以及如何在项目交付工具的帮助下交付成功的结果。但是项目交付的主要责任是人员及其协作。
- ❑ **软件高于详尽的文档**。对于产品的开发来说，文档始终是必不可少的过程。过去，许多团队只专注于收集和创建文档库，例如高层次设计、详细设计和设计变更等，这些文档以后会有助于实现对产品的定性和定量描述。

  使用敏捷方法论，可以专注于可交付的产品。因此，根据这条宣言，我们需要文档。但是，还需要定义有多少文档对产品的持续交付至关重要。最主要的是，团队应该专注于在产品的整个生命周期中逐步交付软件。

- ❑ **客户协作高于合同谈判**。此前，当组织启动一个固定总价或工料合同项目时，客户总是在软件生命周期的第一个和最后一个阶段出现。他们是不参与产品开发的局外人，当他们在产品发布后终于有机会看到产品时，市场趋势已经发生了改变，因而也就失去了市场。

  敏捷方法认为，客户对产品的发布负有同等责任，他们应该参与开发的每一步。他们也需要根据新的市场趋势或消费者需求给予反馈。由于业务现在是开发周期的一部分，因此可以通过敏捷和持续的客户协作来实现这些变化。

❑ **响应变化高于遵循计划**。在当前快节奏的市场中，客户的需求随着新的市场趋势而不断变化，业务也不断变化。由于迭代周期从 1 周到 3 周不等，所以确保在频繁改变需求与敏捷地拥抱变化之间取得平衡至关重要。响应变化意味着，如果规范有任何改变，开发团队将接受改变，并在迭代演示中展示可交付成果，以此不断赢得客户的信任。这条宣言有助于团队理解**拥抱变化**的价值。

敏捷宣言是一种工具，用来建立采用敏捷方法论的基本准则。这些宣言是所有敏捷技术的核心。下面我们来详细介绍敏捷流程。

1. 敏捷流程和术语

我们来熟悉一下最常见的敏捷术语，以及它们是如何结合在一起的。首先是被广泛采用的敏捷 Scrum 流程。敏捷 Scrum 流程会有一个 1 ~ 3 周的小的迭代周期，具体取决于项目的稳定性，最常见的是 2 周的迭代周期，可以称之为开发周期。

这些迭代是开发周期，团队将分析、开发、测试和交付可工作的功能特性。团队采用迭代的方式，随着项目的推进，每个迭代都会创建产品可工作的基本构件。每个需求都会被写成用户故事，牢记客户角色，并使需求清晰可见。

敏捷 Scrum 团队有不同的角色。我们来了解一下最常见的角色，以及解决方案架构师如何与他们协作：

❑ **Scrum 团队**：由产品负责人、敏捷专家 Scrum Master 和开发团队组成。分析师、技术架构师、软件工程师、软件测试人员和部署工程师都是开发团队的成员。

❑ **Scrum Master**：有助于所有的 Scrum 仪式的进行，保持团队的积极性，并为团队消除障碍。敏捷专家 Scrum Master 与解决方案架构师合作来消除技术障碍并获得业务需求的技术澄清。

❑ **产品负责人**：是一位业务人员，是客户的代言人。产品负责人了解市场趋势，并且能够定义业务内的优先级。解决方案架构师与产品负责人一起了解业务的愿景，并使其与技术观点保持一致。

❑ **开发团队**：负责产品实施和项目的交付。他们是一个跨职能的团队，致力于持续和增量交付。解决方案架构师需要与开发团队紧密合作，以保证产品实施和交付的顺利进行。

2. 迭代仪式

迭代（Sprint）周期包括为管理开发而进行的多个活动，这些活动通常被称为 Scrum 仪式。这些 Scrum 仪式如下：

❑ **待办事项梳理**：一般是限定时间的会议形式，产品负责人、解决方案架构师和业务人员在会议上共同讨论待办用户故事，确定它们的优先级，并对迭代交付物达成共识。

❑ **迭代计划**：在迭代计划中，Scrum Master 会根据团队的能力，将梳理好的故事分配给 Scrum 团队。

- **迭代每日站会**：每日站会是一种非常高效的协作方式，所有团队成员聚在一起开会，讨论前一天的工作，今天有什么计划，是否面临什么问题。这个会议要简短而直接，时间控制在 15 分钟左右。站会是解决方案架构师与开发团队协作的平台。
- **迭代演示**：在演示过程中，所有的利益相关者聚集在一起，检查团队在迭代阶段所做的工作。在此基础上，利益相关者接受或者拒绝这些故事。解决方案架构师确保功能性和非功能性需求已经得到满足。在这种会议中，团队会收集产品负责人和解决方案架构师的反馈，并查看做了哪些更改。
- **迭代回顾**：回顾在每个迭代周期结束时进行，是团队检查和采用最佳实践的方式。团队会确定哪些事情进展顺利，哪些应该继续实践，以及在下一个迭代中可以做得更好的事情。迭代回顾有助于组织在交付过程中进行持续改进。

3. 敏捷工具和术语

我们来了解一些有助于推动团队指标和项目进度的敏捷工具：

- **规划卡牌**：规划卡牌是敏捷方法论中最流行的评估技巧之一，当迭代开始时，Scrum Master 会用卡牌游戏来评估用户故事。在此活动中，将根据每个用户故事的复杂性进行评估。团队成员通过对比分析来给出每个用户故事的故事点，这有助于团队了解完成用户故事需要做多少工作。
- **燃尽图**：燃尽图用于监控迭代进度，并帮助团队了解有多少工作有待完成。Scrum Master 和团队始终遵循燃尽图，以确保迭代中没有风险，并再次使用这些信息以改进下一次的评估。
- **产品待办列表**：产品待办列表包含了用户故事和史诗故事形式的需求集合。在迭代梳理过程中，产品负责人会持续更新待办列表，并对需求进行优先级排序。史诗故事是一种高层次的需求，产品负责人编写用户故事来完善它们。开发团队将用户故事分解成一个个任务，也就是一个个可执行的行动项。
- **迭代看板**：迭代看板包含了当前迭代的用户故事集合。迭代看板提供了透明度，因为任何人都可以查看该特定迭代周期的项目进度。团队每天都会参考看板来确定整体的工作进度，并消除障碍。
- **完成标准**：这意味着所有的用户故事都应该通过解决方案架构师和产品负责人与利益相关者合作制定的完成标准。其中一些标准如下：
  - 代码必须经过同行评审。
  - 代码应该进行单元测试。
  - 足够的文档。
  - 代码质量。
  - 代码编写标准。

4. 敏捷方法与瀑布式方法

瀑布式开发是组织过去遵循的最古老、最传统的软件开发方法论之一。接下来将介绍瀑布和敏捷之间的区别，以及为什么组织需要转向敏捷。这里不会讨论瀑布过程的细节，仅指出关键的区别：

- ❑ 敏捷方法论有助于将思维方式从传统思维方式转变为敏捷思维方式。这样做的动机是为了从瀑布式方法转向敏捷方法，从而实现最大的业务价值并赢得客户的信任。这使得敏捷方法在每一步都倡导客户协作，并提供透明度。瀑布式方法往往更多的是以项目和文档为中心，客户在最后阶段才参与进来。
- ❑ 瀑布式方法对所有需求都非常明确并且其可交付成果顺序已知的项目更有帮助，这有助于消除不可预测性，因为需求非常明确。敏捷方法论对于那些想要紧跟市场趋势、并且来自客户的压力越来越大的公司很有帮助。他们需要尽早发布产品，并且必须适应需求的变化。
- ❑ 敏捷项目以小规模迭代的方式交付，具有最高的质量且实现了业务价值。许多敏捷团队在整个迭代期间并行工作，在每一个迭代周期结束时为产品提供可交付的解决方案。由于每个迭代都有一个小的可交付成果，并在此基础上不断构建，因此客户能不断地看到产品的工作模型。瀑布项目的周期很长，利益相关者直到最后才能看到最终产品，这意味着没有太多的空间来适应变化。
- ❑ 敏捷过程通过在每个迭代周期设置检查点，确保团队朝着目标前进，并且项目能够按时完成。在传统的瀑布式方法中，没有频繁的检查点来确保团队走在正确的道路上，也不能验证项目是否可以按时完成，这就可能会造成不确定性。
- ❑ 在敏捷方法中，客户始终与产品负责人和团队合作。这种合作确保他们对小的、可交付的产品进行观察及审查。敏捷还确保工作正在进行，并向利益相关者展示进度。然而，在瀑布式方法中，在项目结束之前都不会有这样的客户交互。

敏捷是最具适应性的方法论，因为快速发展的技术和业务变得如此不可预测，需要更高的速度。敏捷方法支持检查和适应周期，这样就在需求和控制之间建立了平衡。

5. 敏捷架构

在说起敏捷模型中的解决方案架构师时，你会想到什么？人们有很多误解，比如认为解决方案架构是一项非常复杂的活动，而使用敏捷会被要求立即或在下一个迭代周期提交设计。另外还有误解认为，敏捷架构无法应用于这样的架构设计和开发，无法进行测试，等等。

敏捷架构就是设计可解耦和可扩展的接口。敏捷环境下的解决方案架构师需要通过检查和调整来遵循迭代的重新架构理念。这涉及选择适合企业的解决方案，进行良好沟通，获得持续反馈，以及以敏捷的方式进行建模。开发团队需要一个坚实的基础和适应不断变化的需求的能力，他们需要来自解决方案架构的引领和指导。

敏捷架构的基础应该是降低变更的成本，通过质疑来减少不必要的需求，并创建可以快速扭转不正确需求的框架。敏捷架构师构建原型来将风险降到最低，并通过对变化的了解来制订变更计划。他们在设计原型的同时平衡所有利益相关者的需求，并创建一个可以轻松与其他模块集成的松耦合架构。更多关于松耦合的架构模式见第 6 章。

2.4　小结

本章介绍了解决方案架构师如何融入组织，以及不同类型的解决方案架构师角色如何共存。有通才型解决方案架构师角色，如企业解决方案架构师、解决方案架构师、技术架构师、云架构师和架构师布道者。通才型解决方案架构师具备广泛的技术知识，并且可以在某一特定领域形成深入的专业知识。

专业型解决方案架构师则在项目的其他所需领域进行深度挖掘，对其专业领域拥有深入的了解。最常见的专业型解决方案架构师角色有网络架构师、数据架构师、安全架构师、基础设施架构师和 DevOps 架构师。

我们对解决方案架构师的职责进行了详细的介绍。解决方案架构师身兼数职，他们与整个组织的利益相关者合作，分析功能性需求并定义非功能性需求。解决方案架构师确保整个组织的一致性和标准，并提供技术建议和解决方案原型。解决方案架构师处理各种项目约束，如成本、质量、范围和资源，并在它们之间寻找平衡。

解决方案架构师帮助项目经理估算成本和资源，确定时间表，并贯穿项目从设计到发布的全过程。在项目实施过程中，解决方案架构师要确保满足利益相关者的期望，并担任技术团队与业务团队之间的联络人。解决方案架构师参与发布后的应用程序监控、告警、安全性、灾难恢复和扩展等相关工作。

本章最后介绍了敏捷流程的优势，简要概述了敏捷方法论、角色、工具、术语以及敏捷方法与传统瀑布式方法的不同之处，说明了敏捷架构的特点以及解决方案架构师应该如何使架构更加灵活和敏捷。

下一章将讲述在设计解决方案时应该考虑的解决方案架构的不同属性。这些属性包括架构安全性、可伸缩性、可用性、可靠性、容错性、可扩展性、可移植性、互操作性、卓越运维、性能效率、成本优化和自我修复。

解决方案架构的属性

解决方案架构需充分考虑解决方案的不同属性，并设计应用程序。解决方案架构的设计可能对组织中的多个项目产生影响，因此，在设计解决方案架构时需要仔细评估架构的各种属性并在它们之间寻找平衡。

本章将帮助大家全面了解这些属性，以及它们在解决方案设计过程中是如何互相影响与共存的。

更复杂的解决方案中可能会出现更多的属性，本章将介绍设计解决方案时需要考虑的大多数常见属性。你也可以将它们视为非功能性需求（实现设计的重要方面）。解决方案架构师有责任关注解决方案的所有属性，并确保它们满足需求并符合客户预期。

本章涵盖以下主题：

❑ 可伸缩性和弹性（elasticity）。

❑ 高可用性和韧性（resiliency）。

❑ 容错和冗余。

❑ 灾难恢复和业务连续性。

❑ 可扩展性和可重用性。

❑ 易用性和可访问性。

❑ 可移植性和互操作性。

❑ 卓越运维和可维护性。

❑ 安全性与合规性。

❑ 成本优化和预算。

3.1 可伸缩性和弹性

可伸缩性一直以来都是设计解决方案时的主要考虑因素。当你向一个企业了解其现有解决方案和新的设计时，大多数时候它们都会在可伸缩性方面提前做好规划。**可伸缩性**意味着系统能够处理不断增长的工作负载，并且可以应用于架构的不同层次，例如应用服务器、Web 应用程序和数据库。

由于当今主流的应用程序都是基于 Web 的，因此我们先来探讨弹性。弹性并不仅仅意味着通过增加更多的功能来扩展系统，同时还涉及缩减系统功能以节省成本。尤其是随着公有云的采用，企业可以轻松快速地增加和减少工作负载，因此弹性正在取代“可伸缩性”一词。

传统的伸缩模式分为以下两种：

❑ **水平伸缩**：在过去的十年中，随着计算机产品价格的指数级下降，水平伸缩变得越来越流行。在这种模式下，团队通过添加更多实例来处理不断增加的工作负载。

　　如图 3-1 所示，假设应用程序有 2 个实例，每秒能够处理 1000 个请求。随着用户群的增长，应用程序开始每秒接收 2000 个请求，这意味着要将应用程序的实例数增加一倍，即增加到 4 个，以处理增加的工作负载。

图 3-1　水平伸缩

❑ **垂直伸缩**：垂直伸缩已经存在很长时间了。在这种模式下，团队可以为同一实例添加额外的计算存储和内存能力，以处理不断增加的工作负载。如图 3-2 所示，通过垂直伸缩，可以获得更大的实例，而不是添加更多新实例来处理增加的工作负载。

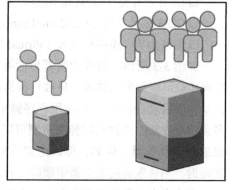

图 3-2　垂直伸缩

　　垂直伸缩模型可能不具备成本效益。当购买具有更多计算和内存容量的硬件时，成本也将成倍地增加。除非必要，否则要避免在达到某个阈值后进行垂直伸缩。垂直伸缩最常用于扩展关系数据库服务器。尽管如此,仍然需要考虑数据库分片。当单个服务器的性能达到了垂直伸缩的极限,额外的计算和内存容量也不能让它的性能得到提升。

3.1.1 容量伸缩困境

大多数企业都会有一个用户活跃的旺季,为了满足需求应用程序必须能够处理额外的负载。以经典的电子商务网站为例,它销售各种产品,例如布料、杂货、电子产品等。这些电子商务网站常年都有比较稳定的访问量,但在购物季(例如,美国的"黑色星期五"和"网络星期一",或英国的"节礼日")的访问量会高达平时的10倍。这种模式为电子商务系统的容量规划带来了一个有趣的问题,即一年中的某一个月里,工作负载将急剧增加。

在传统的本地数据中心,订购额外的硬件在可用于应用程序前可能需要4到6个月的准备时间,这意味着解决方案架构师必须提前规划容量。容量过多意味着IT基础设施将在一年中的大部分时间处于空闲状态,而容量不足则意味着将在重大的销售活动中损害用户体验,从而对整体业务产生重大影响。因此,解决方案架构师需要规划弹性的工作负载,确保它们可以按需扩容和收缩。而公有云让这一切变得非常简单。

3.1.2 架构伸缩

继续以电子商务网站为例,我们来思考一下,在当今流行的三层架构下如何在应用程序的不同层上实现弹性。这里我们只需要关注架构设计的弹性和可伸缩性两个方面,其他方面详见第6章。

图3-3展示了AWS云技术栈的三层架构。从图3-3的架构图可以看到很多组件,例如:

❏ 虚拟服务器(Amazon EC2)。

❏ 数据库(Amazon RDS)。

❏ 负载均衡器(Amazon弹性负载均衡器)。

❏ DNS服务器(Amazon Route 53)。

❏ CDN服务(Amazon CloudFront)。

❏ 网络边界(虚拟私有云(Virtual Private Cloud,VPC))和对象存储(Amazon S3)。

如图3-3所示,负载均衡器后面有一组Web服务器和应用服务器。在这种架构下,用户向负载均衡器发送请求,负载均衡器再将流量路由到Web服务器。随着用户流量的增加,自动伸缩机制会在Web和应用程序群中添加更多服务器。当需求较小时,它会优雅地删除多余的服务器。这种自动伸缩机制可以根据CPU利用率和内存利用率的度量组合来自动添加或删除服务器。例如,可以配置当CPU利用率超过60%时,添加3台新服务器;低于30%时,则从现有的服务器中删除2台。

在本书中,我们将深入探讨以上每个组件。下一节将介绍静态内容的伸缩。

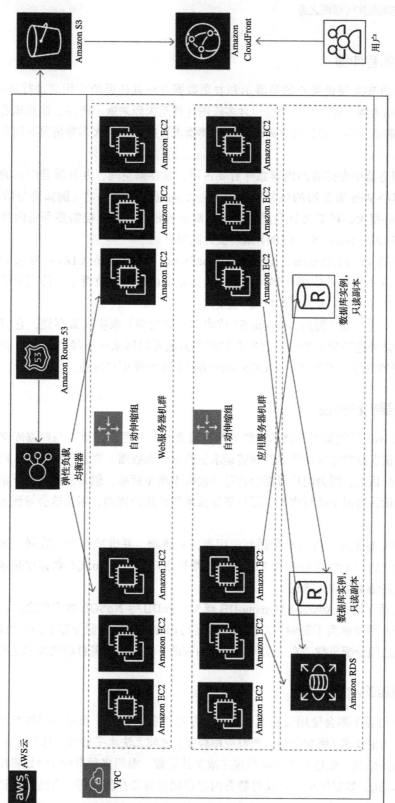

图 3-3 三层架构的伸缩

3.1.3 静态内容伸缩

上述架构的 Web 层最关心的是展示和收集数据并将其传递给应用层进行进一步处理。以电子商务网站为例，每个产品都会包含多张图片甚至视频来展示产品，这意味着网站将需要维护大量的静态内容，并且需要处理繁重的读请求负载，因为大多数情况下用户都在浏览产品。

在 Web 服务器中存储静态内容意味着要占用大量存储空间，并且随着产品的增加，你不得不开始担心 Web 服务器的可伸缩性。另一个问题是静态内容（例如高分辨率的图像和视频）的文件很大，可能会导致严重的用户端负载延迟。Web 层需要利用**内容分发网络**（Content Distribution Network，CDN）来解决此问题。

CDN 提供商（例如 Akamai、Amazon CloudFront、微软 Azure CDN 和谷歌 CDN）可以将静态内容从 Web 服务器中缓存到其部署在全球范围内的边缘位置中，使用户可以从其附近的位置获得可用的视频和图像，并减少延迟。

建议使用对象存储（例如 Amazon S3 或内部自建服务）来扩展源存储，它们可以在内存和计算容量之外进行独立伸缩。这些存储解决方案可以用来保存静态 HTML 页面，以减少 Web 服务器的负载，并通过减少 CDN 的网络延迟来增强用户体验。

3.1.4 服务器机群弹性

应用层从 Web 层收集用户请求，然后执行繁重的业务逻辑计算并与数据库交互。应用层需要在用户请求量增加时伸展，并随着请求量的减少而收缩。在这种情况下，用户的操作会绑定到用户会话上，因为用户可能会在移动设备上浏览商品，但是从台式机下单购买。在不考虑用户会话的情况下执行水平伸缩可能导致糟糕的用户体验，因为这会导致用户的购物进度被重置。

现在，首先要做的是将用户会话与应用服务器解耦，并维护好会话数据。这意味着你需要考虑在独立的层（例如 NoSQL 数据库）中维护用户会话。NoSQL 数据库是基于键值对存储的，可以存储半结构化数据。

将用户会话存储在 Amazon DynamoDB 或 MongoDB 等 NoSQL 数据库之后，应用服务器就可以进行水平伸缩而不影响用户体验。你还可以在一组应用服务器上添加负载均衡器，它可以在实例之间分配负载，在自动伸缩机制的帮助下，可以按需自动地添加或删除实例。

3.1.5 数据库伸缩

大多数应用程序都会使用关系型数据库来存储其事务数据。而关系型数据库的主要问题是它在引入其他技术（例如分片和调整应用程序）之前无法水平伸缩。这听起来很复杂。

对于数据库来说，最好采取预防措施并减少其负载。混用多种存储（例如将用户会话存储在单独的 NoSQL 数据库中，以及将静态内容存储在对象存储中等）有助于减轻主数据库的负担。最好让数据库的主节点仅用于写入和更新数据，并使用额外的只读副本来处理所有的读请求。

Amazon RDS 引擎为关系型数据库提供最多 6 个只读副本，并通过 Oracle 插件在两个节点之间实时同步数据。只读副本在与主节点同步时可能会有毫秒级的延迟，因此在设计应用程序时需要提前考虑这一点。建议使用诸如 Memcached 或 Redis 之类的缓存引擎来为频繁的查询请求提供缓存，从而减少主节点的负载。

如果开始超出数据库的容量，那么就需要重新设计数据库并通过分区策略将其划分为多个分片。这样每个分片都可以独立增长，同时，应用程序需要根据分片请求的分区键来确定请求将流向哪个分区。

综上所述，可伸缩性是设计解决方案架构时的重要考虑因素，如果规划不当，就会严重影响项目的总体预算和用户体验。解决方案架构师在设计应用程序和优化工作负载时始终需要考虑弹性伸缩，以获得最佳的性能和成本。

统计分析系统（Statistical Analysis System，SAS）需要评估不同的选项，例如用于静态内容伸缩的 CDN、负载均衡和用于扩展服务器的自动伸缩选项，以及用于缓存、对象存储、NoSQL 存储、只读副本和分片的各种数据存储选项。

本节介绍了各种伸缩方法以及如何为架构的不同层注入弹性。可伸缩性是确保应用程序具有高可用性和韧性的必要因素。下一节将介绍有关高可用性和韧性的内容。

3.2　高可用性和韧性

应用程序宕机是组织不愿意看到的，它会导致业务和用户的信任度受到损失，这使得高可用性成为设计解决方案架构时的主要考虑因素之一。不同应用程序对正常运行时间的要求各不相同。

如果应用程序面向外部并且拥有大量的用户群，例如电子商务网站或社交媒体，那么100% 的正常运行时间就变得至关重要。对于内部应用程序（例如面向员工的 HR 系统或公司内部系统）或者博客系统来说，可以接受一些短时的停机。但实现高可用性与成本直接相关，因此，解决方案架构师始终需要根据应用程序需求来规划高可用性，以避免过度设计。

要实现高可用性（High Availability，HA）架构，最好将工作负载分布在数据中心相互隔离的区域中。这样，即便一个区域发生故障，应用程序副本仍然可以在另一个区域正常工作。

图 3-4 所示的架构图中，有一个 Web 服务器机群和一个应用服务器机群，它们分散在两个单独的可用区（数据中心的不同物理区域）中。负载均衡器可以在两个可用区之间分配工作负载，当可用区 1 因电源或网络中断而停机时，可用区 2 可以继续处理用户流量，这样应用程序仍然可以正常工作。对于数据库而言，可用区 2 中有一个备用实例，它将执行故障转移并在可用区 1 出现问题时切换为主实例。主实例和备用实例都持续同步数据。

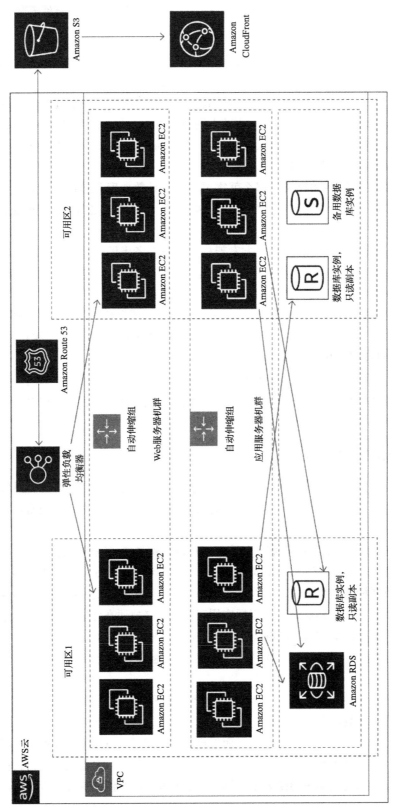

图 3-4 高可用性和韧性架构

解决方案架构需要考虑的另一个因素是韧性。当应用程序出现故障或者面临断断续续的问题时，应当采取自我修复原则，这意味着应用程序应该能够在没有人工干预的情况下自行恢复。

对于架构而言，可以通过监控工作负载并采取主动干预的措施来获得韧性。如以上架构所示，负载均衡器将监控实例的运行状况。一旦某个实例停止接收请求，负载均衡器就会将它从服务器机群中删除，并通知自动伸缩程序启动新的服务器进行替换。你还可以通过监控所有实例运行状态的方法（例如监控实例的 CPU 和内存利用率并当它们达到阈值后立即启动新的实例）进行主动干预，例如当 CPU 利用率高于 70% 或内存利用率超过 80% 时。

高可用性和韧性可以通过实现弹性来降低成本，例如，当服务器利用率较低时释放一些实例以节省成本。HA 架构与自我修复机制紧密结合，确保应用程序持续正常运行。但是应用程序还需要能够快速恢复，以便维持必要的用户体验。

3.3　容错和冗余

在上一节中，我们了解了容错和高可用性之间有着密切的关系。高可用性意味着应用程序对用户来说总是可用的，但是应用程序的性能可能会降低。假设你需要 4 台服务器来处理用户流量。为此，你在 2 个物理隔离的数据中心分别放置了 2 台服务器。如果一个数据中心发生故障，另一个数据中心仍然可以处理用户流量，但是只有两台服务器，这意味着此时的容量为原始容量的 50%，用户可能会遇到性能问题。在这种情况下，虽然应用程序具有 100% 的高可用性，但却仅有 50% 的容错能力。

容错能力是指在发生中断的情况下能够继续处理工作负载而不损害系统性能的能力。100% 容错的架构会因为增加的冗余度导致高额的成本。容错能力的规划取决于应用程序的重要性，即用户群在应用程序恢复期间可以承受多大程度的性能下降。

100% 高可用性，50% 容错

如图 3-5 所示，应用程序需要 4 台服务器来处理全部的工作负载，它们被分配到了 2 个不同的区域。图 3-5 中的两种方案都可以保持 100% 的高可用性。

要实现 100% 的容错能力，需要完全冗余并且维护双倍的服务器数量，这样即便一个区域发生中断，用户也不会遇到任何性能问题。而在服务器数量不变的情况下，只能获得 50% 的容错能力。

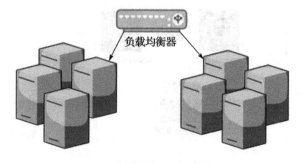

100% 高可用性，100% 容错

图 3-5　容错架构

在设计应用程序架构时，解决方案架构师需要判断应用程序用户群的性质，只在有必要时才规划 100% 的容错能力，确保高容错能力带来的好处可以抵消额外的冗余成本。

3.4 灾难恢复与业务连续性

在上一节中，我们了解了如何使用高可用性和容错来保障应用程序的正常运行。有时，数据中心会因为其所在区域发生大规模供电中断、地震或洪水而中断运行，但是全球业务应该能够继续运行。在这种情况下，必须制订一个灾难恢复计划，通过在不同的地区准备足够的 IT 资源来规划业务连续性。

在规划灾难恢复时，解决方案架构师必须了解组织的**恢复时间目标**（Recovery Time Objective，RTO）和**恢复点目标**（Recovery Point Objective，RPO）。RTO 意味着企业可以在多长的停机时间内维持业务而不会产生任何重大影响。RPO 则表示企业可以承受多少数据丢失。RTO 和 RPO 越低，成本越高，因此了解业务是否关键及其需要的最小 RTO 和 RPO 至关重要。

图 3-6 展示了一个多站点容灾架构，其中主数据中心位于欧洲的爱尔兰，灾备站点位于美国弗吉尼亚州，托管在 AWS 公有云上。在这种情况下，即便整个欧洲地区或 AWS 公有云出现故障，业务也能够继续运营。该灾难恢复计划是基于多站点的，可以实现最小的 RTO 和 RPO，意味着中断的可能性被最小化甚至不会出现中断，也没有数据丢失。

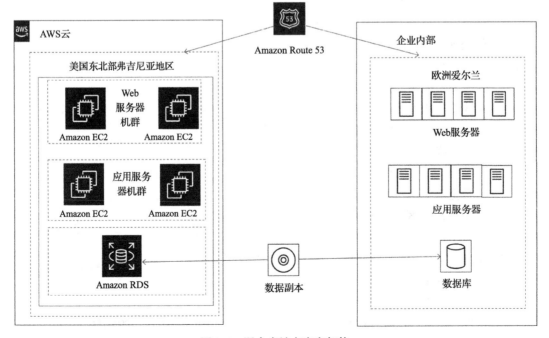

图 3-6　混合多站点容灾架构

以下是最常见的几种灾难恢复计划（详见第 12 章）：

❑ **备份和存储**：该计划的成本最低，并且具有最大的 RTO 和 RPO。在该计划中，所有服务器镜像和数据库快照都应该存储在灾备站点中。一旦发生灾难，团队将尝试从备份中启动受灾站点。

❑ **Pilot Lite**：在该计划中，所有的服务器镜像都作为备份存储，并且在灾备站点中维护了一个小型数据库服务器，并从主站点持续地同步数据。其他关键服务，例如活动目录（Active Directory，AD），可能运行在小型实例中。一旦发生灾难，团队将尝试从备份的镜像启动服务器并扩展数据库。Pilot Lite 比备份和存储方案的成本要高一些，但是 RTO 和 RPO 更小。

❑ **热备份**：在该计划中，灾备站点中运行着所有的应用服务器和数据库服务器（以较低的容量运行），并持续与主站点同步。一旦发生灾难，团队将尝试扩展所有服务器和数据库。热备份比 Pilot Lite 方案成本更高，但 RTO 和 RPO 更小。

❑ **多站点**：该计划成本最高，但是 RTO 和 RPO 几乎为零。在该计划中，灾备站点维护了与主站点相同容量的副本，并主动为用户流量提供服务。当灾难发生时，所有流量都将被路由到备用站点。

通常，组织会选择成本较低的灾难恢复计划，但是定期进行测试并确保故障转移能够正常运行至关重要。团队应在日常运营中设置例行检查点，以确保灾难恢复时业务的连续性。

3.5　可扩展性与可重用性

随着业务的发展与演进，应用程序也需要持续扩展以应对不断增长的用户群，同时不断地添加更多功能并获得竞争优势以保持领先地位。解决方案的设计必须具有足够的可扩展性和灵活性，以支持现有功能的修改或新功能的添加。为了实现应用程序的模块化，组织通常希望搭建一个平台，使其具备一组功能，各个功能作为独立的应用程序运行。只有可重用的架构设计才能实现这样的目标。

为了实现解决方案的可扩展性，解决方案架构师需要尽可能地使用松耦合的架构。比较好的做法是创建一个基于 RESTful 或基于队列的架构，这将有助于模块之间或跨应用程序的松耦合通信。更多关于架构种类的内容参见第 6 章。接下来，我们将通过一个简单的示例来阐述什么是架构灵活性。

图 3-7 展示了一个电子商务应用程序的基于 API 的架构设计。它有一系列独立服务，例如产品目录、订单、支付和运输，终端用户应用程序按需调用这些服务。客户使用移动端和浏览器在线下单。这些应用程序需要产品目录服务在 Web 上展示产品，需要订单服务来进行下单以及支付服务进行付款。产品目录服务和订单服务又会与运输服务进行通信，将订单配送到客户手中。而实体店则会使用销售点系统，由销售代表进行扫码下单并收款。由于

客户直接在店内取货，所以该系统不需要依赖运输服务。

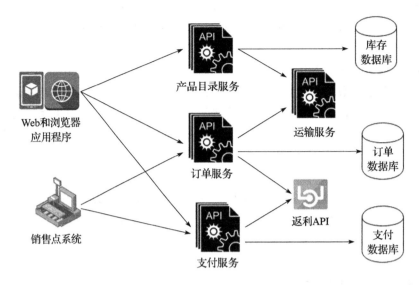

图 3-7 基于 API 的可扩展架构

从图 3-7 还可以看到返利 API，它用于第三方 API 集成。这样的架构使你可以对现有的设计进行扩展，通过集成返利 API 来维系客户，并通过在购买时提供返利吸引新客户。

现在，你可以理解在线商城和实体店如何重用支付服务。如果组织要对礼品卡、食品等服务扩展收款功能，它们仍然可以重用支付服务。

可扩展性和可重用性不仅限于服务设计。它还可以深入具体的 API 框架设计，软件架构师应使用**面向对象的分析和设计**（Object-Oriented Analysis and Design，**OOAD**）概念（如继承和容器等）来搭建 API 框架。这将让架构具备足够的扩展性和可重用性，以便为服务添加更多的功能。

3.6　易用性与可访问性

你希望用户在浏览应用程序时能够获得无缝的体验。它应该流畅到连用户自己也觉察不到他们可以如此轻而易举地找到想要的东西。你可以通过实现应用程序的高易用性来达成此目的。在定义什么是可以满足用户体验的易用性时，用户调研和用户测试是必不可少的两个方面。

易用性是指用户首次使用应用程序时学会其导航逻辑的速度。它还反映了用户在出错时能够多快地回退，以及用户能否高效地执行任务。应用程序如果不能被有效地使用，那么即便它的逻辑再复杂，功能再丰富，也没有任何意义。

通常，在设计应用程序时，你希望用户来自全球各地或某些重要地区。虽然他们在技术便利性与身体机能上有所不同，你仍然希望每个用户都可以访问你的应用程序，即便他们的网速很慢、设备陈旧，甚至身体存在障碍。

可访问性是一系列关于如何使应用程序被所有人使用的特性，在设计应用程序时，解决方案架构师需要确保应用程序可以通过低带宽的互联网进行访问，并兼容各种设备。有时可能需要为应用程序创建不同的版本才能实现。

可访问性设计应包括诸如语音识别和基于语音的系统导航、屏幕放大器以及内容朗读等组件。本地化有助于为使用不同语言（例如西班牙语、汉语、德语、印度语或日语）的地区提供便利。

如图 3-8 所示，客户满意度是易用性和可访问性的共同组成部分。

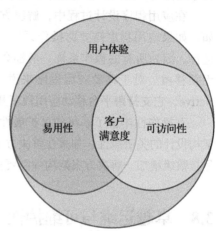

必须充分了解用户才可能实现易用性和可访问性，在实现用户满意度时，可访问性是易用性的一部分，这两点需要同时满足。在设计解决方案之前，解决方案架构师应与产品负责人一起参与用户访谈和用户调研，并通过模拟的前端设计收集用户反馈，进行用户研究。你需要了解用户受到哪些限制，并在应用程序开发期间为其提供辅助功能。

产品发布时，团队应将一小部分用户导流到新功能来进行 A/B 测试并了解用户的反馈。发布后，应用程序必须具备持续收集反馈的机制（通过提供反馈表或启动客户支持）以改进设计。

图 3-8　客户满意度与易用性和
　　　　可访问性的关系

3.7　可移植性与互操作性

互操作性是指应用程序通过某种标准格式或协议与其他应用程序协同工作的能力。通常，应用程序需要与各种上游系统进行通信以获取数据，或与下游系统通信以提供数据，因此与这些系统建立无缝的通信连接至关重要。

例如，电子商务应用程序需要与供应链管理体系中的其他应用程序协同工作，包括 ERP（Enterprise Resource Planning）应用程序，这些应用程序用于记录所有事务，比如运输生命周期管理、运输公司管理、订单管理、仓库管理和劳务管理等。

所有应用程序都应该能够无缝地交换数据，以实现从客户下单到配送交付的端到端功能。无论是医疗保健，还是生产制造或者电信相关的应用程序，都会碰到类似的情况。

解决方案架构师在设计的过程中需要识别和处理系统的各种依赖关系，以设计应用程序的互操作性。可互操作的应用程序可以节省大量成本，因为它可以通过相同的数据格式与依赖方进行通信而不需要任何数据消息传递。每个行业都有其需要了解和遵守的数据交换标准。

通常，对于软件设计来说，架构师可以选择一种主流的格式，例如 JSON 或 XML，作为不同应用程序之间的数据交换格式，以便它们之间互相通信。在现代流行的 RESTful API 设计和微服务架构中，这两种格式都可以开箱即用。

可移植性使应用程序可以在不同的环境中工作，而无须进行任何更改，或只需进行少量的变更。任何软件应用程序，只有当它能够在各种操作系统和硬件上工作时才能实现更高的易用性。由于技术日新月异，经常会看到新版本的软件开发语言、开发平台和操作系统发布上市。如今，移动应用程序已成为任何系统设计不可或缺的一部分。不仅如此，移动应用程序还需要与主流的移动操作系统平台（例如 iOS、Android 和 Windows）兼容。

在应用程序设计过程中，解决方案架构师需要选择一种可以实现可移植性的技术。例如，如果应用程序需要跨操作系统部署，那么诸如 Java 之类的编程语言可能是比较好的选择，因为所有的操作系统一般都会支持 Java，并且应用程序可以运行在不同的平台上而无须移植。对于移动应用程序来说，架构师可以选择基于 JavaScript 的语言，例如 React Native，它支持跨平台移动应用程序开发。

互操作性丰富了系统的可扩展性，而可移植性则提高了应用程序的易用性。两者都是架构设计的关键属性，如果在解决方案设计阶段没有周全地考虑它们，后续可能会导致成本呈指数级增加。解决方案架构师需要根据行业需求和系统依赖关系仔细斟酌。

3.8 卓越运维与可维护性

卓越运维可以为应用程序带来巨大的差异化优势，实现以最小的停机时间为客户提供高质量的同等服务。主动进行卓越运维可以帮助支持团队和工程团队提高生产效率。可维护性与卓越运维息息相关。易于维护的应用程序有助于降低成本和避免错误，并让你获得竞争优势。

解决方案架构师需要针对运维进行设计，这意味着设计时应该从长远考虑如何对工作负载进行部署、更新和运维。对日志、监控和告警进行规划，通过捕获所有事件并快速响应以获得最佳用户体验，这一点至关重要。无论是部署基础设施还是应用程序代码变更，都应尽可能地实现自动化，以避免人为错误。

对部署方式和自动化策略的设计非常重要，因为它可以在不影响现有运维的情况下加快变更的上线速度。卓越运维计划还应考虑安全性与合规性因素，因为合规性要求可能会随着时间而变化，应用程序必须遵守这些要求才能运行。

维护可以是主动的或被动的。例如，当市场上出现新版操作系统时，你可以立即升级应用程序并切换平台，也可以先对系统的运行状况进行监控，等到软件生命周期结束后再进行变更。无论采取哪种策略，变更都应该以小步增量进行，并且需要考虑回滚策略。你可以通过设置 CI/CD（持续集成和持续部署）流水线来自动化整个变更过程，还可以通过 A/B 部署或蓝绿部署进行上线。

关于运维的准备工作，架构设计应包含适当的文档和知识共享机制，例如，通过创建和维护运行手册对日常活动进行文档化，或编写剧本以通过问题来引导团队了解系统流程。这将让你在发生事故时迅速响应。发生事故后应进行根因分析来确定问题发生的原因，并确保不再发生。

卓越运维和维护是一项日常工作，每一次运维事故和故障都是学习的机会，从先前的错误中学习将有助于改善运维。必须对运维活动和故障进行分析，进行更多的试验并改进。更多关于卓越运维的考量见第 10 章。

3.9　安全性与合规性

安全性是解决方案设计中最基本的属性之一。许多组织的失败都归因于违背了安全性，它会导致客户信任度的降低和不可挽回的业务损失。行业标准规范（例如金融行业的 PCI、医疗保健行业的 HIPPA）、欧盟 GDPR 和 SOC 合规性都对安全性进行了强制要求，用以保护消费者数据并为组织提供标准指导。你必须遵从所在行业和地区的法律及合规性要求。首先，应用程序的安全性需要遵从解决方案设计的以下方面：

❏ 认证和授权
❏ Web 安全
❏ 网络安全
❏ 基础设施安全
❏ 数据安全

图 3-9 展示了安全性的不同方面。安全性的不同方面详见第 8 章。

3.9.1　认证和授权

认证是指谁可以访问系统，而授权则是指用户进入系统或应用程序后可以执行哪些操作。解决方案架构师在设计解决方案时必须考虑适当的认证与授权机制。始终从最小的权限开始，根据用户角色的要求进一步提供访问权限。

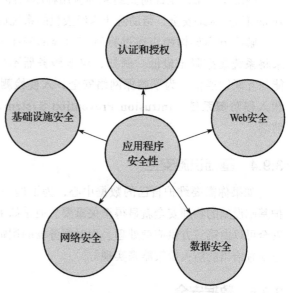

图 3-9　解决方案设计中的安全性考虑

如果应用程序仅供公司内部使用，你可能希望用户可以通过统一的组织管理系统（例如 Active Directory、SAML 2.0 或 LDAP）进行访问。如果应用程序针对的是诸如社交媒体网站或游戏应用之类的大众用户群体，则可以允许他们通过 OAuth 2.0 和 OpenID 进行认证，这样用户就可以使用其他的 ID（例如 Facebook、Google、Amazon 和 Twitter）进行访问。

识别所有未授权的访问并立即采取措施以降低安全威胁非常重要，这需要通过持续监控和审计访问管理系统来保证。应用程序安全性详见第 8 章。

3.9.2 Web 安全

Web 应用程序通常暴露于互联网中并且更易受到外部攻击，其解决方案设计必须考虑防止诸如**跨站脚本**（cross-site scripting，XSS）和 SQL 注入之类的攻击。如今，**分布式拒绝服务**（Distributed Denial of Service，DDoS）攻击正在给组织带来麻烦。为了避免这些攻击，需要准备适当的工具，并制订好事件响应计划。

解决方案架构师应规划 **Web 应用防火墙**（Web Application Firewall，WAF）来阻止恶意软件和 SQL 注入攻击。WAF 可以阻止来自恶意 IP 地址的流量，以及来自没有用户群的国家的流量。联合使用 WAF 与**内容分发网络**（Content Distribution Network，CDN）可以帮助预防和处理 DDoS 攻击。

3.9.3 网络安全

网络安全帮助全面防止组织和应用程序内部的 IT 资源对外开放。解决方案设计必须规划如何保护网络安全，帮助防止未经授权的系统访问、主机漏洞和端口扫描。

解决方案架构师应通过将所有内容部署在公司防火墙后并尽可能地避免互联网访问来将系统暴露降至最低。例如，Web 服务器不应该暴露在互联网中，只有负载均衡器才能与互联网通信。为了确保网络安全，**入侵检测系统**（Intrusion Detection System，IDS）和**入侵防御系统**（Intrusion Prevention System，IPS）应该纳入规划并置于网络流量的前端。

3.9.4 基础设施安全

如果你需要维护自己的数据中心，为了确保它们不会被未经授权的用户物理访问，保护基础设施的物理安全就显得至关重要。但是如果是租用数据中心或使用私有云，那么物理安全可以由第三方供应商处理。而对服务器的逻辑访问必须通过网络安全来保护，这可以通过配置恰当的防火墙策略来实现。

3.9.5 数据安全

数据安全是需要保护的最为关键的方面之一。毕竟，在访问安全、Web 安全、应用程序和网络安全方面设置的层层防护都是为了保护数据安全。数据可以在系统之间交换，因此在传输过程中也需要确保数据安全，放置在数据库或某些存储空间中的静态数据也应受到保护。

解决方案设计需要通过规划**安全套接层 / 传输层安全**（Secure Socket Layer/Transport

Layer Security，SSL/TLS）和安全证书来保证数据传输的安全性。静态数据则应通过各种对称或非对称加密机制来保护。解决方案设计还应该根据应用程序的需要规划正确的密钥管理方法来保护加密密钥，这可以通过硬件安全模块或云供应商提供的密钥管理服务来实现。

在确保安全性的同时，必须建立一种机制以在任何安全漏洞发生时立刻识别并采取行动。为每一层添加自动化的安全违规监控并即时告警是解决方案设计不可或缺的一部分。在软件开发生命周期中，DevSecOps 将最佳实践应用于实现安全需求与安全响应的自动化，它也因此被越来越多的组织所采用。更多关于 DevSecOps 的内容见第 12 章。

为了遵守当地法规，解决方案设计需要包括审计机制。在金融领域，必须严格遵守诸如**支付卡行业数据安全标准**（Payment Card Industry Data Security Standard，PCI DSS）之类的合规性要求以获得系统中每笔交易的日志记录，这意味着所有的活动都需要记录并在需要时发送给审计师。任何个人身份信息（Personal Identifiable Information，PII）数据（例如客户电子邮件 ID、电话号码和信用卡号）都需要加密，以对存有 PII 数据的应用程序进行访问权限控制。

在自行管理的内部环境中，你需要自己负责基础设施和应用程序的安全并获得合规性认证。但是在公有云环境中，如 AWS 之类的环境会帮助你减轻这些负担，因为基础设施的安全性与合规性由云供应商负责。客户则需要对应用程序的安全性负责，并通过完成所需的审计来确保其合规性。

3.10　成本优化与预算

每个解决方案都会受到预算的限制，投资者总是希望获得最大的投资回报率（ROI）。解决方案架构师在进行架构设计时需要考虑节省成本。从试点创建到解决方案实施和发布的整个过程中都需要考虑成本优化。成本优化是一项旷日持久的工作。像其他约束一样，成本的节约也需要有所取舍，具体取决于交付速度和性能是否更为关键等因素。

通常，成本上升的原因是资源过度配置或者忽略了采购成本。解决方案架构师需要规划最佳资源配置，以避免资源浪费。在组织层面，应该有一个自动检测机制来识别"幽灵"资源，比如团队成员创建的开发或测试环境，但在任务完成后将其闲置。这些"幽灵"资源通常会被忽略，进而导致成本超支。组织需要通过自动化对资源用量进行记录。

在技术选型期间，自建与采购成本的对比评估至关重要。当组织缺乏专业知识并且自建成本很高时，最好使用第三方工具，例如，通过采购日志分析和商务智能工具节省成本。同样，在选择一项技术来实现解决方案时，需要确定其学习的难易程度和实现的复杂性。从 IT 基础设施的角度来看，需要评估其资本支出与运营支出，因为维护数据中心需要先期投入大量资本才能满足不可预见的扩展需求。解决方案架构师可以有多种选择，例如公有云、私有云、多云，或混合云方案。

与其他属性一样，成本控制也需要自动化，并且针对预算消耗设置告警。需要规划成本并将其分摊到组织单元和工作负载上，这样所有的团队都可以分担职责。随着越来越多的历史数据被收集，团队需要通过优化运维支持和工作负载来持续优化成本。

3.11　小结

本章介绍了在进行解决方案设计时需要考虑的各种解决方案架构属性，还介绍了垂直伸缩和水平伸缩两种模式，以及如何对架构的不同层进行伸缩，包括 Web 层，应用服务器层和数据库层。

此外，也介绍了如何通过自动伸缩来实现弹性，以便工作负载可以按需扩展和收缩。本章提供了关于如何设计韧性架构和高可用性架构的方法。这有助于你了解容错和冗余，从而可以根据用户的期望提高应用程序的性能，并就不可预见的突发事件规划灾难恢复计划，以确保业务的连续性。

然后，探讨了使架构可扩展和可访问的重要性，以及架构的可移植性和互操作性如何帮助降低成本并提高应用程序的采用率。最后，介绍了如何在架构的不同层应用卓越运维、安全性和成本控制，以及如何从解决方案设计开始就正确地考虑这些属性。本书后续章节将对每个属性进行更加详细的介绍。

下一章将介绍解决方案架构的设计原则，并重点讲解如何设计解决方案架构。请牢记本章介绍的各种属性。

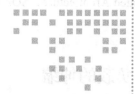

第 4 章 *Chapter 4*

解决方案架构的设计原则

上一章介绍了解决方案架构的各种属性。在进行解决方案设计时，解决方案架构师需要牢记这些不可或缺的属性。本章将介绍解决方案架构的设计原则，这些原则涉及各种不同的属性。

本章将重点介绍那些最重要的和通用的设计原则。但是，根据产品的复杂度和行业领域特性，可能会有更多的设计考量。当你按照本书的学习路径，在成为解决方案架构师的道路上前行时，你将进一步应用这些设计原则和属性来创建第 6 章中提及的各种设计模式。

本章涵盖以下主题：

❑ 工作负载的伸缩。

❑ 构建有韧性的架构。

❑ 性能设计。

❑ 使用可替换资源。

❑ 考虑松耦合。

❑ 考虑服务而非服务器。

❑ 根据合理的需求选择合适的存储。

❑ 考虑数据驱动设计。

❑ 克服约束。

❑ 安全无处不在。

❑ 自动化一切。

本章不仅介绍如何设计可伸缩，有韧性和高性能的架构，还将讲述如何通过应用安全性、克服约束、测试和自动化变更来维护架构。这些原则将通过使用面向服务的架构

（Service-Oriented Architecture，SOA）和数据驱动的方法来帮助你以正确的方式考虑架构
设计。

4.1　工作负载的伸缩

3.1 节已经介绍了不同的伸缩模式以及如何高度扩展和收缩静态内容、服务器机群和数
据库。现在，我们来了解用来处理工作负载峰值的各种伸缩类型。

在大多数情况下，如果了解工作负载的规律，那么其伸缩是可预测的。但是，当工作
负载峰值突然出现或者出现以前从未处理过的高负载，那么只能被动地应对。无论伸缩是
被动的还是可预测的，都需要监控应用程序并采集数据，以便根据情况规划扩展需求。接下
来，我们通过示例来深入研究这些设计模式。

4.1.1　可预测伸缩

可预测伸缩是组织希望采用的理想方案。通常，可以采集应用程序工作负载的历史数
据，诸如 Amazon 之类的电子商务网站可能会出现突然的流量高峰，这种情况下需要进行可
预测伸缩以避免任何延时问题。这类电子商务网站的流量可能出现以下规律：

❏ 周末的流量是工作日的 3 倍。

❏ 白天的流量是晚上的 5 倍。

❏ 购物季（例如感恩节或节礼日）的流量是平常的 20 倍。

❏ 总体而言，11 月和 12 月节假日期间的流量是其他月份的 8 ～ 10 倍。

你可能已经在使用一些监控工具来监听用户流量，并通过这种方式采集到了历史流量
数据，然后你可以基于这些数据对伸缩情况进行预测。可能的伸缩情况包括在工作负载增加
时规划更多的服务器，或者添加额外的缓存。像电子商务这类工作负载可能会面临更高的复
杂性，并且提供了许多数据点，可以帮助我们理解整体上的设计问题。对于如此复杂的工作
负载，可预测伸缩显得尤为重要。

可预测自动伸缩逐渐变得流行，它可以将历史数据和趋势提供给预测算法，这样就可
以提前预测给定时间的负载量，然后根据预期的结果配置应用程序伸缩。

为了更好地了解可预测自动伸缩，请查看 AWS 可预测自动伸缩功能中的指标仪表盘
（见图 4-1），它抓取了服务器的历史 CPU 利用率，并在此基础上提供了预测的 CPU 利用率。

在图 4-2 所示的截图中，算法会根据预测结果提供至少应该规划多少容量来应对即将到
来的流量的建议。

可以看到，一天中不同时间的最小容量有所不同。可预测伸缩可帮助你基于预测结果
优化最佳工作负载。可预测自动伸缩有助于降低延时并避免中断，因为添加新资源可能需要
一些前置时间。如果在处理网站流量高峰时不能及时地添加额外的资源，那么可能会导致请
求过载和流量虚高，因为用户在速度变慢或中断时往往会重复发送请求。

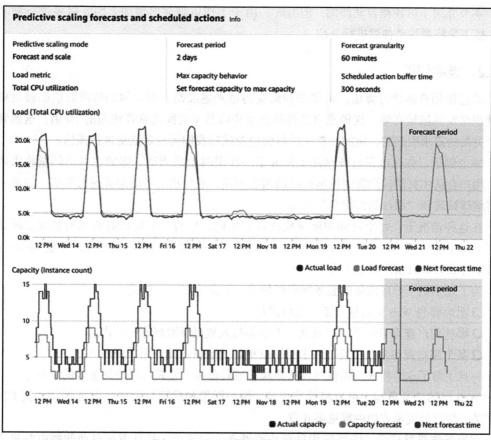

图 4-1　可预测伸缩功能的预测示例

Scheduled scaling actions (32)		
Q		< 1 2 3 4 >
Start time ▲	Min capacity ▼	Max capacity ▼
2018-11-20 08:55:00 UTC-0800	7	15
2018-11-20 09:55:00 UTC-0800	9	15
2018-11-20 11:00:00 UTC-0800	9	15
2018-11-20 12:00:00 UTC-0800	9	15
2018-11-20 13:00:00 UTC-0800	8	15
2018-11-20 14:00:00 UTC-0800	7	15
2018-11-20 15:00:00 UTC-0800	5	15
2018-11-20 16:00:00 UTC-0800	3	15
2018-11-20 17:00:00 UTC-0800	2	15
2018-11-20 18:00:00 UTC-0800	2	15

图 4-2　可预测伸缩功能的容量规划

本节介绍了可预测自动伸缩,但有时,由于工作负载突然增加,因此需要进行被动伸缩。接下来将对被动伸缩进行介绍。

4.1.2 被动伸缩

通过使用机器学习算法,可预测伸缩变得越来越准确,但是你仍然需要借助被动伸缩来处理突发的流量高峰。这种意料之外的流量高峰甚至可能是常规流量的 10 倍,这通常是由于突发的需求引起的,例如,首次进行促销尝试时我们无法对流量进行预估。

举个例子,你在电子商务网站上发起了一次限时抢购活动,你的主页访问量将大幅上升,用户会从主页跳转到限时抢购产品的指定页面,有些用户可能想要进行购买,因此,他们将继续跳转到"添加到购物车"页面。

在这种情况下,每个页面的流量模式各不相同,你需要了解现有的架构和流量模式以及所需流量的估算。你还需要了解网站的导航路径。例如,用户必须先登录才能购买产品,这可能导致登录页面的流量上升。

为了规划用于处理流量的服务器资源伸缩,需要确定以下模式:

❑ 明确哪些 Web 页面是只读并且可缓存的。

❑ 哪些用户查询只需要读取数据,不需要写入或更新数据库中的内容。

❑ 某个用户查询是否反复地请求相同或重复的数据,例如用户资料。

一旦了解了这些模式,你就可以从架构上减轻负担,使其可以处理更多的过载流量。要减轻 Web 层的流量负担,可以将静态内容(例如图像和视频)从 Web 服务器转移到 CDN。更多关于缓存分发模式的内容见第 6 章。

在服务器机群层面,需要使用负载均衡器来分配流量,并且通过自动伸缩机制来进行水平伸缩,自动地增加或缩减服务器。为了降低数据库负载,需要根据需求选择合适的数据库,例如使用 NoSQL 数据库来存储用户会话和检视意见,使用关系型数据库来存储事务数据,并对频繁的查询进行缓存。

本节介绍了用于处理应用程序伸缩需求的伸缩模式和方法,涵盖了可预测伸缩和被动伸缩两种伸缩模式。第 6 章将详细介绍不同类型的设计模式,以及如何用它们来扩展架构。

4.2 构建有韧性的架构

对故障进行容错设计,那么故障就不会发生。有韧性的架构意味着当发生故障时,应用程序仍然可供用户使用,并能从故障中恢复。实现有韧性的架构需要在各个方面都应用最佳实践,以使应用程序具备可恢复性。架构的各层都需要设计韧性,包括基础设施、应用程序、数据库、安全和网络层。

从安全性的角度来看,DDoS 攻击可能会影响服务和应用程序的可用性,它通常会将伪造的流量提交到服务器并使其疲于应对，导致合法用户无法访问应用程序。这种攻击可能发生在网络层或应用程序层。有关 DDoS 攻击以及如何缓解的内容见第 8 章。

主动防御 DDoS 攻击至关重要。第一条原则就是尽量让应用程序的工作负载部署在专用网络内部，并且尽量不让应用程序的端点暴露到互联网。为了提前预防，必须了解流量的日常规律，并建立适当的机制，以便当应用程序层和网络数据包层出现大量可疑流量时可以识别出来。

通过 CDN 来暴露应用程序将使其具备 CDN 内置的弹性能力，同时，添加 WAF 规则将有助于防止非法的流量。伸缩（服务器）应该是你最后的选择，但是需要准备好自动伸缩机制，以便在必要时可以伸缩服务器。

为了在应用程序层实现韧性，冗余将是首选的方案，它通过将工作负载分布在不同地区使应用程序具备高可用性。为了实现冗余，可以在数据中心不同区域的不同机架上部署一个服务器机群副本（见图 4-3）。如果服务器分布在不同的物理位置，则可以在流量到达负载均衡器之前使用域名系统（Domain Name System，DNS）来进行第一级路由。

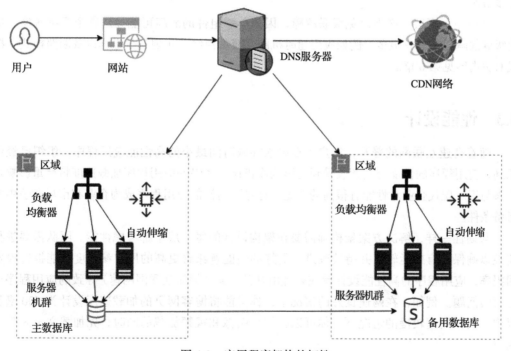

图 4-3　应用程序架构的韧性

从图 4-3 可以看到，需要在影响应用程序可用性的所有关键层中构建韧性，以实现容错设计。为了实现韧性，需要通过以下最佳实践来创建冗余环境：

❑ 使用 DNS 服务器将流量路由到不同物理区域，以便当整个区域出现故障时应用程序仍可运行。

❑ 使用 CDN 可以在靠近用户的位置分发和缓存静态内容（例如视频、图像和静态 Web
页面），这样，当发生 DDoS 攻击或本地入网点（Point-of-Presence，PoP）故障时，
应用程序仍然可用。

❑ 一旦流量到达某个区域，请使用负载均衡器将流量路由到服务器机群，这样即使区
域内的某个位置出现故障，应用程序仍然能够运行。

❑ 使用自动伸缩，根据用户需求添加或删除服务器，这样应用程序不会受到服务器单
点故障的影响。

❑ 创建备用数据库来保障数据库的高可用性，这意味着当数据库发生故障时应用程序
仍然可用。

在上述架构中，如果任何组件发生故障，都应该拥有备份使其恢复，并实现韧性架构。
负载均衡器和 DNS 服务器上的路由器应通过健康状态检查来确保流量仅路由到健康的应用
程序实例。你可以通过配置来进行浅层健康检查，以监控本机故障，或通过深层健康检查来
检测依赖项是否存在故障，但是深层健康检查比浅层健康检查需要更多的时间，并且会占用
更多资源。

在应用程序层，必须避免级联故障，因为单一组件的故障可能导致整个系统瘫痪。避
免级联故障的机制有很多，例如应用超时机制、流量拒绝、实现幂等操作以及断路模式，模
式有关内容见第 6 章。

4.3　性能设计

随着高速互联网的普及，客户正在寻求加载时间最小的高性能应用程序。组织已经注
意到，应用程序的性能与其营收受到的影响成正比，缓慢的应用程序加载速度将严重影响客
户参与度。现代企业对性能有很高的期望，这导致高性能应用程序成为企业在市场竞争中的
必备条件。

与韧性一样，解决方案架构师需要在架构设计的每一层中都考虑性能。团队需要进行
监控以确保其有效运转，并持续改进。更好的性能意味着更高的用户参与度且能提升投资
回报率，应用程序的高性能设计旨在处理由外部因素（例如互联网网速）导致的应用程序运
行缓慢问题。例如，在网速良好的情况下，你可能将博客网页的加载速度设计为 500 毫秒
以内。但在网速较慢的情况下，你可以在等待图像和视频加载的同时，先加载文本来吸引
用户。

在理想的环境中，随着应用程序工作负载的增加，自动伸缩机制将会在不影响应用程
序性能的前提下处理额外的请求。但在现实中，当伸缩生效时，应用程序延时会有一段时间
的上升。实践中，最好通过增加负载来测试应用程序的性能，确认是否可以实现所需的并发
量和用户体验。

在服务器层面，需要根据工作负载的特点选择正确的服务器类型。例如，选择合适的

内存与算力来处理工作负载，因为内存拥塞会降低应用程序性能，并最终可能导致服务器崩溃。对于存储来说，重要的是选择合理的 IOPS（Input/Output Per Second，**每秒的输入输出量**）。对于写密集型的应用程序来说，需要较高的 IOPS 以减少延迟并提高磁盘写入速度。

要获得出色的性能，请在架构设计的每一层中使用缓存。缓存可以将数据保留在用户的本地存储，或将数据保存在内存中，以提供超快响应。以下是为应用程序各层添加缓存时需要注意的地方：

❑ 通过用户系统中的浏览器缓存来加载频繁请求的网页。

❑ 使用 DNS 缓存可以快速查询网站地址。

❑ 通过 CDN 在用户位置附近缓存高分辨率图像和视频。

❑ 在服务器层面，最大限度地利用内存缓存来服务用户请求。

❑ 使用 Redis 和 Memcached 之类的缓存引擎来处理缓存层的频繁查询。

❑ 使用数据库缓存来处理内存中的频繁查询。

❑ 注意每一层的缓存过期和缓存逐出情况。

综上所述，应用程序的性能是解决方案架构设计必不可少的因素之一，并且直接关系到组织的盈利能力。解决方案架构师在创建解决方案设计时需要考虑性能因素，并坚持不懈地持续改善应用程序性能。

更多关于不同缓存模式的内容见第 6 章。性能是一个至关重要的因素，第 7 章将继续深入探讨优化应用程序性能的技术。

4.4　使用可替换资源

组织在硬件上投入了大量的资金，并且开发了相应的实践来升级新版本的应用程序和配置。随着时间的流逝，最后导致不同的服务器以不同的配置运行。在这种情况下进行故障排查是一项非常烦琐的任务。有时，你不得不继续维护一些不再需要的资源，因为你不能确定应该关闭哪台服务器。

由于无法替换服务器，因此很难在服务器机群中部署和测试任何更新。将服务器视为可替换资源可以解决这些问题，这样可以更快地适应变化（例如升级应用程序和底层软件）。

这就是设计应用程序时应该始终考虑不可变基础设施的原因。

创建不可变的基础设施

"不可变"意味着在应用程序升级期间，不仅需要替换软件，还需要替换硬件。组织在硬件上投入了大量的资金，并且开发了相应的实践来升级新版本的应用程序和配置。

要创建可替换的服务器，需要确保应用程序是无状态的，并避免对任何服务器的 IP 或数据库的 DNS 名称进行硬编码。从本质上来说，就是要将基础设施视为软件而非硬件，并且不要对运行中的系统进行更新。你应该始终从黄金镜像启动新的服务器实例，在该镜像中，所有必要的安全性配置和软件都已经就绪。

在虚拟机的帮助下，不可变基础设施的创建变得尤为轻松。你可以创建虚拟机的黄金镜像，并使用它来部署新版本，而不必尝试更新现有版本。这种部署策略也便于故障排查，你可以关闭有问题的服务器并从黄金镜像启动新的服务器。在关闭有问题的服务器之前，应该对日志进行备份以便进行根因分析。如果所有的环境都是通过相同的基准镜像创建的，那么就可以确保整个环境的一致性。

金丝雀测试

在使用不可变基础设施进行滚动部署时，金丝雀测试是一种非常流行的测试方法，它可以帮助你确保旧版的生产服务器被安全地替换为新版服务器，而不影响终端用户。在金丝雀测试中，你需要将软件更新部署在新服务器上，并将少量流量路由到新服务器。

如果一切顺利，可以添加更多新服务器并将更多的流量路由过来，同时关闭旧服务器。金丝雀部署为生产环境的实时部署更新提供了一种安全的方式。即便出现问题，也只会影响少量用户，并且可以通过将流量路由回旧的服务器进行即时恢复。

在使用可替换资源进行部署前，解决方案架构师需要提前考虑如何设计。他们需要提前规划好会话管理，并避免服务器依赖于硬编码的资源。你应该始终将资源视为可替换的，并设计应用程序使其支持硬件的变更。

解决方案架构师需要对各种滚动部署策略的使用设置一个标准，例如 A/B 测试或蓝绿部署。应将服务器视作牛马，而不是宠物。基于这项原则，对出现问题的 IT 资源进行替换时可以确保你能够快速恢复故障，并减少故障排查时间。

4.5　考虑松耦合

传统的应用程序通常会搭建一个紧密集成的服务器机群，其中每台服务器各司其职。应用程序依赖其他服务器来实现功能的完整性。如图 4-4 所示，在紧耦合的应用程序中，Web 服务器机群直接依赖于所有应用服务器，反之亦然。

在上述架构中，如果一台应用服务器出现故障，那么所有 Web 服务器都会接收到错误，请求也会被路由到出问题的应用服务器，最终可能导致整个系统故障。在这种情况下，如果想通过添加和删除服务器进行伸缩，将需要进行大

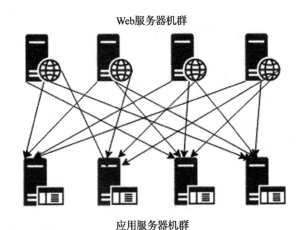

图 4-4　紧耦合的架构

量的工作以确保所有连接都设置正确。

　　在松耦合架构下，你可以添加中间层（例如负载均衡器或队列），它们可以帮助你自动处理故障或伸缩。如图 4-5 的架构图所示，Web 服务器机群和应用服务器机群之间存在一个负载均衡器，它可以确保用户请求始终由运行良好的应用服务器提供服务。

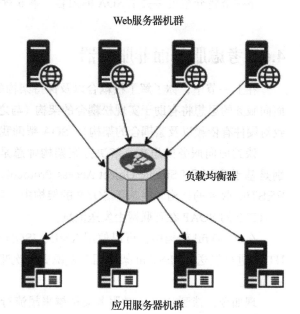

　　如果其中一台应用服务器出现故障，负载均衡器就会自动将所有流量路由到其他三台运行良好的服务器。松耦合架构还可以帮助你独立地扩展服务器并优雅地替换故障实例。由于错误半径仅限于单个实例，松耦合架构将使应用程序具备更高的容错能力。

　　对基于队列的松耦合架构来说，图像处理网站是一个很好的例子。其中，你需要先存储图像，然后对其进行编码、

图 4-5　基于负载均衡器的松耦合架构

缩略和版权保护。图 4-6 所示的架构图展示了基于队列的松耦合架构，可以通过在系统之间使用队列传递作业消息来实现系统的松耦合。

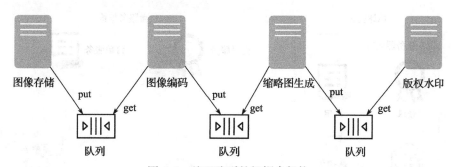

图 4-6　基于队列的松耦合架构

　　基于队列的解耦方式实现了系统的异步连接，服务器不需要等待另一台服务器的响应，而是独立工作。你可以增加虚拟服务器的数量，并行地接收和处理消息。如果没有需要处理的图像，则可以配置自动伸缩功能来关闭多余的服务器。

　　在复杂系统中，松耦合的架构是通过搭建**面向服务的架构**（Service-Oriented Architecture，SOA）来实现的，其中，每个独立的服务都包含了一组完整的功能，并通过标准协议互相通信。在现代的架构设计中，微服务架构越来越流行，促进了应用程序组件间的解耦。

松耦合设计具备可伸缩性、高可用性，以及易于集成等诸多优势。

下一节将介绍更多关于 SOA 的内容，第 6 章也将深入探讨该主题的细节。

4.6 考虑服务而非服务器

在上一节中，你了解了松耦合以及保持架构的松耦合对于可伸缩性和容错性的重要性。面向服务的思想将有助于实现松耦合的架构（与之相反的是面向服务器的设计，后者可能导致对硬件有依赖以及紧耦合的架构）。SOA 帮助我们简化了解决方案的部署和维护。

谈到面向服务的思想，解决方案架构师总是倾向于采用 SOA。最流行的两种 SOA 分别是基于 **SOAP**（Simple Object Access Protocol，简单对象访问协议）服务的架构和基于 **RESTful** 服务的架构。在基于 SOAP 的架构中，可以使用 XML 来格式化消息，然后采用基于 HTTP 的 SOAP 在互联网上发送消息。

在 RESTful 架构中，可以使用 XML、JSON 或纯文本来格式化消息，然后通过简单的 HTTP 进行发送。RESTful 架构相对来说更受欢迎，因为它非常轻量级，并且比 SOAP 架构更简单。

现如今，谈到 SOA，微服务架构越来越流行。微服务可以独立伸缩，这使得应用程序中的单个组件可以在不影响其他组件的情况下更容易地扩展或收缩。如图 4-7 所示，在单体架构中，所有组件都构建在同一台服务器中，并与同一数据库绑定在一起，这将导致各个组件的强依赖性；在微服务架构中，每个组件都具备独立的框架和数据库，这使得它们可以独立伸缩。

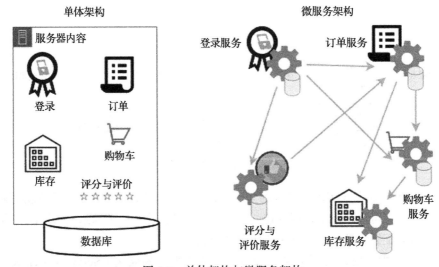

图 4-7 单体架构与微服务架构

图 4-7 是一个电子商务网站的示例，在该网站上，客户可以登录，并通过向购物车添加

商品（假设网站上有他们想要的商品）来进行下单。要将单体架构转换为微服务架构，可以创建一个由相互独立的小型组件组成的应用程序，这些组件可以组合成应用程序的不同部件并独立迭代。

采用模块化方法可以降低成本、规模和变更风险。在上述示例中，每个组件都创建为独立的服务。其中，由于客户可能会频繁地登录以便浏览商品目录和查看订单状态，因此可以独立地伸缩**登录服务**以便处理更多的流量，而**订单服务**和**购物车服务**的流量可能会相对少一些，因为客户可能不会频繁下单。

解决方案架构师在设计解决方案时需要考虑 SOA。服务化的显著优势是需要维护的代码面较小，并且服务是独立的。在没有外部依赖的情况下就可以构建它们。所有依赖都被包含在服务内部，这样就能够实现松耦合、可伸缩功能并在发生故障时减小爆炸半径。

4.7　根据合理的需求选择合适的存储

数十年来，组织一直在使用传统的关系型数据库，并试图将所有内容都放入其中，无论它是基于键值对的用户会话数据，还是非结构化的日志数据，或是数据仓库的分析数据。但事实上，虽然关系型数据库适用于事务性数据，但不适用于其他数据类型，就像瑞士军刀一样，它虽然有多种工具，但是毕竟能力有限，好比要盖房子，螺丝刀是无法像起重机那样工作的。同样，对于特定的数据需求，应该选择正确的工具，该工具不但可以胜任繁重的工作，还可以在不影响性能的前提下进行伸缩。

解决方案架构师在进行数据存储选型时需要考虑众多因素，以满足相应的技术要求。以下是一些重要的考虑因素：

❑ **耐久性要求**：应如何存储数据以防止数据损坏？
❑ **数据可用性**：哪个数据存储系统可以被用来传递数据？
❑ **延时要求**：数据应该在多短的时间内返回？
❑ **数据吞吐量**：数据读写的需求是什么？
❑ **数据大小**：数据存储的需求是什么？
❑ **数据负载**：需要支持多少并发用户？
❑ **数据完整性**：如何保持数据的准确性和一致性？
❑ **数据查询**：数据查询的特征是什么？

表 4-1 列出了不同的数据类型及其示例，以及适用的存储类型。你需要根据存储类型来制定相应的技术决策。

表 4-1　数据类型及其示例与存储类型

数据类型	数据示例	存储类型	存储示例
事务性数据、结构化数据	用户订单数据、财务交易	关系型数据库	Amazon RDS、Oracle、MySQL、PostgreSQL、MariaDB、Microsoft SQL Server

（续）

数据类型	数据示例	存储类型	存储示例
键值对、半结构化数据、非结构化数据	用户会话数据、应用程序日志、检视建议、评论	NoSQL	Amazon DynamoDB、MongoDB、Apache HBase、Apache Cassandra、Azure Tables
分析数据	销售数据、供应链智能分析、业务流程	数据仓库	IBM Netezza、Amazon Redshift、Teradata、Greenplum、Google BigQuery
内存数据	用户主页数据、通用仪表盘数据	缓存	Redis cache、Amazon ElastiCache、Memcached
对象数据	图像、视频	基于文件的存储	SAN、Amazon S3、Azure Blob Storage、Google Storage
块数据	可安装的软件	基于块的存储	NAS、Amazon EBS、Amazon EFS、Azure Disk Storage
流数据	物联网传感器数据、点击流数据（一般用于用户行为分析）	流数据的临时存储	Apache Kafka、Amazon Kinesis、Spark Streaming、Apache Flink
归档数据	任何类型的数据	存档	Amazon Glacier、磁带存储、虚拟磁带库存储
Web 存储	静态 Web 内容，如图像、视频、HTML 页面	CDN	Amazon CloudFront、Akamai CDN、Azure CDN、Google CDN、Cloudflare
搜索型数据	产品搜索，内容搜索	搜索索引存储和查询	Amazon Elastic Search、Apache Solr、Apache Lucene
数据目录	数据表元数据、数据的元数据	元数据存储	AWS Glue、Hive metastore、Informatica data catalog、Collibra data catalog
监控数据	系统日志、网络日志、审计日志	监控仪表盘与告警	Splunk、Amazon CloudWatch、Sumo-Logic、Loggly

从表 4-1 可以看出，数据有很多属性，例如结构化、半结构化、非结构化、键值对、流等属性。选择正确的存储不仅有助于提高应用程序的性能，还有助于提高其可伸缩性。例如，可以将用户会话数据存储在 NoSQL 数据库中，这将允许应用服务器在水平伸缩的同时维护用户会话。

在选择存储时，需要考虑数据的温度（数据根据温度可以分为热数据、温数据和冷数据）：

❑ 对于热数据，必须使用缓存并且延迟达到亚毫秒级的缓存数据存储。股票交易和实时产品推荐数据都是热数据。

❑ 对于温数据（例如财务报表编制或产品性能报告数据），因为可以承受一定的延迟（从几秒到几分钟），应该使用数据仓库或关系型数据库。

❑ 对于冷数据（例如出于审计需要而存储 3 年的财务记录），可以以小时为单位规划延迟，并将其存储在存档中。

根据数据的温度选择合适的存储，除了可以达到性能 SLA（Service Level Agreement，服务等级协议）之外，还可以节省成本。由于任何解决方案的设计都是围绕数据处理而展开的，因此解决方案架构师始终需要深刻理解其数据，然后选择正确的技术。

在本节中，我们对数据的各个方面进行了高度的审视，以便根据数据特性选择恰当的存储。更多关于数据工程的内容见第 13 章。使用合适的工具完成正确的作业有助于节省成本并提高性能，因此，必须根据合理的需求选择合适的数据存储。

4.8　考虑数据驱动的设计

任何软件解决方案都是围绕数据的收集和管理而展开的。以电子商务网站为例，其目的是在网站上展示产品数据，并吸引客户购买它们。当用户注册登录、添加付款方式时系统就开始收集客户数据了，然后存储订单交易数据，并在产品卖出后维护产品库存数据。另一个例子是银行应用程序，它存储客户的财务信息，并按照完整性和一致性要求处理所有财务交易数据。对任何应用程序来说，最重要的就是合理地处理、存储和保护数据。

在上一节中，你了解了不同的数据类型及其存储需求，这将有助于你在设计中运用数据思维。解决方案的设计在很大程度上受到数据的影响，因此牢记数据将有助于设计正确的方案。如果应用程序需要超低延迟，那么在设计解决方案时就需要使用诸如 Redis 和 Memcached 之类的缓存。如果网站需要缩短炫酷的高清图像加载时间，那么需要使用诸如 Amazon CloudFront 或 Akamai 之类的 CDN 在用户位置附近存储数据。同样，为了提高应用程序性能，你需要了解数据库是读密集型（例如博客网站）还是写密集型（例如收集调查问卷结果），并进行相应的规划设计。

不仅是应用程序的设计，运维和业务决策也是围绕数据展开的。你需要添加监控功能，以确保应用程序以及业务的正常运转，不会发生任何问题。对于应用程序监控，你可以从服务器收集日志数据并创建仪表盘以可视化指标。

持续地监控数据并在发生问题时发送告警可以触发自动修复机制，帮助你从故障中快速恢复。从业务角度来看，采集销售数据可帮助你更好地推进市场营销活动以增加整体营收。分析评论和感想数据有助于改善用户体验并留住更多客户，这对任何企业都是至关重要的。收集全面的订单数据并将其提交给机器学习算法可帮助你预测未来订单的增长情况并维持所需的库存。

作为解决方案架构师，你不仅要考虑应用程序设计，还要考虑整体的业务价值定位，这与应用程序的其他因素息息相关，它有助于提高客户满意度并最大化投资回报率。数据就是黄金，对数据的深入了解可以极大地提升组织的盈利能力。

4.9　克服约束

在第 2 章中，你已经了解了解决方案架构需要处理和平衡的各种约束。主要的约束包括成本、时间、预算、范围、排期和资源。如何克服这些约束是设计解决方案时需要考虑的重要因素之一。这些约束应该被视为可以克服的挑战，而不是障碍，因为从正面来说，挑战总是将你推向创新的极限。

成功的解决方案应该始终将客户放在第一位，同时还要兼顾架构方面的限制。回顾客户的需求，确定哪些方面对他们来说是至关重要的，并按照敏捷的方式交付解决方案。MoSCoW 是一种流行的需求优先级排序法，可以将客户的需求分为以下几类：

❑ Mo（Must have，必须具备）：对客户来说至关重要，没有的话产品将无法发布。

❑ S（Should have，应该具备）：一旦客户开始使用该应用程序，它们就是客户最想要。

❑ Co（Cloud have，可以具备）：锦上添花的需求，但是没有它们也不会影响应用程序该有的功能。

❑ W（Won't have，不需要具备）：即便没有也不会引起客户关注的需求。

你需要为客户规划包含 Mo 需求的最小价值产品（Minimum Viable Product，MVP）版本，然后在接下来的迭代中交付 S 需求。使用这种分阶段交付的方式，你可以充分利用各种资源并克服时间、预算、范围和资源方面的挑战。MVP 方法可帮助你更好地确定客户需求。在没有确定所构建的功能是否为客户带来附加价值的情况下，一般不会尝试实现所有功能。这种以客户为中心的方法有助于合理地利用资源并减少资源浪费。

图 4-8 给出了卡车制造交付的演进过程：客户想要一辆送货卡车，在第一版交付后你可以根据客户的需求进行演进。

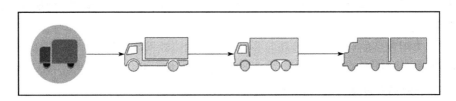

图 4-8　使用 MVP 方法构建解决方案

一旦客户获得了功能完备的第一辆送货卡车，他们就可以确定是否需要应对更大的载重，基于此，制造商就可以制造 6 轮、10 轮以及最终 18 轮的卡车拖车。这种循序渐进的方式为客户提供了满足基本使用需求的可用产品，并且团队可以根据客户的需求在产品上进行改进。

在大型组织中，技术约束更加显而易见，因为对跨数百个系统进行变更极具挑战。在设计应用程序时，需要使用组织中最常用的技术，这将有助于消除日常挑战。还需要确保该应用程序是可升级的，以便采用新技术，并能够嵌入在其他平台中构建的组件。

当团队可以自由选择技术进行开发时，RESTful 服务模型非常受欢迎，唯一需要提供的就是一个可以访问其服务的 URL。甚至大型机之类的遗留系统也可以通过 API 包装器集成到新系统中，从而克服技术难题。

你可以看到 MVP 方法是如何高效地利用有限资源的，这有助于节省时间成本并弄清楚需求范围。此外，当将可工作的产品及早交付给客户时，你可以知道应该在哪里进行投资。由于应用程序已经开始产生收入，你可以根据实际需要请求更多所需资源。

采取敏捷方法可帮助你克服各种约束并构建以客户为中心的产品。在设计原则方面，应将一切约束视为挑战而非障碍，并寻找解决方案。

4.10　安全无处不在

安全是解决方案设计最重要的方面之一，安全上的任何差池都可能对业务和组织的未来造成毁灭性的影响。安全因素可能会对解决方案设计产生重大影响，因此在开始设计应用程序之前，需要充分了解安全方面的需求。安全需要囊括硬件层面的基础平台准备和软件层面的应用程序开发。以下是在设计阶段需要考虑的安全因素：

- □ **数据中心的物理安全**：数据中心的所有 IT 资源都应受到保护，以防未经授权的访问。
- □ **网络安全**：网络应该是安全的，以防止未经授权的服务器访问。
- □ **身份和访问管理**（Identity and Access Management，IAM）：只有经过身份验证的用户才能访问应用程序，用户可以根据自己的授权进行相应的操作。
- □ **数据传输安全**：通过网络或互联网进行数据传输时，数据应该是安全的。
- □ **静态数据安全**：存储在数据库或任何其他存储中的数据应该是安全的。
- □ **安全监控**：任何安全突发事件都应该被捕获，并提醒团队采取行动。

应用程序的设计需要权衡安全要求（例如加密）和其他因素（例如性能和延迟）。数据的加密总是会影响性能，因为它增加了一层额外的处理，因为数据需要被解密才能使用。应用程序需要承受因数据加密带来的额外开销，而不影响整体性能。因此，在设计应用程序时，请考虑哪些场景下确实需要加密。例如，如果数据不是机密的，则无须加密。

应用程序设计的另一个考虑因素是遵守合规性以遵循当地法律。如果应用程序从属于医疗、金融或政府之类的受管制行业，那么合规性将尤为重要。每项法规都有其要求，通常包括数据保护和每项活动的操作日志以供审计。应用程序设计应建立全面的日志记录，并通过监控来确保其满足审计要求。

在本节中，你了解了解决方案的设计中应考虑安全并时刻牢记合规性需求，安全的自动化是另一个因素，在设计中应该从始至终实现安全自动化，以减少和减轻任何安全事故。这里只对其进行概述，详见第 8 章。

4.11　自动化一切

大多数事故是由于人为失误而导致的，而这可以通过自动化来规避。自动化不仅可以高效地处理任务，还可以提高生产效率、节省成本。任何可重复执行的任务都应该被自动化，以释放宝贵的人力资源，这样团队成员就可以将时间花在更激动人心的工作上，并专注于解决实际问题。这样也有助于提高团队士气。

设计解决方案时，请考虑哪些任务可以被自动化。请在解决方案中考虑以下组件的自动化：

- ❏ **应用程序测试**：应用程序的每次更新都需要测试，以确保没有任何功能被破坏。另外，人工测试非常耗时，并且需要大量资源。最好对可重复的测试用例进行自动化，以加快产品部署和发布的速度。应对生产环境的伸缩进行自动化测试，并使用滚动部署技术（如金丝雀测试和 A/B 测试）来发布变更。
- ❏ **IT 基础设施**：可以通过基础设施即代码（Infrastructure as Code，IaC）脚本（例如 Ansible、Terraform 和 Amazon CloudFormation）来实现基础设施的自动化。基础设施的自动化能够在数分钟（而非数天）内完成环境的搭建。采用基础设施即代码的自动化策略还有助于避免配置错误以及副本环境的搭建。
- ❏ **日志、监控和告警**：监控是系统的重要组件，你肯定希望每时每刻都能监控到所有内容。你可能还希望通过监控来实现其他自动化措施，例如系统的自动伸缩或自动提醒团队采取行动。对于大型系统来说，只能通过自动化来进行监控。所有的活动监控和日志都需要被自动化，以确保应用程序能够平稳地正常运行。
- ❏ **部署自动化**：部署是一项重复的工作，并且非常耗时，很多应急场景下，都因部署问题导致了上线紧急关头的延迟。通过 CI/CD（持续集成和持续部署）搭建自动化的部署流水线，可以让你更加敏捷，并通过频繁的部署来快速迭代产品功能。CI/CD 可以帮助你对应用程序进行小步的增量变更。
- ❏ **安全自动化**：在对一切自动化的同时，不要忘了对安全进行自动化。如果有人试图侵入应用程序，你肯定想要立即知道并迅速行动。你希望自动监控系统边界上的流入流量和流出流量，以便采取预防措施，并在可疑活动发生时得到告警。

自动化可以确保产品正常运行，从而让你高枕无忧。设计应用程序时，务必从自动化的角度进行思考，并将其视为关键组件。在接下来的章节中，你将了解更多有关自动化的详细内容。

4.12 小结

本章介绍了在进行解决方案设计时需要应用的各种原则。这些原则可帮助你从多个方面审视架构，并思考哪些是应用程序获得成功的重要因素。

本章首先介绍了可预测伸缩和被动伸缩两种模式及其方法和优势，然后介绍了如何构建能承受故障的韧性架构，使其可以在不影响用户体验的情况下快速恢复。

设计灵活的架构是所有设计原则的核心，我们也介绍了如何在架构中实现松耦合设计。SOA 有助于构建易于伸缩和集成的架构。我们还介绍了微服务架构，以及它与传统的单体架构的区别与优势。

然后，我们介绍了以数据为中心的设计原则，因为几乎所有应用程序都围绕数据展开。通过存储和相关技术的示例介绍了不同的数据类型。最后，介绍了安全和自动化的设计原则，该原则适用于所有组件。

由于基于云的服务和架构逐渐成为标准，下一章将介绍云原生架构，如何进行面向云的架构设计，不同的云迁移策略，以及如何搭建有效的混合云。还将介绍流行的公有云供应商，你可以通过它们进一步探索云技术。

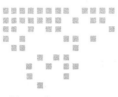

云迁移和混合云架构设计

目前为止，你已经了解了解决方案架构的各个方面、架构属性以及架构设计原则。由于云是大势所趋，你会看到各种主流云技术的例子。公有云正在成为应用程序的主要宿主之一，因此请不要忽视上云的前置准备和迁移方法，这一点非常重要。本章将介绍云的各个方面，以及如何开发云计算思维，这将帮助你更好地理解接下来的章节。

正如第 1 章中所述，云计算指的是通过 Web 按需交付 IT 资源，你仅需为使用的资源付费。公有云可以帮助你按需获取计算、存储、网络和数据库等技术资源，而不必购买和维护自己的数据中心。

有了云计算，云供应商可以在安全的环境中管理和维护基础设施，组织则可以通过 Web 来访问这些资源，并在上面开发和运行应用程序，组织还可以即时地增加或减少 IT 资源的容量，并且只需为使用的资源付费。

现在，云已成为所有企业战略规划中必不可少的元素。几乎每个组织都增加了 IT 方面的支出，除了节省成本，更重要的是它们将前期的资本投入转换为运营支出。在过去十年中诞生的许多初创公司都是从云上起步的，并借助云基础设施实现了快速增长。

对于正在迁移上云的企业，在迈向云原生之前，首先要关注云迁移策略和混合云架构。本章将介绍云迁移以及混合云的各种策略。

本章涵盖以下主题：

❑ 云原生架构的好处。

❑ 创建云迁移策略。

❑ 云迁移的步骤。

❑ 创建混合云架构。

  ❑ 设计云原生架构。

  ❑ 主流公有云的选型。

  学完本章内容后，你将了解云的好处，并具备设计云原生架构的能力。你将了解不同的云迁移策略和步骤，还将了解混合云的设计以及主流的公有云供应商。

5.1　云原生架构的好处

  近年来，各种技术日新月异，很多新公司诞生于云上，它们颠覆了那些老旧的组织。组织在使用云时不需要前期投入，得益于云的按需付费模式，试验的风险也变得更小，这使得云的应用快速增长成为可能。

  云敏捷方法有助于组织的员工开拓创新思维，不需长时间地等待基础设施就能实现自己的想法。有了云，客户不再需要提前规划额外的容量来应对旺季（例如零售商的节假日购物季）的高峰负载，具备了快速按需置备资源的弹性。这帮助组织大大地降低了成本并改善客户体验，在这场竞争中，任何组织要想立于不败之地，都必须快速创新。

  有了云，企业不仅可以在全球范围内快速地获得基础设施，还可以使用前所未有的各种技术。包括使用以下各种尖端技术：

  ❑ 大数据。

  ❑ 分析。

  ❑ 机器学习。

  ❑ 人工智能。

  ❑ 机器人学。

  ❑ 物联网（IoT）。

  ❑ 区块链。

  此外，为了实现可伸缩性和弹性，以下一些原因可能会是你想要进行云迁移和实施混合云策略的初衷：

  ❑ 数据中心需要技术升级。

  ❑ 数据中心的租约即将到期。

  ❑ 数据中心的存储和计算能力耗尽。

  ❑ 应用程序的现代化。

  ❑ 引进尖端技术。

  ❑ 需要优化 IT 资源以节省成本。

  ❑ 灾难恢复计划。

  ❑ 网站使用 CDN。

  每个组织的战略各不相同，关于云计算的选用，没有一个放之四海而皆准的标准。常见的情况是将开发和测试环境放在云上，让开发人员能够更加敏捷和迅速。随着 Web 应用程序的云托管变得越来越经济、越来越简单，组织通过将其网站和数字资产托管在云上来推进数字化转型。

为了实现应用程序的可访问性，不仅要在 Web 浏览器上构建应用程序，还需要确保应用程序可以通过智能手机和平板电脑进行访问，这一点至关重要，云正在帮助实现这种转变。数据处理和分析是企业利用云的另一个领域，因为基于云的数据采集、存储、分析和共享的成本更低。

构建基于云的解决方案架构与普通的企业架构略有不同。迈向云时，你必须培养云计算思维并了解如何利用云的内置功能。在云计算思维下，你将遵循"按需付费"模式。你需要适当地优化工作负载并只在需要时运行服务器。

你需要考虑如何通过提升工作负载（需要时），以及选择合适的策略并从始至终地执行，来优化成本。使用云时，解决方案架构师需要全面了解每个组件的性能、可伸缩性、高可用性、灾难恢复、容错、安全以及自动化等各个方面。

云计算的其他优势还包括云原生的监控和告警机制。你可能不需要将现有的第三方工具从本地环境迁移到云上，因为你可以更好地利用原生的云监控并摆脱昂贵的第三方许可软件。而且现在，你可以在数分钟内在全球任何地方进行部署，因此不要将自己局限于某个特定区域，而是利用全球化部署模型来构建更好的高可用性和灾难恢复机制。

云提供了出色的自动化处理，几乎可以自动化一切。自动化不仅减少了错误、加快了产品的上市时间，还通过高效的人力资源利用节省了大量成本，使团队可以从烦琐和重复的任务中解放出来。云基于职责共享模型，其中云供应商负责保护物理基础设施安全，应用程序及其数据的安全则完全由客户负责。因此，封锁你的环境并利用云原生工具进行监控、告警和自动化来进行安全防范非常重要。

在本书中，你将从云的视角了解解决方案架构，并对云架构进行深入的了解。下一节将介绍云迁移的各种策略。

5.2 创建云迁移策略

正如我们在上一节中提到的，迁移上云可能有很多原因，这些原因在云迁移的过程中扮演着重要的角色。它们将帮助你确定云迁移策略和应用程序的优先级。除了主营业务的驱动因素之外，还有更多其他理由来支持云迁移，比如数据中心、业务、应用程序、团队及工作负载方面的原因。

通常，迁移工程采用多种策略并根据情况使用不同的工具。迁移策略将影响迁移所需的时间以及迁移过程中的应用程序分组。图 5-1 展示了一些将现有应用程序迁移上云的常用策略。

如图 5-1 所示，组织可以混用多种迁移策略。例如，如果应用程序托管环境的操作系统（OS）即将到期，你将需要升级操作系统。你可以借此机会将其迁移到云上，以获得更好的灵活性。在这种情况下，你最有可能会选择**更换平台**（Replatform）方法将代码重新编译来适配新版 OS，并测试所有功能。测试完成后，就可以将应用程序迁移到云基础设施中托管的 OS。

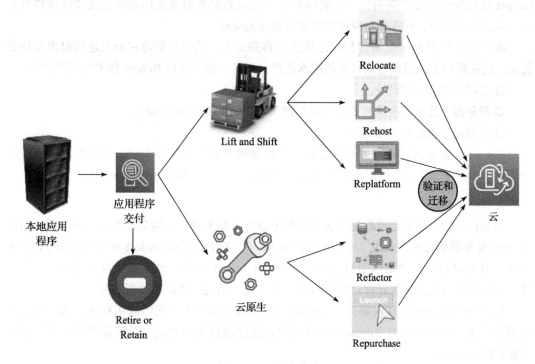

图 5-1　云迁移策略

你可以选择将服务器或应用程序从源环境直接**搬迁**（Lift and Shift）上云。只需要最小的更改就能让迁移的资源在云上工作。如果要采用更加云原生的方法，可以重构应用程序使其充分利用云原生的功能，例如，将单体转换为微服务。如果应用程序是遗留系统且无法转移，或者与云不兼容，那么你可能希望将其淘汰，并用云原生的 SaaS 产品或第三方解决方案替代。

业务目标决定了应用程序的迁移决策，以及应用程序迁移的优先级和迁移策略。例如，当成本效益是主要驱动因素时，迁移策略通常会重点采用 Lift and Shift 方法进行大规模迁移。但是，如果主要目标是实现敏捷和创新，那么云原生方法（例如重新架构和重构）将在云迁移策略中发挥关键作用。下面将详细介绍每种策略。

5.2.1　Lift and Shift 方法

Lift and Shift 是最快的迁移方式，因为只需要最小的工作量即可迁移应用程序。但是它没有利用云原生的优势。最常见的 Lift and Shift 策略是**重新托管**（Rehost）、**更换平台**（Replatform）及**重新部署**（Relocate），它们通常只需要对应用程序进行最小的变更，就可以完成迁移。

1. Rehost

Rehost 方法速度快、可预测、可重复并且经济实用，这使其成为迁移上云的最优选择。Rehost 是最快的云迁移策略之一，它将本地环境中的服务器或应用程序直接整体迁移到云上。在迁移过程中，只需要对应用程序进行最小的更改。

客户通常使用 Rehost 将应用程序快速迁移到云上，然后当资源在云上运转时再专注于优化。这使得他们能够获得云计算的成本优势。通常，客户使用 Rehost 技术的原因如下：

❑ 临时开发和测试环境。

❑ 服务器上运行着套装软件（例如 SAP 和 Microsoft SharePoint）。

❑ 应用程序没有有效路线图。

Rehost 是套装软件的一种迁移方式，可以帮助我们快速迁移上云。但你可能需要升级应用程序底层平台（例如操作系统），在这种情况下，可以使用 Replatform 方法。

2. Replatform

当操作系统、服务器或数据库版本的服务商终止服务时，可能会触发云迁移工程，例如将 Web 服务器的操作系统从 Microsoft Windows 2003 升级到 Microsoft Windows 2008/2012/2016，或者对 Oracle 数据库引擎进行升级等。Replatform 将平台升级作为云迁移工程的一部分，你可以决定是否在迁移过程中将操作系统或应用程序更新为较新的版本。

使用 Replatform 迁移策略时，可能需要在目标环境中重新安装应用程序，这将导致应用程序变更。因此需要在 Replatform 后对应用程序进行全面测试，以确保和验证应用程序迁移后的运维效率。

以下是使用 Replatform 技术的常见原因：

❑ 将操作系统从 32 位更新为 64 位。

❑ 更新数据库引擎。

❑ 将应用程序升级到最新版本。

❑ 将操作系统从 Windows 2008 升级到 Windows 2012 或 2016。

❑ 将数据库引擎从 Oracle 8 升级到 Oracle 11。

❑ 为了获得云供应商托管服务（例如托管存储、数据库、应用程序部署和监控工具）的好处。

Replatform 帮助你在迁移上云的同时升级应用程序的底层平台。如果应用程序之前部署在容器或 VMware（虚拟机），则只需将其重新部署到云上即可。现在，我们来介绍更多有关**重新部署**（Relocate）策略的信息。

3. Relocate

在本地数据中心，你可能会采用容器或 VMware 虚拟设备来部署应用程序。你可以使用名为 Relocate 的加速迁移策略将此类工作负载移到云上。Relocate 可以在几天之内迁移上百个应用程序。你可以以最小的工作量和最简的方式将基于 VMware 和容器技术的应用程序快速重新部署到云上。

Relocate 策略不需要大量的前期开发或昂贵的测试计划，因为它提供了你期望的敏捷性和自动化。你需要确定现有配置，并使用 VMotion 或 Docker 将服务器重新部署到云上。VMotion 以实时（零停机）迁移而闻名，它是 VMware 的一项技术，可以将虚拟实例从一台物理主机迁移至另一台物理主机，而不会中断服务。

客户通常出于以下原因而使用 Relocate 技术：

❑ 工作负载已经部署在容器中。

❑ 应用程序已部署在 VMware 虚拟设备中。

AWS 上的 VMware Cloud（VMC）不仅可以迁移众多应用程序，还可以迁移数千个虚拟机，覆盖从单个应用程序到整个数据中心的迁移。在将应用程序迁移上云时，你可能想趁机重建并重新架构整个应用程序，使其更具云原生性。云原生方法使你可以充分利用云的全部功能。

5.2.2　云原生方法

当团队决定在短期内转向云原生时，听起来需要做很多的前期工作，并会拖慢迁移上云的速度。转向云原生需要较高的成本，但是从长远来看，当你开始利用敏捷团队和云的所有优势来进行创新时，这些投入都会有回报。

在采用云原生方法后，随着时间的推移，成本会急剧下降，因为在按需付费的模式下，你可以将工作负载优化到合理的价格水平，同时保持原有的性能。云原生包括通过将系统重构为微服务来对应用程序进行容器化或者选择完全无服务器方法。

为了满足业务需求，你可能希望将整个产品替换为开箱即用的 SaaS 产品，例如，用 Salesforce 和 Workday SaaS 产品替代自有的销售和 HR 解决方案。接下来，我们将详细介绍**重构**（Refactor）和**重新采购**（Repurchase）两种云原生迁移方法。

1. Refactor

Refactor 是指在应用程序迁移上云之前，对应用程序进行重新架构和重写，使其成为云原生应用程序。云原生应用程序是指那些经过精心设计、架构和构建，能够在云环境中高效运行的应用程序。云的先天优势包括可伸缩性、安全性、敏捷和成本效益。

Refactor 需要更多的时间和资源来重写应用程序，并进行重新架构，然后才能迁移上云。具有丰富云经验或高级技术人员的组织通常使用这种方式。Refactor 的替代方案是先将应用程序迁移到云上，然后再对其进行优化。

Refactor 的常见示例包括：

❑ 将平台（例如 AIX）更改为 UNIX。

❑ 从传统数据库过渡到云数据库。

❑ 替换中间件产品。

❑ 将应用程序从单体架构重构为微服务架构。

❑ 重新构建应用程序架构，例如容器化或无服务器化。

❑ 重新编码应用程序组件。

有时，你可能会发现重新构建应用程序会耗费大量精力。作为一名架构师，你应该评估购买 SaaS 产品是否有助于获得更好的投资回报率。接下来，我们来探讨 Repurchase 策略。

2. Repurchase

当 IT 资源和项目都迁移到云上后，可能需要为某些服务器或应用程序购买与云兼容的许可证或发行版。例如，当应用程序迁移到云上后，其当前的本地许可证可能是无效的。

关于许可证的问题有多种解决方案。例如，可以购买新的许可证并继续在云上使用，也可以删除现有应用程序并在云上替换为其他应用程序。替代品可能是同一应用程序的 SaaS 版本。

Repurchase 的常见示例包括：

❑ 用 SaaS（例如 Salesforce CRM 或 Workday HR）替换应用程序。

❑ 购买云兼容的许可证。

云可能无法解决所有问题，有时，你可能会发现一些遗留应用程序无法从云迁移中受益，或者发现有些很少使用的应用程序可以直接淘汰。接下来，我们来详细介绍**保留或停用**（Retain or Retire）策略。

5.2.3 Retain or Retire 方法

在规划云迁移时，可能不需要迁移所有应用程序。由于技术限制，你可能需要保留一些应用程序，例如，与本地服务耦合的遗留应用程序可能无法移动。另一方面，你可能想要停用某些应用并使用云原生功能（例如第三方应用监控和告警系统）进行替代。

1. Retain

本地环境中可能会存在一些对业务至关重要，但由于技术原因（例如，云平台上不支持某个操作系统或应用程序）不适合迁移的应用程序。在这种情况下，可以让它们继续运行在本地环境中。

对于此类服务器和应用程序，可能只需要进行初步分析就可以确定它们是否适合云迁移。无论迁移与否，它们与已经迁移上云的应用程序之间可能仍然存在依赖关系。因此，你可能需要确保这些本地服务器与云环境的连通性（见 5.4 节）。

适合保留的典型工作负载示例有：

❑ 某些遗留应用程序，客户看不到将其迁移上云的好处。

❑ 云不支持操作系统或应用程序，例如 AS400 和大型机应用程序。

你可能希望将复杂的遗留系统先保留在本地环境并对它们进行优先级排序，以便后续将其迁移。但是在摸索的过程中，组织经常会发现有不再使用的应用程序，但它们仍然占用着基础设施资源，此类应用程序可以停用。接下来我们继续探索**停用**（Retire）策略。

2. Retire

迁移上云时，你可能会发现以下情况：

❏ 应用程序很少使用。

❏ 应用程序消耗过多的服务器容量。

❏ 由于云不兼容，应用程序可能不再需要。

在这种情况下，你可能想停用现有的工作负载，并采用全新的、更加云原生的方法。

对于即将停用的主机和应用程序，可以采用 Retire 策略。对于非必要的冗余主机和应用程序，该策略也同样适用。根据业务需要，此类应用程序甚至可以在本地环境中直接停用，无须迁移上云。通常来说，适合 Retire 策略的主机和应用程序包括：

❏ 出于灾难恢复目的的本地服务器和存储。

❏ 可以合并的冗余服务器。

❏ 企业并购导致的重复资源。

❏ 典型高可用性设计中的备用主机。

❏ 第三方许可工具，例如工作负载监控和自动化工具，可以由云的内置功能代替。

大多数迁移项目都会采用多种策略，每种策略都有不同的工具。迁移策略将影响迁移所需的时间，以及如何在迁移过程中对应用程序进行分组。

云迁移是对 IT 资源进行盘点并摆脱"幽灵"服务器（由开发人员自己维护，久而久之下落不明的服务器）的好时机。在迁移上云的摸索准备过程中，客户通常会看到优化工作负载和强化安全性的潜在好处。云迁移涉及多个阶段，下一节将介绍云迁移的步骤。

5.3　云迁移的步骤

上一节中，你已经了解了不同的迁移策略，以及如何对应用程序分组并使用恰当的迁移技术。你可能需要在云上运行和管理多个应用程序，因此最好设置云**卓越中心**（Center of Excellence，CoE）并通过云迁移工厂对迁移过程进行标准化。

云 CoE 由组织中的各个 IT 和业务团队中经验丰富的人员组成，是组织的专用云团队，致力于加速企业云建设。云迁移工厂定义了迁移的过程和工具，以及所需的步骤，如图 5-2

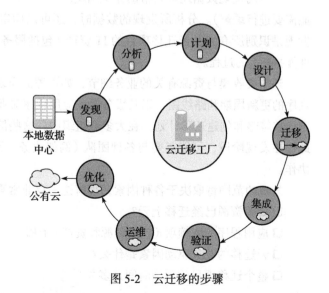

图 5-2　云迁移的步骤

所示。

如图 5-2 所示，云迁移包括以下步骤：

❑ **发现**：探索云迁移的投资组合及本地工作负载。

❑ **分析**：对发现的数据和工作负载进行分析。

❑ **计划**：制订云迁移计划并定义迁移策略。

❑ **设计**：根据迁移策略设计应用程序。

❑ **迁移**：执行迁移策略。

❑ **集成**：与依赖项进行集成。

❑ **验证**：迁移后验证功能。

❑ **运维**：规划云上的运维。

❑ **优化**：优化云上的工作负载。

云迁移项目的初始步骤之一是评估应用程序并确定其迁移优先级。为此，需要得到环境中所有 IT 资产的完整清单，以确定哪些服务器、应用程序和业务单元适合迁移上云，然后确定迁移计划的优先级，并确定应用程序的迁移策略。接下来，我们将深入研究其中的每一个步骤。

5.3.1 发现工作负载

在云迁移项目的发现阶段，发现并收集关于云迁移投资组合的具体数据，例如，迁移项目的范围。确定哪些服务器和应用程序将被纳入项目投资组合，以及它们之间的依赖关系和当前的基准性能指标。然后，分析收集到的信息，确定应用程序之间的连通性和容量要求，以指导目标云环境的设计和架构，并明确成本。

详尽的发现数据还可以帮助你识别应用程序当前的问题（在迁移上云之前，这些问题可能需要进行缓解）。分析所发现的数据时，还可以确定适合应用程序的迁移方法。投资组合发现是识别所有涉及云迁移项目的 IT 资产（包括服务器和应用程序以及它们的依赖关系和性能指标）的过程。

还需要收集与资源有关的业务细节，如资源的**净现值**（Net Present Value，NPV）、应用程序的更新周期和路线图，以及服务器或应用程序对业务的重要性。这些业务细节有助于确定迁移策略和创建迁移计划。在大多数组织中，这些信息由多个业务单元和团队所维护。因此，在发现阶段，可能需要与各种团队（例如业务、开发、数据中心、网络和财务等部门）协作。

发现的范围将取决于各种因素，理解这一点非常重要，这些因素包括：

❑ 哪些资源已经迁移上云？

❑ 应用程序的依赖项（包括资源和资产）有哪些？

❑ 云迁移的业务驱动因素是什么？

❑ 整个迁移项目的预估时间是多久？

❑ 迁移过程将经历多少个阶段？

迁移项目的最大挑战之一是确定应用程序之间的依赖关系，尤其是它们在 I/O 操作与通信上的依赖。随着组织因并购及发展而扩张，云迁移变得越来越具有挑战性。组织通常没有以下方面的完整信息：

❑ 服务器的数量清单。

❑ 服务器的规格，例如操作系统的类型和版本、RAM、CPU 和磁盘。

❑ 服务器的利用率和性能指标。

❑ 服务器的依赖关系。

❑ 全面的网络详情。

进行全面的投资组合发现有助于回答以下问题：

❑ 理想的迁移目标包含哪些应用程序、业务单元和数据中心？

❑ 这些应用程序适合迁移上云吗？

❑ 将应用程序迁移上云有哪些已知或未知的风险？

❑ 如何考虑应用程序的迁移优先级？

❑ 应用程序还依赖其他哪些 IT 资产？

❑ 应用程序的最佳迁移策略是什么？

❑ 由于依赖关系和风险，让应用程序有一些停机时间比实时（零停机）迁移更好吗？

市面上有一些工具可以将发现过程自动化，并提供各种形式的详细信息。可以根据这些工具的不同特性（例如部署类型、运维、支持以及发现和报告的数据类型）对它们进行分类。

大多数可用的解决方案大致可以分为两类：

❑ **基于代理的解决方案**：要求在服务器上安装客户端软件，以采集必要的详细信息。

❑ **无代理解决方案**：无须安装任何其他软件就可以采集信息。

有些解决方案通过端口扫描来探测服务器或主机的开放端口，有些解决方案则通过数据包扫描来捕获和分析网络数据包，以解码信息。根据发现数据的不同粒度、存储类型和报告选项，这些工具还会有所不同。例如，某些工具可以提供网络之上更高层次的智能技术，甚至可以确定运行中的应用程序类型。

发现过程的复杂性取决于组织的工作负载以及是否已经有维护良好的资源清单。发现过程通常需要几周，以收集更加全面的环境信息。一旦发掘完所有必要信息，就需要对其进行分析。接下来，我们将详细介绍分析步骤。

5.3.2　分析信息

为了确定服务器和应用程序的依赖关系，需要分析主机的网络连接数据、端口连接、系统和进程信息。根据工具的不同，你可以将服务器的所有外部连接可视化以识别其依赖关系，也可以通过查询列出所有运行着特定进程、使用特定端口或与特定主机通信的服务器。

为了将服务器和应用程序进行分组以便迁移，需要识别主机配置的模式。通常，服务器主机名中会嵌入某些前缀，表示它们与特定的工作负载、业务单元、应用程序或需求相关联。某些环境还可能使用标签和其他元数据将主机与这类详细信息进行关联。

为了确定目标环境的合理规格，可以对服务器和应用程序的性能指标进行分析：

❑ 如果服务器的配置过剩，则可以合理地调整其配置规格。可以通过提高服务器和应用程序的利用率而不是修改服务器规格来进行优化。

❑ 如果服务器配置不足，则可以为服务器分配更高的迁移优先级。

对于不同的环境，发现过程中采集的数据类型可能会有所不同。迁移计划中的数据分析是为了确定目标网络的详细规划，例如防火墙配置和工作负载分布，以及应用程序需要在哪个阶段进行迁移。

你可以将这些洞见与资源的可用性和业务需求相结合，以确定工作负载的迁移优先级。这些洞见可以帮助你确定云迁移的每个迭代中可以包含的服务器数量。

通过对云迁移投资组合的发现和分析，可以为应用程序选择适当的云迁移策略。例如，对于不太复杂的服务器和应用程序，而且云环境支持其运行环境的操作系统，可能适合 Lift and Shift 策略。如果云环境不支持服务器或应用程序运行环境的操作系统，这种情况可能需要进一步分析，才能确定恰当的迁移策略。

在云迁移项目中，发现、分析和计划环环相扣。全面发现云迁移投资组合并进行数据分析，才能创建迁移计划。分析阶段结束后，根据分析结果和从业务负责人那里采集的具体信息，你应该能够对云迁移投资组合中的每一个服务器或应用程序进行以下操作：

❑ 根据组织的云采用策略，选择服务器或应用程序的迁移策略。可能只局限于以下几种特定策略：Retain、Retire、Repurchase、Rehost、Replatform 和 Refactor。

❑ 确定其资源迁移上云的优先级。虽然云迁移投资组合的所有资源最终都可能被迁移，但是迁移优先级将确定对该资源进行迁移的紧迫性。在迁移计划中，优先级较高的资源可能会更早迁移。

❑ 将资源迁移上云的业务驱动因素记录下来，这将决定资源迁移上云的需求和优先级。

接下来，我们将详细介绍迁移计划。

5.3.3 制订迁移计划

迁移项目的第二个阶段是制订云迁移计划。投资组合发现阶段收集来的信息将被用来创建有效的迁移计划。在该阶段结束时，你应该可以创建有序的应用程序迁移待办。

迁移计划阶段的主要目标如下：

❑ 选择迁移策略。

❑ 定义迁移的成功标准。

❑ 确定云资源的合理规格。

❑ 确定应用程序的迁移优先级。

❑ 确定迁移模式。

❑ 制订详细的迁移计划、检查清单和时间表。

❑ 创建迁移 sprint 团队。

❑ 识别迁移工具。

为了准备迁移计划，必须对云迁移投资组合中的所有 IT 资产进行详细的探索。此外，在计划阶段之前，云上的目标环境应该已经架构好。迁移计划包括确定云账户结构并为应用程序创建好网络架构。了解本地环境与目标云环境的混合连接也同样重要，它将有助于你对仍然依赖本地资源的应用程序进行规划。

应用程序的迁移顺序可以通过以下三个步骤来确定：

1）从多个业务和技术维度评估每一个与迁移潜在相关的应用程序，以准确量化环境。

2）使用诸如锁定、紧耦合和松耦合之类的评级来标识每个应用程序的依赖程度，以识别所有基于依赖关系的排序约束。

3）确定组织所需的优先级策略，以决定各个维度合理的相对权重。

应用程序或服务器迁移的启动取决于两个因素：

❑ 首先，取决于组织的优先级策略和应用程序的优先级。组织可能会将重心放在某几个维度上，比如最大化 ROI、最小化风险、易于迁移或其他特定维度。

❑ 其次，取决于在投资组合发现和分析阶段获得的洞见，此洞见可以帮助你确定与策略相匹配的应用程序模式。

例如，如果组织的策略是将风险降到最低，那么应用程序的业务关键性将具备更高的权重。如果组织的策略是易于迁移，那么可以使用 Rehost 迁移的应用程序将具有更高的优先级。计划的产出应该是一份排好序的应用程序清单，可以用它来安排云迁移的时间表。

以下是迁移计划需要关注的几个方面：

❑ 迁移前，收集应用程序的基准性能指标。性能指标将有助于量化地设计或优化云上的应用程序架构。你可能已经在发现阶段采集了大多数的详细性能数据。

❑ 为应用程序创建测试计划和用户验收计划。这些计划将有助于确定迁移过程的成败。

❑ 可能需要准备切换策略和回滚计划，根据迁移的结果来确定应用程序应该如何以及在何处继续运行。

❑ 运维和管理计划有助于确定迁移中和迁移后各个角色的职责。可以使用 RACI 表格来定义应用程序的角色和职责，这些角色和职责将贯穿云迁移的整个过程。

❑ 确定应用程序团队的对接人，以便在出现紧急上报事件时及时提供支持。各团队之间的紧密协作将确保每次迁移成功完成。

如果组织已经为现有的本地环境制订了一些流程文档，例如，变更控制流程、测试计划以及用于运维和管理的运行手册，这些文档可能会用得上。

对迁移前、迁移中和迁移后的性能和成本进行比较，你可能会发现目前并没有采集足够多的恰当的**关键绩效指标**（KPI）来进行这种分析。客户需要确定有效的 KPI 并开始取得

KPI 数据，以便在迁移中和迁移后有一个用于比较的基准指标。在迁移中使用 KPI 方法有两个目标。首先，它需要确定应用程序的现有能力，然后将其与云基础设施进行比较。

当新产品被添加到产品目录或者新的服务上线后，会带动公司的营收增长，这是公司的一项 KPI。IT 指标通常包括产品质量以及应用程序的上报 bug 数量。**服务等级协议**（Service-Level Agreement，SLA）明确了因为修复严重 bug 而导致的系统停机时间以及包括系统资源利用率的性能指标（例如内存利用率、CPU 利用率、磁盘利用率和网络利用率）。

可以使用持续交付方法（例如 Scrum）来将应用程序高效地迁移上云。借助 Scrum 方法，创建多个 sprint 并根据优先级将应用程序添加到 sprint 待办事项中。有时，可以将迁移策略相似并且可能彼此相关的多个应用程序进行组合。通常，让各个 sprint 保持固定的周期，并根据 sprint 团队的规模和应用程序复杂性等因素来调整 sprint 中的应用程序。

如果团队较小，并且对需要迁移的应用程序有着深入的了解，那么可以按周划分 sprint，其中每个 sprint 都包括了发现 / 分析、计划 / 设计和迁移阶段，最终在 sprint 的最后一天切换上云。然而，随着 sprint 的迭代，每个 sprint 的工作量可能会逐步增加，因为团队已经在之前的迁移过程中获得了经验，并且可以吸收先前 sprint 的反馈，通过持续学习和适应来提高效率。

如果要迁移的应用程序非常复杂，还可以将整整一周用于计划 / 设计阶段，并在其他的 sprint 中执行其他阶段。每个 sprint 中执行的任务及其交付成果可能会有所不同，具体取决于应用程序的复杂性和团队规模等因素。关键是要从 sprint 中获得价值。

还可以组建多个团队来协助迁移，具体取决于产品待办、迁移策略和组织结构等各种因素。有些客户会针对各种迁移策略创建专门的团队，例如 Rehost 团队、Refactor 团队和 Replatform 团队。此外，还可以创建专门优化云上应用程序架构的团队。对于需要将大量应用程序迁移上云的组织来说，多团队策略是首选模型。

团队可以划分为以下几个部分：

- ❏ 首先，团队可以验证核心组件，以确保（开发、测试和生产）环境正在正常运行，并得到了恰当的维护和监控。
- ❏ 集成团队将确定应用程序配置，并找寻依赖项，这将有助于减少其他团队的浪费。
- ❏ Lift and Shift sprint 团队将迁移不需要 Refactor 或 Replatform 策略的大型应用程序。该团队将在每次 sprint 中使用自动化工具小步交付增量价值。
- ❏ Replatform sprint 团队专注于应用程序架构变更，以便将应用程序迁移上云，例如，对应用程序进行现代化的微服务改造或将操作系统更新到最新版本。
- ❏ Refactor sprint 团队负责管理各种迁移环境，例如生产、测试和开发环境。该团队通过密切监控确保所有环境均具有可伸缩性并按照要求运行。
- ❏ 创新 sprint 团队与基础和转型团队等通力合作，共同开发可被其他团队使用的一站式解决方案。

建议在计划和持续构建产品待办的同时启动一个试点迁移项目，以便将适应过程和经验教训纳入新的计划。试点项目和 sprint 的成功将有助于确保利益相关者对云转型计划的支持。

5.3.4 设计应用程序

在设计阶段，重点应该放在如何成功迁移应用程序上，并确保在应用程序迁移上云后，其设计满足最新的成功标准。例如，如果将用户会话维护在本地应用服务器中（以便水平伸缩），请确保在迁移上云后实现类似的架构，这就是成功的标准。

此阶段的主要目的是确保应用程序的设计能够满足云迁移的成功标准，理解这一点至关重要。你需要识别出可以增强应用程序的机会，并且这些机会通常出现在优化阶段。

对于迁移，首先需要全面了解组织的本地基础设施和云基础设施，其中包括：

❑ 用户账户。

❑ 网络配置。

❑ 网络连通性。

❑ 安全。

❑ 治理。

❑ 监控。

了解这些组件将有助于为应用程序创建并维护新的架构。例如，如果应用程序需要处理敏感信息——例如个人身份信息（Personally Identifiable Information，PII），并且具备访问控制，这意味着架构需要特定的网络设置。

在设计阶段，将识别架构的不足，并根据应用程序的要求进行增强。当有多个账户时，每个账户之间可能具有某种程度的关系或依赖。例如，可以拥有一个安全账户，以确保所有资源都符合公司的安全准则。

在谈及应用程序的网络设计时，需要考虑以下因素：

❑ 流入应用程序边界的网络数据包。

❑ 外部和内部流量路由。

❑ 用于网络防护的防火墙规则。

❑ 应用程序与互联网和其他内部应用程序的隔离。

❑ 总体网络合规性和治理。

❑ 网络日志和网络流审计。

❑ 根据应用程序的数据暴露程度和用户群，划分应用程序的风险水平。

❑ DDoS 攻击保护与预防。

❑ 生产和非生产环境的网络要求。

❑ 基于 SaaS 的多租户应用程序访问需求。

❑ 组织业务单元层面的网络边界。

❑ 跨业务单元共享服务模型的计费与实施。

根据连通性的需求，考虑建立与本地系统的混合连接。为了在云上构建和维护安全、可靠、高性能和低成本的架构，需要采用最佳实践。在迁移上云之前，请参考云最佳实践来检阅你自己的云基础架构。

第 4 章重点介绍了应用程序迁移上云时可以考虑的常见架构设计模式。这里需要强调的是，设计阶段的主要目标是设计应用程序架构，使其符合计划阶段确定的迁移成功标准。你可以在迁移项目的优化阶段进一步优化应用程序。

在迁移上云的过程中，你可以设计应用程序架构，使其从遍布全球的云基础设施中受益，拉近与终端用户的距离，降低风险，提高安全性，并解决数据驻留限制。如果期望系统随着时间不断发展，那么应该将其建立在可伸缩的架构之上，这样的架构可以在不牺牲性能的前提下支持用户、流量或数据的增长。

对于需要维护状态信息的应用程序，你可以让架构中的某些特定组件无状态。如果架构的每一层都需要有状态，仍然可以采用诸如会话亲和之类的技术来扩展此类组件。对于需要处理大量数据的应用程序，可以采用分布式处理方法。

降低应用程序运维复杂性的另一种方法是使用无服务器架构（详见第 6 章）。这种架构还可以降低成本，因为不但不用为未充分利用的服务器付费，也不必提供冗余的基础设施来实现高可用性。

图 5-3 显示了从本地环境到 AWS Cloud 的迁移设计。

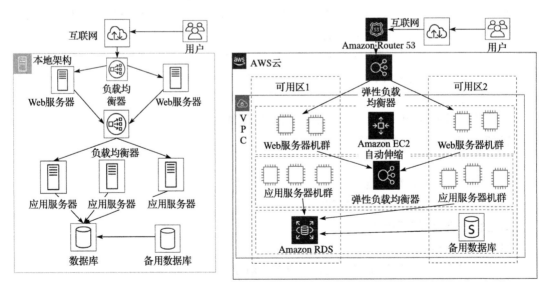

图 5-3 本地架构到 AWS Cloud 架构

在图 5-3 中，作为云迁移策略的一部分，Web 服务器需要 Rehost 并引入自动伸缩功能，以提供可以应对需求高峰的弹性。弹性负载均衡器用于将传入的流量分发到多个 Web 服务器实例。应用服务器已经通过 Refactor 进行了迁移，数据库层则从传统数据库平台迁移到了云原生的 Amazon RDS 平台。整个架构分布在多个可用区中，以提供高可用性，并且数据库复制到了第二个可用区中的备用实例。

作为设计阶段的产出，应该为云上的应用程序架构创建详细的设计文档。设计文档应包括各种详细信息，例如应用程序必须迁移到的用户账户、网络配置，以及需要访问此应用程序数据的用户、组和其他应用程序列表。设计文档应明确阐明应用程序托管细节以及关于备份、许可证、监控、安全、合规性、打补丁和维护等方面的特定需求。确保为每个应用程序创建一个设计文档。在迁移验证阶段可用它来执行基本的云功能检查和应用程序功能检查。

5.3.5　执行应用程序迁移上云

在执行迁移之前，请确保已制订好了迁移计划，确定了 sprint 团队和时间表，创建了按优先级排序的待办事项，并向所有应用程序的利益相关者告知了迁移安排、时间表以及他们的角色和职责。还必须确保云上的目标环境已经搭建好了基础架构及核心服务。某些特定的应用程序可能还需要一些前置步骤，例如，在迁移之前需要执行数据备份或同步、关闭服务器或从服务器上卸载磁盘和设备。

确保迁移的过程中与云环境的网络连接畅通。考虑到带宽和网络连接等因素，提前对需要迁移的数据量进行合理的估算有助于正确预估数据迁移上云所需的时间。你还需要了解可以用于执行迁移的工具。考虑到市场上可获得的设备数量，你可能需要根据需求和其他限制因素来缩小选择范围。

众所周知，Rehost 通常是将应用程序迁移上云的最快方法。当应用程序在云上运行时，它还可以进行进一步优化以充分利用云提供的所有好处。通过将应用程序快速迁移上云，你可能会更快地意识到使用云在成本和敏捷性方面的好处。

根据迁移策略，你通常会迁移整个服务器（包括应用程序及其运行环境的基础设施），或者只是迁移应用程序中的数据。接下来，我们来看如何迁移数据和服务器。

1. 数据迁移

云数据迁移是指将现有数据移动到新的云存储位置的过程。大多数应用程序在上云的全程中都需要数据存储。存储迁移通常采取以下两种方法，但是组织可以同时采用两种方式：

❑ 第一种方法是进行一次 Lift and Shift 迁移，在新的应用程序在云上启动之前，这可能是必需的。

❑ 第二种方法是采用更偏重于云的混合模型，这会导致新构建的云原生项目上存在着一些遗留的本地数据。随着时间的推移，遗留的数据存储可能会慢慢向云转移。

尽管如此，数据迁移的方法仍会有所不同。它取决于很多因素，例如数据量、网络和带宽限制、数据的层级划分（例如备份数据、关键任务数据、数据仓库或存档数据）以及迁移过程的可分配时间等。

在带宽和数据卷都不理想的情况下，如果有大量的存档数据或数据湖需要迁移，那么你可能希望将数据从当前位置直接搬迁到云供应商的数据中心。你还可以通过专用网络来加速网络传输或通过物理传输数据来实现。

如果数据存储可以随着时间逐步迁移，或者新的数据从非云数据源聚合而来时，请考虑为云存储服务提供友好的接口。云供应商的数据迁移服务可以直接利用或补充现有的数据装置，比如备份和恢复软件或**存储区域网络**（Storage Area Network，SAN）。

对于小型数据库来说，一步迁移是最佳的选择，这可能需要关闭应用程序 2～4 天。在停机期间，数据库中的所有信息会被提取并迁移到云上的目标数据库。一旦数据库迁移完成，需要使用源数据库来验证是否有数据丢失。之后就可以完成最终的切换了。

在其他情况下，如果系统要求最小的停机时间，那么通常采用两步迁移的方法，这种方法对于任何大小的数据库都是适用的：

❑ 第一步，从源数据库中提取信息。

❑ 第二步，在数据库仍处于启动和运行态时迁移数据。

 在整个过程中没有停机时间。迁移任务完成后，可以根据需要针对外部应用程序连接或其他标准进行功能和性能测试。

在数据迁移期间，由于源数据库仍然处于运行状态，因此在最终切换之前需要传播或复制（首次提取之后的）变更。届时需要安排数据库的停机时间（通常为几个小时），并同步源数据库和目标数据库。在所有数据变更都传输到目标数据库之后，应该执行数据验证以确保迁移成功，并最终将应用程序流量路由到新的云数据库。

可能有一些关键任务数据库无法接受任何停机时间。进行这种零停机迁移需要详细的计划和适当的数据复制工具。对于这种情况，需要使用不间断数据复制工具。需要特别注意的是，在同步复制情况下，源数据库的延迟可能会受到影响，因为在数据复制的过程中，它需要等待数据复制到其他各处，然后才能对应用程序做出响应。

如果数据库的停机时间只有几分钟，则可以使用异步复制。如果使用零停机迁移，由于源数据库和目标数据库始终保持同步，因此在进行切换时具有更大的灵活性。

2. 服务器迁移

使用以下方法可以将服务器迁移上云：

❑ 主机或 OS 克隆技术是指在源系统上安装代理，它会克隆系统的操作系统镜像，在源系统上创建快照，然后将其发送到目标系统。这类克隆方法适用于一次性迁移。使用操作系统拷贝（OS Copy）方法，可以将所有的操作系统文件从源计算机复制并托管到云实例上。为了使 OS Copy 方法生效，执行迁移的人员和工具必须了解底层的 OS 环境。

❑ **灾难恢复**（Disaster Recovery，DR）复制技术会在源系统上部署一个代理，用来将数据复制到目标系统。尽管如此，数据只是基于文件系统或块级别复制的。一些解决方案可以将数据不间断地复制到目标卷，从而提供不间断的数据复制解决方案。使用磁盘拷贝（Disk Copy）方法，可以完全复制磁盘卷。一旦捕获磁盘卷，就可以将其作为卷加载到云上，然后附加到云实例。

❑ 对于虚拟机，可以使用无代理技术将其导出或导入云。使用虚拟机拷贝（VM Copy）方法，可以复制本地虚拟机镜像。如果本地服务器以虚拟机（例如 VMware 或 OpenStack）的方式运行，则可以复制 VM 镜像并将其作为计算机镜像导入云上。这种技术的主要优点是你可以拥有可以反复启动的服务器备份镜像。

❑ 使用用户数据复制（User Data Copy）方法，可以只复制应用程序的用户数据。当数据从原服务器中导出后，你可以选择以下三种迁移策略之一：Repurchase、Replatform 或 Refactor。用户数据复制方法只适用于了解应用程序内部逻辑的人。因为只提取用户数据，所以它是一种与操作系统无关的技术。

❑ 可以将应用程序容器化，然后将其重新部署到云上。使用容器化方法，可以同时复制应用程序的二进制文件和用户数据。一旦复制了这两种数据，就可以在云上托管的容器中运行应用程序。因为底层平台已经与原来的不同，所以这种方法属于 Replatform 迁移策略的一种方式。

市面上有几种迁移工具可以帮助你将数据或服务器迁移上云。其中一些工具采用灾难恢复策略进行迁移，某些灾难恢复工具还支持通过不间断复制来实现实时迁移。还有一些专门用来铲运服务器、进行数据库跨平台迁移或数据库架构转换的工具。工具必须能够支持你所习惯的业务流程，并且由专门的运维人员进行管理。

5.3.6　集成、验证和切换

迁移、集成和验证并驾齐驱，因为在与云上应用程序进行各种集成时你会想要进行持续验证。

团队首先使用指定流量进行必要的云功能检查，以确保应用程序在正确的网络配置（在预期的地区）下运行。基本的云功能检查完毕后，就可以根据需要启动或停止实例了。此外，还需要验证服务器配置（例如 RAM、CPU 和硬盘）是否与预期一致。

执行这些检查需要对应用程序及其功能有一定的了解。基本检查完成之后，可以对应用程序展开集成测试，包括检查应用程序与外部依赖项的集成。例如，确保应用程序可以连接到活动目录（Active Directory，AD）、**客户关系管理**（Customer Relationship Management，CRM）**系统**、补丁或配置管理服务器，以及共享服务。待集成验证成功后，应用程序就可以准备切换了。

在集成阶段，将集成应用程序并将其迁移上云，并通过外部依赖项验证其功能。例如，应用程序可能必须与外部的 AD 服务器、配置管理服务器或共享服务资源进行通信。此外，应用程序可能还需要与归属于客户或供应商的外部应用程序进行集成，例如下达采购订单后，供应商可以通过你的 API 接收信息。

集成流程完毕之后，需要通过单元测试、冒烟测试和**用户验收测试**（User Acceptance Test，UAT）来验证集成。这些测试结果可帮助你通过应用程序和业务负责人的审批。集成和验证阶段的最后一步包括获得应用程序和业务负责人的签字，在此之后，就可以将应用程序从本地环境切换到云环境了。

云迁移工厂的最后阶段是切换。在此阶段，需要采取必要的措施将应用程序流量从原来的本地环境重定向到目标云环境。数据或服务器的迁移类型（一步、两步或零停机迁移）不同，切换过程的步骤可能也会有所不同。确定切换策略时需要考虑以下因素：

❑ 应用程序可接受的停机时间。

❑ 数据更新的频率。

❑ 数据访问模式，例如只读或静态数据。

❑ 应用程序的特定要求，例如数据库同步、备份和 DNS 域名解析。

❑ 业务约束，例如进行切换的日期或时间以及数据的重要性。

❑ 变更管理指导方针和审批。

对于关键业务的工作负载迁移，最流行的就是实时迁移。接下来，我们对它进行更多介绍。

实时迁移切换

图 5-4 阐述了实时零停机迁移的切换策略。使用这种方法，数据将被不间断地复制到目标位置，即便应用程序正在运行中，你仍然可以在目标环境中进行大多数功能验证和集成测试。

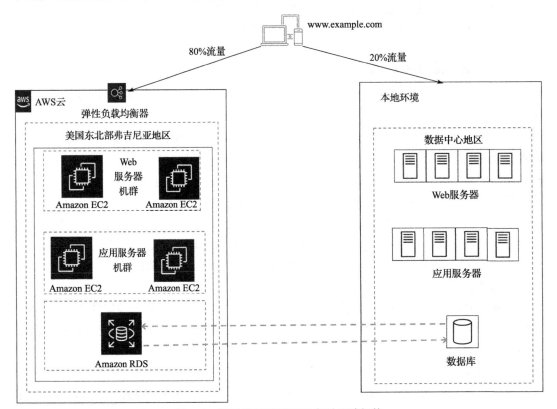

图 5-4　使用蓝绿部署进行实时迁移切换

在复制过程中，本地源数据库和目标云数据库始终保持同步。在成功完成所有集成和验证测试，并且应用程序也准备好进行切换后，就可以通过蓝绿部署（详见第 12 章）方法进行切换了。

在一开始，应用程序同时在本地环境和云环境中运行，因此流量会被同时分配到两端。你可以逐步增加云端的流量，直到所有流量都定向到新的应用程序为止，从而实现零停机切换。

其他最常用的切换策略需要一些停机时间。你可以为应用程序安排停机时间，暂停流量，让应用程序下线并进行最后的同步。在此之后，最好在目标端执行一次快速冒烟测试，然后就可以将流量从源环境重定向到云上的应用程序，从而完成切换。

5.3.7 运维云应用程序

迁移过程的运维阶段帮助认证、运行、使用和运维云上的应用程序，达到与业务利益相关者所协商的运维水平。大多数组织通常已经为其本地环境定义了指导方针。卓越运维流程将帮助你确定流程变更以及培训内容，使运维能够支撑上云的目标。

我们来探讨一下在数据中心部署复杂计算系统与在云上部署它们的区别。在数据中心，为项目搭建物理基础设施的重担落到了公司的 IT 部门。这意味着你需要确保服务器具有适当的物理环境保护措施，例如电源和散热等，以便对这些资产进行物理防护，还需要在各个区域维护多个冗余设施，以减少灾难发生的可能性。

部署在数据中心的缺点是需要大量投资。如果想尝试新的系统和解决方案，保护必要的资源可能是一项挑战。

如果选择云环境，情况就大不一样了。物理数据中心将由云供应商管理，而不是由公司自持。当你想要置备新服务器时，只需要让云供应商提供一台新服务器，并且所需的内存、磁盘空间、数据 I/O 吞吐率和处理器能力等都已置备好。换句话说，计算资源成为可以按需置备和取消的服务。

以下是需要在云上进行的 IT 运维：

❑ 为服务器打补丁。
❑ 服务和应用程序日志。
❑ 云监控。
❑ 事件管理。
❑ 云安全运维。
❑ 配置管理。
❑ 云资产管理。
❑ 变更管理。
❑ 通过灾难恢复和高可用性实现业务连续性。

对于上述大多数运维工作，IT 组织通常会遵循诸如**信息技术基础设施库**（Information

Technology Infrastructure Library，ITIL）和**信息技术服务管理**（Information Technology Service Management，ITSM）之类的标准。ITSM 组织并描述了与计划、创建、管理和支持 IT 服务有关的活动和过程，而 ITIL 则采用最佳实践来实施 ITSM。你需要使 ITSM 实践现代化，以便利用云提供的敏捷性、安全性和成本优势。

在传统环境下，开发团队和 IT 运维团队各自为政。开发团队从业务负责人那里收集需求并开发构建系统。系统管理员独立负责运维，满足系统正常运行时间的要求。在开发生命周期中，这些团队之间通常没有任何直接沟通，并且团队间很少了解对方的流程和需求。每个团队都有自己的一套工具、流程和方法，这通常会导致工作冗余，甚至会产生冲突。

在 DevOps 方法中，开发团队和运维团队在软件开发生命周期的构建和部署阶段协同工作，共同分担责任并提供持续的反馈。在整个构建阶段，将在类生产环境中对软件版本进行频繁测试，从而尽早发现其缺陷或 bug。

DevOps 是一套方法论，可以促进开发人员和运维团队之间的协作与协调，并持续地交付产品或服务。如果团队在开发或交付产品或服务的过程中依赖多种应用程序、工具、技术、平台、数据库、设备等，这种方法将非常有效。更多 DevOps 相关内容请见第12 章。

5.3.8　云上应用程序优化

优化是云上运维非常重要的一个方面，这是一个持续改进的过程。本节将概括介绍各种优化领域，本书中有几章专门详细介绍每种优化考量。主要优化领域如下：

❑ **成本**：考虑当资源需求波动时，如何优化应用程序的成本效率，详见第 11 章。

❑ **安全**：持续检视和改进组织的安全策略和流程，以保护 AWS 云上的数据和资产，详见第 8 章。

❑ **可靠性**：优化应用程序的可靠性以实现高可用性，并为应用程序设定停机时间阈值，这将有助于故障恢复、处理增长的需求、随着时间推移缓解中断。架构可靠性详见第 9 章。

❑ **卓越运维**：优化运维效率以及运行和监控系统的能力，以便交付业务价值并不断改善支持流程和程序，详见第 10 章。

❑ **性能**：针对性能进行优化，以确保系统架构能够为一组资源（例如实例、存储、数据库和空间 / 时间）提供高效的性能，详见第 7 章。

要优化成本，需要了解当前哪些资源正在被部署上云以及这些资源的价格。通过详细的计费报告并启用计费告警，可以主动监控云上的成本。

记住，在公有云上，只需要为使用的资源付费。因此，可以通过关闭不需要的实例来降低成本。通过自动化实例部署，甚至可以根据需要拆除或重构实例。

卸载的资源越多，需要维护、扩展和支付的基础设施就越少。优化成本的另一种方法是设计弹性架构。确定资源的合理规模，使用自动伸缩策略并根据价格和需求调整利用率。例如，对于某个应用程序来说，使用较多的小型实例可能比使用较少的大型实例更经济。

应用程序架构的一些修整可以帮助你提高应用程序性能。一种改善 Web 服务器性能的方法是通过缓存卸载 Web 页面流量。可以编写应用程序来缓存图片、JavaScript 甚至整个页面，从而提供更好的用户体验。

你可以设计 N 层架构和面向服务的架构，以便独立扩展每一层和每个模块，这将有助于性能优化。更多关于架构模式的内容请见第 6 章。

5.4　创建混合云架构

云的价值不断提升，很多大型企业正在将工作负载迁移到云上。尽管如此，要在一天之内完全迁移上云通常是不可能的，对于大多数客户而言，这将是一个长期过程。客户通常会寻求一种混合云模型，将应用程序的一部分维护在本地环境中，并与云上的其他模块进行通信。

在混合部署方案中，需要为本地环境中运行的资源建立与云环境的连接。最常见的混合部署方法是在云和现有的本地基础设施之间，逐步将组织的基础设施扩展并迁移到云上，在此期间保持本地系统与云资源连接。创建混合云架构的常见原因可能包括：

❑ 当重构应用程序并通过蓝绿部署模型将其部署上云时，希望在本地运维遗留应用程序。

❑ 诸如大型机之类的遗留应用程序，可能因为没有与之兼容的云方案，必须继续在本地运行。

❑ 由于合规性要求，需要将部分应用程序保留在本地。

❑ 为了加速迁移，将数据库保留在本地，而应用服务器则被迁移上云。

❑ 客户希望对应用程序的某一部分进行更精细的控制。

❑ 云上的数据 ETL（Extract，Transform，Load）流水线需要从本地数据库提取数据。

云供应商提供了一种机制，可以将客户现有的基础设施与云集成，这样客户就可以轻松地将云作为其基础设施的无缝扩展来使用。这些混合架构使客户可以完成网络集成、安全和访问控制功能，支持工作负载的自动化迁移，并可以通过其本地基础设施管理工具控制云。

以 AWS 云为例，你可以通过 VPN 建立与 AWS 云的安全连接。由于 VPN 连接是基于互联网建立的，因此可能会存在延迟问题（这是因为第三方互联网服务商有多个路由器跃点）。你可以使用 AWS Direct Connect（直连服务）将光纤专线直连到 AWS 云，以获得更好的延迟表现。

如图 5-5 所示，借助 AWS Direct Connect 可以在数据中心和 AWS 云之间建立高速连接，以实现低延迟的混合部署。

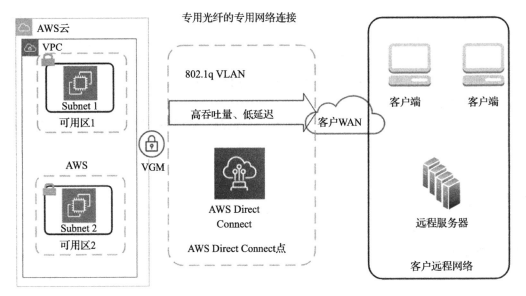

图 5-5　混合云架构（本地到云的连接）

可以看到，**AWS Direct Connect 点**在本地数据中心与 AWS 云之间建立了连接。这可以帮助你满足客户将专用光纤线路连接到 AWS Direct Connect 点的需求，客户可以从第三方服务商（如美国的 AT & T、Verizon 或 Comcast）处选择该光纤线路。AWS 在全球各个地区都有直连的合作伙伴。

客户的光纤线路通过 AWS Direct Connect 点连接到 AWS 专用网络，这为数据中心到 AWS 云建立了专用的端到端连接。这些光纤可以提供高达 10GB/s 的速度。为了保护直连的流量，可以使用 VPN，并通过 IPSec 对流量进行加密。

5.5　设计云原生架构

本章前面已从迁移的角度介绍了云原生方法，其重点是迁移上云时应用程序的 Refactor 和重新架构处理。每个组织对云原生架构的看法各不相同，但是，云原生的中心思想就是以最佳方式利用云的所有功能。真正的云原生架构是指设计应用程序使其从根本上完全构建在云上。

云原生并不意味着应用程序托管在云平台上，它主要指可以充分利用云提供的服务和功能。这可能包括：

❑ 在微服务中将单体架构容器化，并创建用于自动部署的 CI/CD 流水线。

❑ 使用 AWS Lambda 函数即服务（Function as a Service，FaaS）和 Amazon DynamoDB（云上托管的 NoSQL 数据库）之类的技术构建无服务器应用程序。

❑ 使用 Amazon S3（托管的对象存储服务）、AWS Glue（用于 ETL 的托管 Spark 集群）

和 Amazon Athena（用于临时查询的托管 Presto 集群）创建无服务器数据湖。
- ❑ 使用云原生监控和日志服务，例如 Amazon Cloud Watch。
- ❑ 使用云原生审计服务，例如 AWS CloudTrail。

图 5-6 展示了微博客应用程序的云原生无服务器架构。

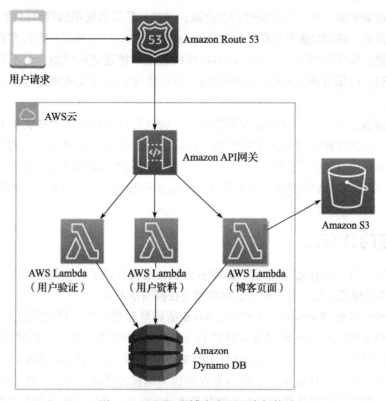

图 5-6　云原生微博客应用程序架构

图 5-6 所示架构利用了 AWS 云的云原生无服务器服务。其中，Amazon Route53 用来管理 DNS 服务，并路由用户请求。Lambda 将函数作为服务来管理，用于处理**用户验证**、**用户资料**和**博客页面**的代码。所有博客资产都存储在 Amazon S3（用于管理对象存储服务）中，所有的用户资料存储在 Amazon DynamoDB（NoSQL 存储）中。

用户发送请求后，AWS Lambda 将对用户进行验证并查看其个人资料，确保 Amazon DynamoDB 中存在他们的订阅。之后，它将从 Amazon S3 中找到博客的资产（例如图片、视频和静态 HTML 文字），并将其展示给用户。该架构可以无限伸缩，因为所有的服务都是云原生托管服务，你不需要处理任何基础设施。这些云原生服务会处理诸如高可用性、灾难恢复和可伸缩性等关键因素，因此你可以专注于功能开发。在成本方面，只有当请求到达博客应用程序时，才需要付费。如果晚上没有人浏览博客，就不需要为托管代码支付任何费用，只需要支付名义上的存储费用。

云原生架构的好处在于它可以让团队实现快速创新，并变得更加敏捷。它简化了复杂应用程序和基础设施的搭建。作为系统管理员和开发人员，你只需要全身心关注网络、服务器、文件存储和其他计算资源的设计与搭建，将物理设施留给云计算服务商就可以了。云原生架构具有以下优点：

- **快速按需伸缩**：可以在需要时请求资源，并且只需要为使用的资源付费。
- **快速复制**：基础设施即代码（Infrastructure-as-a-Code）意味着你可以实现一次构建多次复制。你可以通过一系列的脚本或应用程序来搭建基础设施，而不必一步一步亲手搭建。以编程的方式搭建基础设施可以让你在需要开发或测试时按需构建或重建环境。
- **轻松拆卸**：在云上，服务是按需提供的，因此可以轻松搭建大型实验系统。你的系统可能包含可伸缩的 Web 和应用服务器集群、数据库、数 TB 的（存储）容量、工作流应用程序以及监控系统，你可以在实验完成后将其全部拆除以节省成本。

在存储、网络和自动化领域，还有很多构建云原生架构（详见第 6 章）的例子。

5.6 主流的公有云

由于云使用的"常态化"，市场上的很多云供应商都提供了尖端的技术平台，它们互相竞争，争取市场份额。以下是主要的云供应商（在撰写本书时）：

- **Amazon Web Services（AWS）**：AWS 是最早和最大的云供应商之一。AWS 基于按需付费模式通过互联网按需提供 IT 资源，例如计算、存储、数据库和其他服务。AWS 不仅提供 IaaS，还提供 PaaS 和 SaaS 领域的众多产品。AWS 还提供机器学习、人工智能、区块链、物联网等方面的尖端技术产品，以及一整套卓越数据处理产品。你几乎可以将任何工作负载托管在 AWS 上，并通过组合服务来设计最佳解决方案。
- **Microsoft Azure**：也称为 Azure，与其他云供应商一样，通过互联网向客户提供 IT 资源，例如计算、网络、存储和数据库服务。与 AWS 一样，Azure 也在云上提供 IaaS、PaaS 和 SaaS 产品，其中包括计算机、移动设备、存储、数据管理、CDN、容器、大数据、机器学习和物联网等方面的服务。此外，Microsoft 还将其广受欢迎的产品（例如 Microsoft Office、Microsoft Active Directory、Microsoft SharePoint、MS SQL 数据库等）包装为云服务。
- **Google Cloud Platform（GCP）**：GCP 可提供计算、存储、网络和机器学习等领域的云服务。与 AWS 和 Azure 一样，它有一个全球性的数据中心网络，用于提供 IaaS 服务，客户可以通过互联网来使用 IT 资源。在计算方面，GCP 为无服务器环境提供了 Google Cloud 函数服务，你可以将其与 AWS 的 Lambda 函数和 Azure 中的 Azure

Cloud 函数进行对比。同样，GCP 为基于容器的应用程序开发提供了多种编程语言，因此你可以用它来部署应用程序工作负载。

还有很多其他云供应商，例如阿里云、Oracle Cloud 和 IBM Cloud，但是主要的云市场已经被上述几家云供应商所占领。选择哪个云供应商取决于客户，云供应商是否提供了客户想要的功能、客户与云供应商当前的关系都会影响最终的选择。有时，大型企业会根据多云策略来选取最佳服务供应商。

5.7 小结

本章介绍了云是如何成为最受企业欢迎的主流应用程序托管和开发环境的。本章首先介绍了云计算思维以及它与解决方案架构设计的关系。由于越来越多的组织正在寻求迁移上云，因此本章重点介绍了各种云迁移策略、技术和步骤。

接着，介绍了各种云策略，阐明了它们与工作负载的性质和迁移优先级密切相关。迁移策略包括 Lift and Shift（通过 Rehost 和 Replatform 迁移应用程序），还包括云原生方法（通过重构或重新架构应用程序以利用云原生功能）。在应用程序发现过程中，你可能会发现一些未被使用的资源并将其停用。如果你选择不迁移某些工作负载，那么就让它们保留在本地环境。

然后，介绍了云迁移涉及的各个步骤，包括发现本地工作负载、分析收集的数据，并制订计划以确定采取哪种迁移策略。在设计阶段，创建详细的实施计划并在迁移步骤中执行它。介绍了迁移步骤中如何与云建立连接并将应用程序从本地环境迁移上云。

最后，介绍了迁移之后如何在云上集成、验证和运维工作负载，以及如何持续优化成本、安全性、可靠性、性能和卓越运维。混合云架构是迁移过程中不可或缺的一部分，因此还通过 AWS 云的架构示例介绍了如何建立本地环境与云的连接。此外，还介绍了主流的云供应商及其产品。

下一章将深入探讨各种架构设计模式以及参考架构。你将了解不同的架构模式，例如多层架构、面向服务架构、无服务器架构和微服务架构等。

5.8 进一步阅读

要了解有关主要公有云供应商的更多信息，请参阅以下链接：

❑ Amazon Web Services (AWS)：https://aws.amazon.com。
❑ Google Cloud Platform (GCP)：https://cloud.google.com。
❑ Microsoft Azure：https://azure.microsoft.com。

几乎每个云供应商都将其学习认证开放给了新用户，因此你可以先使用电子邮箱注册并试用其产品，然后再做选择。

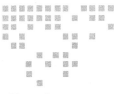

Chapter 6 | 第 6 章

解决方案架构设计模式

有许多种设计解决方案的方法，解决方案架构师需要根据用户的需求以及各种架构约束（例如成本、性能、可伸缩性和可用性）采用正确的方法。本章将介绍各种解决方案架构模式和参考架构，以及如何将其应用到实际场景中。

在前面的章节中，你已经了解了解决方案架构设计的属性和原则。现在，你终于可以将所学的知识应用到各种架构设计模式中了，这也是本章极为关键并且令人激动的原因。在本章中，你将了解一些重要的解决方案架构模式，例如分层、事件驱动、微服务、松耦合、面向服务和 RESTful 架构。你将了解各种架构设计的优点及其适用场景示例。除了架构设计模式之外，你还将了解架构设计的反模式。

本章涵盖以下主题：

❑ 构建 N 层架构。

❑ 创建基于 SaaS 的多租户架构。

❑ 构建无状态和有状态的架构设计。

❑ 理解 SOA。

❑ 构建无服务器架构。

❑ 创建微服务架构。

❑ 构建基于队列的架构。

❑ 创建事件驱动架构。

❑ 构建基于缓存的架构。

❑ 理解断路器模式。

❑ 实现隔板模式。

❑ 构建浮动 IP 模式。

❑ 使用容器部署应用程序。

❑ 应用程序架构中的数据库处理。

❑ 避免解决方案架构中的反模式。

本章结束时，你将了解如何优化解决方案架构设计以及采用最佳实践，使本章成为你学习的重点和核心。

6.1　构建 N 层架构

在 N 层架构（也称为**多层架构**），需要采取松耦合设计原则（参见第 4 章），并考虑可伸缩性和弹性（参见第 3 章）。在多层架构中，产品功能被划分为多个层，例如表示层、业务层、数据库层和服务层，这样每一层都可以独立地实现和伸缩。

在多层架构下，非常容易采用新技术，并提升开发效率。这种分层的架构为各层提供了灵活性，每一层都可以在不影响其他层的前提下添加新功能。在安全方面，你可以保障各层的安全并将其与其他层隔离，因此即便某一层的安全受到损害，其他层也不会受到影响。应用程序的故障排查和管理也变得更可控，因为你可以快速查明问题的来源，以及应用程序的哪一部分需要进行故障排除。

三层架构是多层架构设计中最有名的架构，图 6-1 展示了最常见的三层架构，在该架构下，你可以通过浏览器与 Web 应用程序进行交互并执行所需的功能（例如，订购自己喜欢的 T 恤或阅读博客并发表评论）。

上述架构具有以下三层：

❑ Web 层：Web 层是应用程序面向用户的部分。终端用户与 Web 层进行交互以收集或提供信息。

❑ 应用层：应用层通常包含业务逻辑，并根据 Web 层接收的信息进行处理。

❑ 数据库层：用于存储各种用户数据和应用程序数据。

接下来将详细介绍每一层。

6.1.1　Web 层

Web 层也称为**表示层**，它提供了一个用户界面，帮助终端用户与应用程序进行交互。Web 层提供了用户界面（在本例中为网站页面），以便用户进行浏览或输入信息。Web 开发人员可以使用 HTML、CSS、AngularJS、Java 服务器页面（Java Server Page，JSP）和动态服务器页面（Active Server Page，ASP）等技术来构建表示层用户界面。该层从用户处收集信息，然后传递给应用层。

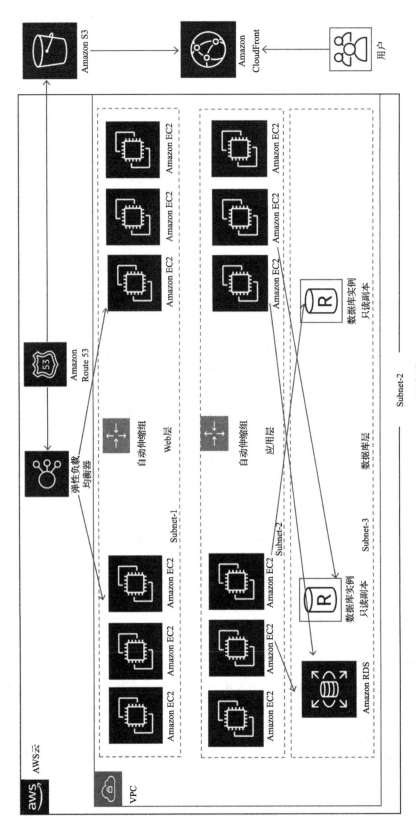

图 6-1　三层网站架构

6.1.2 应用层

应用层也称为**逻辑层**，是产品的核心，因为所有的业务逻辑都在这一层。表示层从用户那里收集信息，将其传递给逻辑层进行处理，并获得结果。例如，在诸如 Amazon.com 之类的电子商务网站，用户可以在订单页面上输入日期范围来查询订单摘要。然后，Web 层将日期范围传递给应用层。应用层处理用户输入并执行业务逻辑，例如计算订单数量、金额总和以及购买的商品数量。这些信息将返回到 Web 层并呈现给用户。

通常，在三层架构中，所有的算法和复杂逻辑都放在逻辑层，包括创建推荐引擎或根据用户的浏览历史向用户展示个性化页面。开发人员可能通过服务器端编程语言（例如 C++、Java、.NET 或 Node.js）来实现该层。数据经由应用层的逻辑处理后存储到数据库层。

6.1.3 数据库层

数据库层也称为**数据层**，存储了用户资料以及事务相关的所有信息。从本质上来说，它包含了需要持久存储的所有数据。这些信息被发送到应用层进行逻辑处理，最终通过 Web 层呈现给用户。例如，如果用户通过其用户 ID 和密码登录网站，那么应用层将通过存储在数据库中的信息来验证用户凭证。如果用户凭证与存储的信息匹配，那么就允许用户登录并访问网站的授权区域。

架构师可能会选择关系型数据库（例如 PostgreSQL、MariaDB、Oracle 数据库、MySQL、Microsoft SQL Server、Amazon Aurora 或 Amazon RDS）来构建数据层，也可能引入 NoSQL 数据库（例如 Amazon DynamoDB、MongoDB 或 Apache Cassandra）。数据层不仅用于存储事务信息，还用于保存用户会话信息和应用程序配置信息。

在 N 层架构图中，你会注意到每一层都有自己的自动伸缩配置，这意味着它们可以独立伸缩。同样，每一层都有其网络边界，这意味着如果某一层可以访问另一层，那么该层不允许访问其他层。更多关于安全方面的考量详见第 8 章。

在设计多层架构时，需要仔细考虑应该设计多少层。每一层都需要有自己的服务器机群和网络配置，因此，层越多意味着成本和管理开销越高，而层越少意味着将创建紧耦合的架构。架构师需要根据应用程序的复杂度和用户需求来决定层数。

6.2 创建基于 SaaS 的多租户架构

上一节介绍了多层架构。但是，为一个组织构建的相同架构也被称为**单租户架构**。组织在推行数字化变革的同时想要保持较低的总体应用程序成本，因此多租户架构变得越来越流行。软件即服务（SaaS）模型构建于多租户架构之上，其中，一套软件及其配套基础设施可以为多个客户提供服务。在这种设计下，所有客户共享应用程序和数据库，每个租户通过其独有的配置、身份和数据进行隔离。它们在共享同一产品时仍然互不可见。

由于多租户 SaaS 供应商承担了从硬件到软件的一切资源,因此基于 SaaS 的产品使组织不用再承担应用程序维护和更新的职责(由 SaaS 供应商处理)。每个客户(租户)都可以配置其自定义用户界面,而无须更改任何代码。由于多个客户共享一个基础架构,他们都可以获得规模效益,从而进一步降低成本。主流 SaaS 供应商有 Salesforce CRM、JIRA bug 跟踪工具和 Amazon QuickSight。

如图 6-2 的架构图所示,两个组织(租户)使用相同的软件和基础设施。SaaS 供应商通过为每个组织分配一个唯一的租户 ID 来提供对应用层的访问。每个租户都可以根据其业务需求,通过简单的配置来自定义其用户界面。

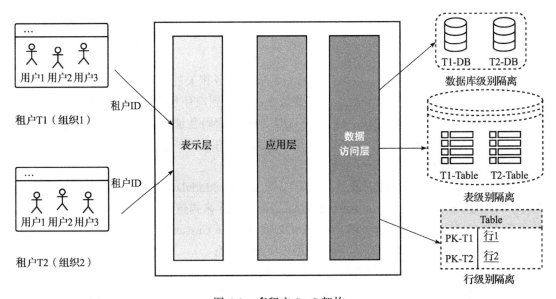

图 6-2　多租户 SaaS 架构

在上述架构设计中,表示层提供用户界面,应用层负责业务逻辑。在数据访问层,各个租户将通过以下方法之一来实现数据隔离:

❑ **数据库级别隔离**:在该模型中,每个租户都有与其 ID 相关联的数据库。当租户从用户界面查询数据时,查询请求将被重定向到其关联的数据库。如果客户出于合规性和安全原因,不想使用同一个共享数据库,则适用此模型。

❑ **表级别隔离**:通过为每个租户提供独立的表来实现此隔离级别的隔离。在此模型中,需要为每个租户分配独立的表,例如,使用租户 ID 作为表名前缀。当租户从用户界面查询数据时,将根据其唯一标识符重定向到对应的表。

❑ **行级别隔离**:在该隔离级别中,所有租户共享数据库中的同一个表。表中会有额外的一列,用于存储每一行数据对应的唯一租户 ID。当租户从用户界面访问其数据时,应用程序的数据访问层将根据租户 ID 查询共享表。每个租户将获得仅属于自己的行的数据。

对于企业客户，需要根据其独特的功能性需求，仔细评估 SaaS 解决方案是否适合它们。因为 SaaS 模型的定制化能力通常有限。此外，如果需要订阅大量用户（账号），我们需要找到成本和价值的定位（平衡点）。成本的比较应该基于 "构建 vs 购买" 的总持有成本。由于构建软件并不是大多数组织的主要业务，因此 SaaS 模型变得非常流行，这样组织就可以专注于自己的业务，让专家处理 IT 方面的工作。

6.3　构建无状态和有状态的架构

在设计复杂应用程序（例如电子商务网站）时，需要处理用户状态以维持活动流，其中用户可能正在进行一系列的活动，例如添加购物车、下单、选择运送方式并付款。现如今，用户可以通过各种渠道来访问应用程序，他们很有可能使用多个不同设备进行访问。例如，他们可能通过移动设备将商品添加到购物车，然后通过笔记本电脑完成下单和付款。在这种情况下，系统需要在多个设备间保持用户活动并维持其状态，直到交易完成。因此，架构设计和应用程序实现需要规划用户会话管理，以满足此要求。

为了保持用户状态并使应用程序无状态，需要将用户会话信息存储在持久化数据库层（例如 NoSQL 数据库）。该状态可以在多个 Web 服务器或微服务之间共享。传统上，单体应用程序使用有状态架构，其用户会话信息存储在服务器本地，而非其他外部持久化数据库。

会话存储机制是无状态和有状态应用程序设计的主要区别。由于有状态应用程序中的会话信息是存储在服务器本地的，它们无法与其他服务器共享，也不支持现代的微服务架构（详见 6.6 节）。

有状态应用程序通常都不能很好地支持水平伸缩，因为应用程序的状态存储在服务器中，无法替换。有状态应用程序在早期用户群不是很大的时候可以良好运行，但是随着互联网的盛行，有理由假设 Web 应用程序上将活跃数百万用户。因此，有效的水平伸缩对于应对如此庞大的用户群并实现应用程序的低延迟至关重要。

在有状态应用程序中，状态信息由服务器处理，因此一旦用户与某台服务器建立了连接，它们之间的连接就必须持续到交易完成。你可以在有状态应用程序前放置负载均衡器，但前提是必须在负载均衡器中启用黏性会话。负载均衡器必须将用户的请求路由到已经与其建立会话的那台服务器。启用黏性会话会违反负载均衡器默认的请求轮询方法，并会导致其他问题，例如开放过多的服务器连接（因为你需要为客户端添加会话超时机制）。

你的设计方法应该更多关注使用无状态方法共享会话状态，因为它允许水平伸缩。图 6-3 展示的架构描述了一个无状态的 Web 应用程序。

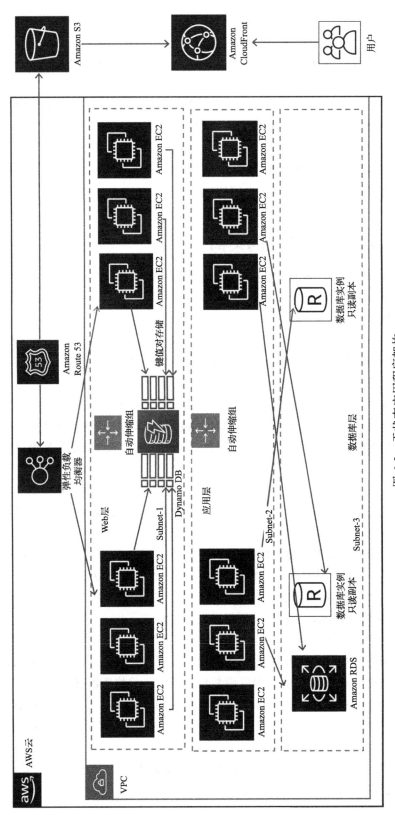

图 6-3　无状态应用程序架构

图 6-3 中的架构图是一个三层架构，其中包括 Web 层、应用层和数据库层。为了使应用程序松耦合和可伸缩，所有的用户会话都持久化存储在 NoSQL 数据库（例如 Amazon DynamoDB）中。你应该使用客户端存储（例如 cookie）来保存会话 ID。这种架构可以使用水平伸缩模式，而不必担心用户状态信息丢失。无状态架构消除了创建和维护用户会话的开销，可以保持应用程序模块间的一致性。无状态应用程序还具有性能优势，因为它减少了服务器端的内存使用，并消除了会话超时问题。

采用无状态模式会使任务复杂化，但是只要采取正确的方法，作为回报，用户群将可以获得更佳的体验。你可以采用微服务方法来开发 REST 设计模式的应用程序，并将其部署在容器中。为此，应使用认证和授权验证用户和服务器的连接。

下一节将介绍 REST 设计模式和微服务。由于多个 Web 服务器需要访问的状态信息都集中在一个点上，因此务必保持谨慎，防止数据存储成为性能瓶颈。

6.4　理解 SOA

在 SOA 模式中，不同的应用程序组件通过网络通信协议互相交互。每个服务都提供了端到端的功能，例如获取订单历史记录。SOA 广泛应用于大型系统的业务流程集成，例如从主程序中剥离支付服务并将其作为单独的解决方案。

一般来说，SOA 将单体应用程序中的一些处理逻辑划分为多个彼此独立的服务。使用 SOA 的目的是降低应用程序服务间的耦合。

有时，SOA 不仅对服务进行拆分，还包括将资源划分到服务的各个实例。例如，虽然有些人会选择将公司的所有数据存储在单个数据库的不同表中，但 SOA 会考虑将应用程序按功能划分模块，并使用不同的数据库。这样一来就可以根据每个数据库表的独特需求来伸缩和管理吞吐量。

SOA 模式有多种好处，例如，开发、部署和运维可以并行化。它解耦了服务，使你可以单独优化和扩展每个服务。同时它也需要强大的治理能力，确保每个服务团队执行的工作都符合相同的标准。SOA 可能让解决方案变得足够复杂，这会带来额外的开销，因此你需要选择正确的工具，以及自动化的服务监控、部署和扩展。

实现 SOA 架构的方法有多种。这里将介绍基于简单对象访问协议（SOAP）的 Web 服务架构和基于表示层状态转移（REST）的 Web 服务架构。

起初，SOAP 是最流行的消息传输协议，但是由于它完全依赖 XML 进行数据交换，因此它有点烦琐。但是现在，由于开发人员需要构建更加轻量级的移动和 Web 应用程序，REST 架构越来越受欢迎。接下来将详细地介绍两种架构及其差异。

6.4.1　基于 SOAP 的 Web 服务架构

SOAP 是一种消息传输协议，以 XML 格式在分布式环境中交换数据。SOAP 采用标准的 XML 格式，它通过一种被称为 **SOAP 信封**（SOAP Envelope）的信封格式进行数据传输，如图 6-4 所示。

如图 6-4 所示，SOAP 信封包含两个部分：

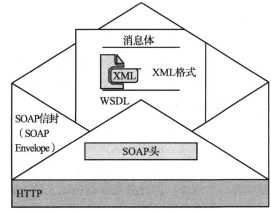

- ❑ **SOAP 头**：SOAP 头提供了关于消息接收方应该如何处理该消息的相关信息。它包括授权信息，确保消息被传递给正确的接收方，并用于数据编码。
- ❑ **消息体**：消息体中则包含了实际的消息内容，它通过 Web 服务描述语言（Web Services Description Language，WSDL）规范进行描述。WSDL 是

图 6-4　用于 Web 服务数据交换的 SOAP 信封

一个 XML 文件，它描述了 API 契约，包括消息结构、API 操作以及服务器的 URL 地址。通过 WSDL 服务，客户端应用程序可以知道服务的托管位置以及功能。

以下代码展示的是一个 SOAP 信封的 XML。你可以在 SOAP 信封下看到消息头和消息体：

```
<env:Envelope xmlns:env="http://www.w3.org/2003/05/soap-envelope">

 <env:Header>

   <n:orderinfo xmlns:n="http://exampleorder.org/orderinfo">

     <n:priority>1</n:priority>

     <n:expires>2019-06-30T16:00:00-09:00</n:expires>

   </n:orderinfo>

 </env:Header>

 <env:Body>

   <m:order xmlns:m="http://exampleorder.org/orderinfo">

     <m:getorderinfo>

         <m:orderno>12345</m:oderno>

     </m:getorderinfo>

   </m:order>

 </env:Body>
```

SOAP 通常使用 HTTP，也可以使用其他协议，例如 SMTP。

图 6-5 展示了通过 SOAP 在 Web 服务间进行消息交换的详细过程。可以看到，Web 服务的客户端将请求发送给 Web 服务的托管方，并收到想要的结果。

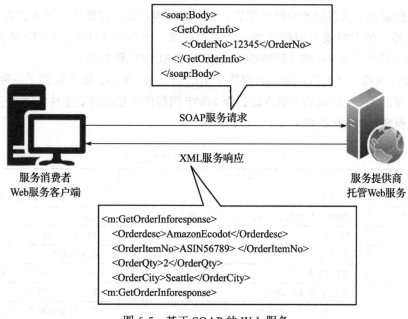

```
<soap:Body>
  <GetOrderInfo>
    <:OrderNo>12345</OrderNo>
  </:/GetOrderInfo>
</soap:Body>
```

SOAP服务请求

XML服务响应

服务消费者
Web服务客户端

服务提供商
托管Web服务

```
<m:GetOrderInforesponse>
  <Orderdesc>AmazonEcodot</Orderdesc>
  <OrderItemNo>ASIN56789> </OrderItemNo>
  <OrderQty>2</OrderQty>
  <OrderCity>Seattle</OrderCity>
<m:GetOrderInforesponse>
```

图 6-5　基于 SOAP 的 Web 服务

图 6-5 中的客户端是电子商务网站的用户界面。用户想要查询订单信息，便将 XML 格式的 SOAP 消息与订单号一起发送给应用服务器，然后托管在应用服务器的订单服务就会返回用户的订单详情。

在基于 SOAP 的 Web 服务中，服务提供者以 WSDL 的形式创建 API 契约。WSDL 列出了 Web 服务可执行的所有操作，例如提供订单信息、更新订单、删除订单等。Web 服务提供商将 WSDL 分享给服务消费者，消费者先通过 WSDL 生成客户端可用的消息格式，然后将数据发送给服务提供商，并获得所需的响应。Web 服务客户端将数据包装成 XML 消息，并将身份验证信息一起发送给服务提供商进行处理。

基于 SOAP 实现的 Web 服务复杂度更高，而且需要更多的带宽，这可能会影响 Web 应用程序的性能（例如页面加载时间），服务端的任何重大逻辑变化都要求所有客户端更新代码。REST 的产生就是为了解决基于 SOAP 的 Web 服务的问题，它可以提供更加灵活的架构。接下来将详细介绍 RESTful 架构以及为什么它会变得越来越流行。

6.4.2　RESTful Web 服务架构

RESTful Web 服务的轻量级架构为其提供了更好的性能。与只支持 XML 的 SOAP 不同，REST 支持不同格式的消息，例如 JSON、纯文本、HTML 和 XML。REST 是一种架构风格，它定义了通过 HTTP 进行数据传输的松耦合应用程序设计的标准。

在 REST 架构中，JSON 是一种更易于访问的数据交换格式，它是轻量级的，并且与语言无关。JSON 使用简单的键值对，与大多数编程语言中定义的数据结构兼容。

REST 侧重于无状态服务的设计原则。Web 服务客户端不需要生成复杂的客户端框架，只需要使用唯一的 URI 就可以访问 Web 服务器资源。客户端可以使用 HTTP 访问 RESTful 资源，并对资源执行标准操作（例如 GET、PUT、DELETE 和 POST）。

架构设计选择 REST 还是 SOAP 取决于组织的需求。REST 服务提供了一种与轻量级客户端（如智能手机）集成的有效方法，而 SOAP 则提供了更高的安全性，适用于复杂的事务。REST 和 SOAP 的区别如表 6-1 所示。

表 6-1 REST 和 SOAP 的区别

属性	REST	SOAP
设计	一种架构风格，包含非正式的指导方针	通过标准协议预定义规则
消息格式	JSON、YAML、XML、HTML、纯文本和 CSV	XML
协议	HTTP	HTTP、SMTP 和 UPD
会话状态	默认无状态	默认有状态
安全	HTTPS 和 SSL	Web 服务安全性和 ACID 合规性
缓存	可以缓存 API 调用	无法缓存 API 调用
性能	所需资源少，速度快	需要更多带宽和计算能力

接下来，我们介绍一个基于面向服务设计的参考架构。

6.4.3 构建基于 SOA 的电子商务网站架构

诸如 Amazon.com 之类的电子商务网站的用户来自世界各地，包含数百万种产品。每个产品都有很多图片、评论和视频记录。为全球用户群维护如此庞大的产品目录是一项非常具有挑战性的任务。

参考架构遵循了 SOA 原则，每个服务都尽可能地彼此独立运行。该架构（见图 6-6）可以使用基于 SOAP 或基于 RESTful 的 Web 架构来实现。

按照图 6-6 中的架构，可以注意到以下几点：

❑ 当用户在浏览器中输入网站地址时，用户请求会触达 DNS 服务器以加载网站。DNS 请求通过 Amazon Route 53 路由到 Web 应用程序的托管服务器。

❑ 网站的用户来自全球各地，由于网站具有大量包含静态图片和视频的产品，因此用户会持续地浏览他们想要购买的产品。内容分发网络（CDN，例如 Amazon CloudFront）被用来缓存并向用户传递静态资源。

❑ 产品目录中的内容（例如产品的静态图片和视频）以及其他应用程序数据（例如日志文件）存储在 Amazon S3 中。

❑ 用户可以通过多种设备浏览网站，例如，他们可能通过移动设备将商品添加到购物车，然后在台式机上付款。为了处理用户会话，需要使用诸如 DynamoDB 之类的存储持久化存储会话。事实上，DynamoDB 是 NoSQL 数据库，不需要提供固定的数据格式，因此是产品目录和属性的理想存储。

❑ 为了提供高性能并减少延迟，Amazon ElastiCache 被用于产品的缓存层，以减少对数据库的读写操作。

❑ 便捷的搜索功能是产品销售和业务成功的关键。Amazon Cloud Search 通过从 Dynamo-DB 加载产品目录来构建可扩展的搜索功能。

❑ 推荐功能可以根据用户的浏览历史和过去的购买记录来促使用户购买其他产品。独立的推荐服务可以通过存储在 Amazon S3 中的日志数据，向用户提供潜在的产品推荐。

❑ 电子商务应用程序也可以有需要频繁部署的多个层和组件。AWS Elastic Beanstalk 用于处理基础设施的自动配置、应用程序部署，通过应用自动伸缩功能来处理负载，并监控应用程序。

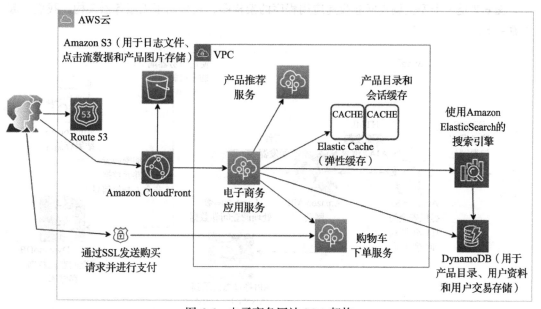

图 6-6　电子商务网站 SOA 架构

本节介绍了 SOA 架构及其概述。接下来将通过无服务器架构来深入探讨现代架构设计的关键方面。

6.5　构建无服务器架构

在传统情况下，如果想开发一个应用程序，你需要有一台服务器，并安装所需的操作系统和软件。在代码编写期间，需要确保服务器已启动并运行。在部署期间，需要添加更多的服务器以满足用户需求，还需要设置伸缩机制（例如自动伸缩功能），根据用户请求量管理所需服务器的数量。在整个过程中，基础设施的管理和维护将会消耗大量精力，而这些都与业务问题无关。

采用无服务器架构，团队可以专注于应用程序及功能特性开发，而不必担心底层基础设置的维护。"无服务器"意味着不需要服务器来运行你的代码，这有助于消除自动伸缩和解耦的开销，同时提供了一种低成本的模型。

诸如 AWS 之类的公共云在计算和数据存储领域提供了多种无服务器服务，使端到端的无服务器应用程序开发更容易。在谈到"无服务器"时，首先想到的可能是 AWS Lambda 函数，即由 AWS 云提供的一种**函数即服务**（FaaS）。为了使应用程序面向服务，Amazon API 网关允许你将 RESTful 端点置于 AWS Lambda 函数的前面，并将它们开放为微服务。Amazon DynamoDB 提供了高度可伸缩的 NoSQL 数据库，这是一个完全基于无服务器的 NoSQL 数据存储设备，而 Amazon 简单存储服务（Simple Storage Service，S3）则提供了无服务器对象数据存储。

图 6-7 是一个安全调查问卷投递应用程序的架构图，它采用了无服务器架构，我们一起来看一下。

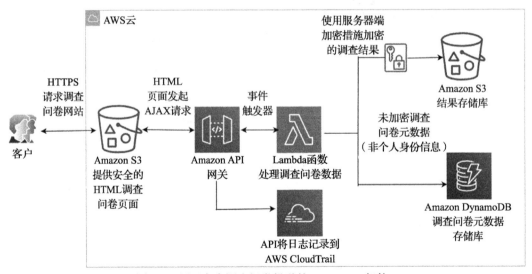

图 6-7 用于安全调查问卷投递的 Serverless 架构

本示例中的无服务器架构完成了整个安全调查问卷的提供、投放以及处理流程，这一切都是通过托管服务完成的：

1）客户通过 HTTPS 向网站发起请求，然后 Amazon S3 直接提供了 Web 页面。

2）客户的调查问卷通过 AJAX 请求提交给 Amazon API 网关。

3）Amazon API 网关将此项日志记录到 Amazon CloudTrail。如果调查问卷的结果丢失，或者 AJAX 请求中包含了某种恶意活动，这些日志可能会帮助识别和解决问题。

4）Amazon API 网关将 AJAX 请求转换为 AWS Lambda 函数的事件触发器，之后，Lambda 函数将提取调查问卷数据并进行处理。

5）AWS Lambda 函数将调查问卷结果发送到 Amazon S3 存储桶，并通过服务器端加密措施对其进行保护。

6）调查问卷中不包含任何个人身份信息的元数据被写入并存储到 DynamoDB 表中，以便后续查询和分析。

由于无服务器架构的日益普及，在本书的后续章节中，你将会看到更多采用无服务器服务的参考架构。随着 RESTful 风格的架构越来越多地被采用，微服务的概念也变得越来越流行。下一节将进一步介绍 REST 架构和微服务。

6.6　创建微服务架构

微服务是基于 REST 风格的 Web 服务来构建的，并且可以独立伸缩。这使你可以在保持其他组件不变的情况下，更加轻松地扩展或收缩系统中的相关组件。采用微服务的系统可以更加轻松和优雅地应对应用程序的可用性降级事件，避免其他级联故障。系统将支持容错，也就是说，在构建时就考虑到了故障发生情况。

微服务的显著优势是只需要维护较少的代码逻辑。微服务应该始终保持独立，每个服务都包含了所有先决条件，可以在不依赖任何外部依赖项的情况下独立构建，从而减少了应用程序模块间的互相依赖，并实现了松耦合。

微服务的另一个核心概念是限界上下文，它们组合在一起后形成一个业务领域。业务领域涉及整个业务流程，比如汽车制造、书籍销售或社交网络交互等。单个微服务定义了边界来封装其中的所有细节。

在处理大规模的访问时，每个服务的伸缩都至关重要，而不同的工作负载具有不同的伸缩需求。以下是一些微服务架构设计的最佳实践：

☐ **创建单独的数据存储**：为每个微服务采用单独的数据存储，使团队可以选择最适合其服务的数据库。例如，处理网站流量的团队可以使用高度可伸缩的 NoSQL 数据库来存储半结构化数据。处理订单服务的团队可以使用关系型数据库来确保数据完整性和事务的一致性。这一原则还有助于实现松耦合，因为其中一个数据库的变更不会影响其他服务。

☐ **使服务器保持无状态**：如 6.3 节所述，使服务器保持无状态有助于提高伸缩性。服务器应该能够轻松关闭并替换，在服务器上尽量少存储或者完全不存储状态。

☐ **进行独立构建**：对每个微服务进行独立构建，使开发团队可以更轻松地引入新的变更，并提高新功能发布的敏捷性。这有助于确保开发团队仅构建特定微服务所需的代码，而不会影响其他服务。

☐ **部署在容器中**：在容器中部署使你可以通过相同的标准方式部署所有内容。你可以通过容器以相同的方式部署所有微服务，无论其性质如何。有关容器部署的更多信息参见 6.13 节。

❑ **蓝绿部署**：更好的方法是创建生产环境的副本。新功能部署后，将一小部分用户流量路由到新环境，以确保新功能在新环境中按预期运行。然后，逐步增加新环境中的流量，直到整个用户群都能看到新功能。有关蓝绿部署的内容详见第 12 章。

❑ **监控环境**：与发生中断后的应急响应不同，良好的监控使你可以通过适当的重路由、伸缩和受控降级来主动预防中断。为了防止应用程序停机，服务应能将它们的运行状况推送到监控层，因为没有人比服务自身更了解它们的状态！监控的方式有很多种，例如使用插件，或者通过调用监控 API。

本节已经介绍了微服务的各种优势，接下来将介绍一个实时投票应用程序的基于微服务的参考架构。

实时投票应用程序的参考架构

图 6-8 展示了一个基于微服务的架构，它是一个实时投票应用程序，其中，多个小型微服务被用来处理和汇总用户投票。投票应用程序从移动设备收集个体用户的选票，并将所有选票存储在基于 NoSQL 的 Amazon DynamoDB 数据库中。最后，AWS Lambda 函数中的应用逻辑将汇总所有用户选票，评出他们最喜欢的演员，并返回最终结果。

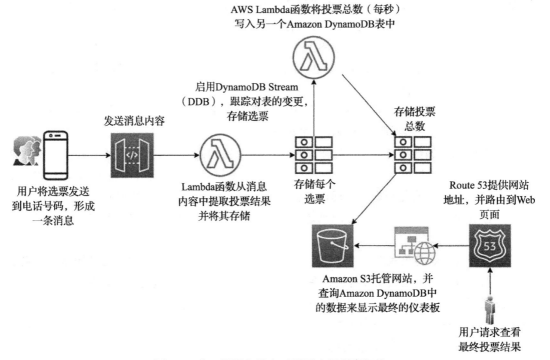

图 6-8　基于微服务的实时投票应用程序架构

在上述架构中，发生了以下事情：

1）用户编辑选票并发送给第三方（例如 Twilio）提供的电话号码或简码。

2）根据第三方的配置，消息内容将被发送到由 Amazon API 网关创建的端点，然后该端点将响应转发到 AWS Lambda 中的函数。

3）该函数从消息内容中提取投票结果，并将结果和所有元数据写入 Amazon DynamoDB 的一个表。

4）该表启用了 DynamoDB Streams，使你可以滚动地跟踪对表的变更。

5）在表更新后，DynamoDB Streams 会通知另一个 AWS Lambda 函数来汇总选票（每秒），并将其写入另一个 DynamoDB 表。第二个表仅存储每个类别的投票总数。

6）使用 HTML 和 JavaScript 创建仪表板，并放在由 Amazon S3 托管的静态网站中，用于展示投票结果汇总。该页面使用 AWS JavaScript SDK 来查询 Amazon DynamoDB 表中的汇总信息并实时显示投票结果。

7）最后，Amazon Route 53 作为 DNS 提供者，创建了一个"托管区域"（Hosted Zone），将自定义域名指向 Amazon S3 存储桶。

这不仅是一个基于微服务的架构，也是一种无服务器架构。使用微服务，你可以创建由小型独立组件组成的应用程序，每个小组件都能独立迭代。基于微服务的架构意味着变更的成本、规模和风险降低，从而提高了变更频率。

在实现正确的松耦合以及应用程序限流方面，消息队列起着至关重要的作用。队列让组件之间的通信既安全又可靠。下一节将介绍基于队列的架构。

6.7 构建基于队列的架构

上一节介绍了如何使用 RESTful 架构进行微服务设计。RESTful 架构使微服务能够被轻易发现，但是如果服务宕机，会发生什么呢？在 RESTful 架构中，客户端服务会等待主机服务的响应，这意味着 HTTP 请求会阻塞 API。有时，由于下游服务不可用，信息可能会丢失。在这种情况下，必须实现一些重试逻辑才能保留信息。

基于队列的架构通过在服务之间添加消息队列来解决上述问题，由消息队列来为服务保留信息。基于队列的架构提供了完全异步的通信和松耦合的架构。在基于队列的架构中，信息被保留在消息中，所以仍然可以访问。如果服务崩溃，这条消息也会在服务可用后立即得到处理。基于队列的架构中的术语如下：

❑ **消息**：可以分为两部分：消息头和消息体。消息头包含与消息有关的元数据，消息体则包含实际的内容。

❑ **队列**：保存着需要时可用的消息。

❑ **生产者**：产生消息并将其发布到队列的服务。

❑ **消费者**：消费和利用消息的服务。

❑ **消息代理**：在生产者和消费者之间帮助收集、路由和分发消息。

接下来，我们介绍典型的基于队列的架构模式，以及它们是如何工作的。

6.7.1 队列链表模式

当有序流程需要在链接在一起的多个系统上执行时，应采用队列链表模式。我们通过图像处理应用程序示例来介绍队列链表模式。在图像处理流水线中，获取图像并将其存储在服务器上，创建不同分辨率的图像副本，为图像添加水印，以及生成缩略图等一系列有序的操作彼此紧密衔接。任何环节出现小故障都可能导致整个操作过程中断。

你可以在各个系统和作业之间使用队列，以消除单点故障，并设计真正的松耦合系统。队列链表模式可以帮你将不同的系统链接在一起，并增加可并行处理消息的服务器数量。如果没有待处理的图像，则可以配置自动伸缩功能关闭多余的服务器。

图 6-9 展示了一个采用队列链表模式的架构，其中，由 AWS 提供的队列服务被称为 Amazon 简单队列服务（Simple Queue Service，SQS）。

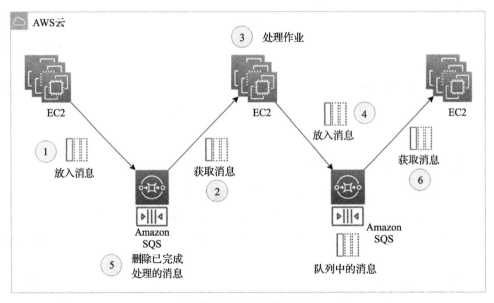

图 6-9　队列链表模式架构

该架构有以下步骤：

1）将原始图像上传到服务器后，应用程序需要使用公司的徽标（logo）为所有图像添加水印。图 6-9 中，一组 Amazon EC2 服务器正在进行批处理作业，对所有图像加水印，然后推送到 Amazon SQS 队列。

2）第二组 Amazon EC2 服务器从 Amazon SQS 队列中提取带水印的图像。

3）第二组 EC2 服务器负责处理图像并创建多种不同分辨率的图像副本。

4）对图像进行编码后，EC2 服务器将消息推送到另一个 Amazon SQS 队列。

5）图像被处理后，作业将从上一个队列中删除该消息以释放空间。

6）最后一组 EC2 服务器从队列中获取编码后的消息，并创建缩略图以及版权。

这种架构的好处如下：

❑ 可以使用松耦合的异步处理，快速返回响应，而无须等待其他服务确认。

❑ 可以使用 Amazon SQS，通过松耦合 Amazon EC2 实例构建系统。

❑ 即使 Amazon EC2 实例发生故障，消息也会保留在队列服务中。这使处理过程可以
在服务器恢复后继续进行，从而创建非常稳定的系统。

应用程序的需求波动可能会导致意外的消息负载。根据队列的消息负载来实现工作负载
的自动化，可以帮助你处理所有波动。接下来，我们将介绍作业观察者模式，以实现自动化。

6.7.2 作业观察者模式

在作业观察者模式下，可以根据队列中待处理的消息数来创建自动伸缩组。作业观察
者模式可通过增加或减少用于作业处理的服务器实例数来保持性能。

图 6-10 描述了作业观察者模式。

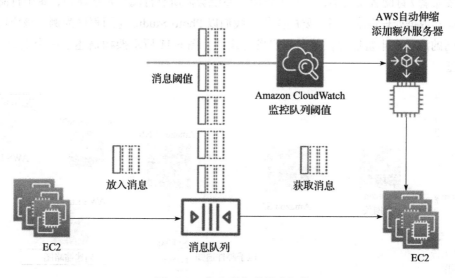

图 6-10 作业观察者模式架构

在图 6-10 的架构中，位于左侧的第一组 Amazon EC2 服务器运行批处理作业并将消息（例
如，图像元数据）推送到队列中。右侧的第二组 EC2 服务器则使用和处理这些消息，例如图像
编码。当消息达到一定阈值，Amazon CloudWatch 就会触发自动伸缩组，在消费者机群中添加
额外的服务器以加快作业处理。当队列深度低于阈值时，自动伸缩组会删除多余的服务器。

作业观察者模式可以根据作业数量来计算规模，从而提高效率并节省成本。作业观察者

模式架构可以在较短的时间内完成作业。该处理过程是有韧性的，这意味着即使服务器发生故障，作业流程也不会停止。

尽管基于队列的架构提供了松耦合架构，但它主要采用的是异步拉取方法，消费者可以根据其可用性从队列中拉取消息。通常来说，你需要驱动各个架构组件之间的通信，其中，一个事件应该触发其他事件。下一节将介绍事件驱动架构。

6.8　创建事件驱动架构

事件驱动架构可以帮助你将一系列事件衔接在一起，以完成完整的功能流程。例如，在网站上购买商品时，你期望在支付完成后自动生成订单的发票，并立即收到电子邮件。事件驱动架构有助于串联所有这些事件，因此付款后可以触发其他任务以完成整个订单流程。在谈论事件驱动架构时，通常你会看到消息队列（见 6.7 节）被作为其中心点。事件驱动架构也可以基于发布者 / 订阅者模型或事件流模型。

6.8.1　发布者 / 订阅者模型

在发布者 / 订阅者模型中，发布事件时，系统会向所有订阅者发送通知，每个订阅者都可以根据其数据处理需求进行必要的操作。我们以 Photo Studio 应用程序为例，该应用程序使用不同的滤镜来丰富照片，并向用户发送通知。图 6-11 所示架构描述了一个发布者 / 订阅者模型。

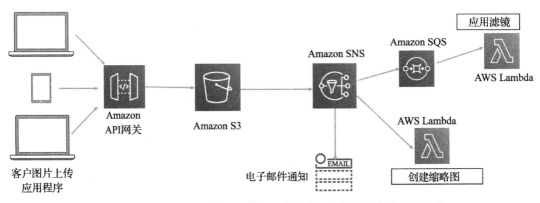

图 6-11　Photo Studio 应用程序基于发布者 / 订阅者的事件驱动架构

从图 6-11 可以看到以下内容：

1）用户使用 Web/ 移动应用程序将图片上传到 Amazon S3 存储桶。

2）Amazon S3 存储桶向 Amazon 简单通知服务（Simple Notification Service，SNS）发送通知。Amazon SNS 是一个消息主题，它有以下订阅者：

❑ 第一个订阅者使用了电子邮件服务，一旦照片完成上传，它就会向用户发送一封电子邮件。

- □ 第二个订阅者使用了 Amazon SQS 队列，它从 Amazon SNS 主题获取消息，并通过编写在 AWS Lambda 中的各种滤镜提高图像质量。
- □ 第三个订阅者直接使用 AWS Lambda 来创建图像的缩略图。

在这种架构下，Amazon S3 作为生产者将消息发布到 SNS 主题，然后被多个订阅者消费。此外，一旦消息到达 SQS，就会触发 Lambda 函数进行图像处理。

6.8.2　事件流模型

在事件流模型中，消费者可以读取来自生产者的连续事件流。例如，你可以使用事件流来捕获点击流日志的连续流，还可以在检测到异常时发送告警，其架构如图 6-12 所示。

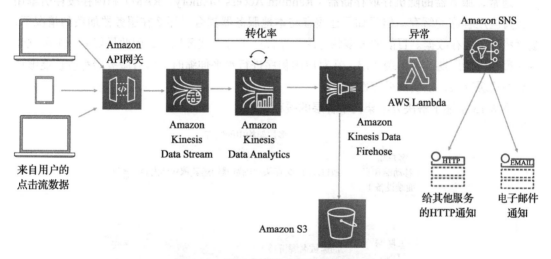

图 6-12　用于点击流分析的事件流架构

Amazon Kinesis 是一项用于摄取、处理和存储连续流数据的服务。在图 6-12 中，客户在 Web 和移动应用程序上对电子商务网站的各种点击产生了点击事件流。这些点击流通过 Amazon API 网关发往数据分析应用进行实时分析。在数据分析应用中，Kinesis Data Analytics 可以计算特定时间段的转化率，例如，最近五分钟内完成购买的人数，实时数据汇总完成后，Amazon Kinesis Data Analytics 会将结果发送到 Amazon Kinesis Data Firehose，后者将所有数据文件存储在 Amazon S3 存储中，根据需要进行进一步处理。

其中一个 Lambda 函数从事件流中读取并检测数据是否存在异常。当检测到转化率**异常**时，该 AWS Lambda 函数就会通过电子邮件向活动运营团队发送通知。在该架构下，事件流是持续发生的，AWS Lambda 则从流中读取特定事件。

你应该使用事件驱动架构来分离生产者和消费者，保持架构的可扩展性，以便随时集成新的消费者。这种方式可以构建高度可伸缩的分布式系统，其中每个子系统都具有独立的事件视角。尽管如此，你还需要某种机制来避免消息的重复处理，以及错误消息的处理。

为了获得良好的性能，缓存是一个重要因素，它可以应用于架构的每一层，乃至所有架构组件。下一节将介绍基于缓存的架构。

6.9　构建基于缓存的架构

缓存是为了让后续的请求更快，并降低网络吞吐量，而将数据或文件临时性地存储在请求者与持久化存储之间中间位置的过程。缓存可以提高应用程序的运行速度并降低成本。它使你可以重用之前检索的数据。为了提高应用程序的性能，可以将缓存应用于架构的各个层（例如 Web 层、应用层、数据层和网络层）。

通常，服务器的随机存取存储器（Random Access Memory，RAM）和内存缓存引擎用于支持应用程序的缓存。但是如果让缓存与本地服务器耦合，那么在服务器崩溃的情况下，缓存将不会保存数据。目前的大多数应用程序都处于分布式环境中，因此最好有一个独立于应用程序生命周期的专用缓存层。在对应用程序进行水平伸缩时，所有服务器都应该能够访问集中式缓存层，以实现最佳性能。

图 6-13 描述了解决方案架构中各层的缓存机制。

图 6-13　解决方案架构各层中的缓存

图 6-13 中架构各层的缓存机制如下：

☐ **客户端**：客户端缓存适用于移动端和桌面端等用户设备。它将先前访问的 Web 内容缓存下来，以便更快地响应后续的请求。每个浏览器都有自己的缓存机制。HTTP 缓存通过将内容缓存在本地浏览器来加速应用程序。HTTP 头 cache-control 为客户端请求和服务器响应定义了浏览器的缓存策略。这些策略定义了内容应该缓存在哪里以及缓存多长时间，后者也被称为生存时间（Time To Live，TTL）。cookie 是另一种用于在客户端机器上存储信息以加速浏览器响应的方法。

☐ **DNS 缓存**：当用户通过互联网访问网站地址时，公共**域名系统**（Domain Name System，DNS）服务器将会查找其 IP 地址。缓存 DNS 的解析信息将减少网站的加载时间。在第一个请求完成之后，DNS 可以缓存到本地服务器或浏览器，对该网站的后续请求都将更快。

☐ **Web 缓存**：大多数的请求都涉及检索 Web 内容，例如图像、视频和 HTML 页面。将这些资源缓存在用户位置附近可以加快页面的加载速度。这也消除了磁盘读取和服务器加载的时间。CDN 提供了一个边缘位置网络，可以用来缓存像高分辨率的图像和视频之类的静态内容，对于频繁读取的应用程序（例如游戏、博客、电子商务产品目录页面等）来说非常有用。用户会话中包含了很多关于用户偏好及其状态的信息。将用户会话存储在自己的键值对存储中可以提供非常好的用户体验，并且可以将用户会话进行缓存，以加速用户响应。

☐ **应用程序缓存**：在应用层，可以将复杂重复请求的结果缓存起来，以避免重复的业务逻辑计算和数据库命中。总而言之，缓存提高了应用程序的性能，减少了数据库和基础设施的负载。

☐ **数据库缓存**：应用程序的性能在很大程度上取决于数据库的速度和吞吐量。数据库缓存可以显著提高其吞吐量并降低数据检索的延迟。可以在任何类型的关系型或非关系型数据库前面应用数据库缓存。其中一些数据库驱动已经集成了缓存，那么应用程序只需要处理本地缓存即可。

Redis 和 Memcached 是最受欢迎的缓存引擎。尽管 Memcached 速度更快（适用于低结构（low-structure）数据[⊖]，并以键值对格式存储数据），但 Redis 更持久，能够处理游戏排行榜等应用程序所需的复杂数据结构。接下来将介绍更多关于缓存设计模式的内容。

6.9.1　三层 Web 架构中的缓存分发模式

传统的 Web 托管架构实现了标准的三层 Web 应用程序模型，该模型将架构分为表示层、应用层和持久层。如图 6-14 中架构图所示，缓存在以上三层中均有应用。

⊖　表示简单的，没有固定结构的数据。——译者注

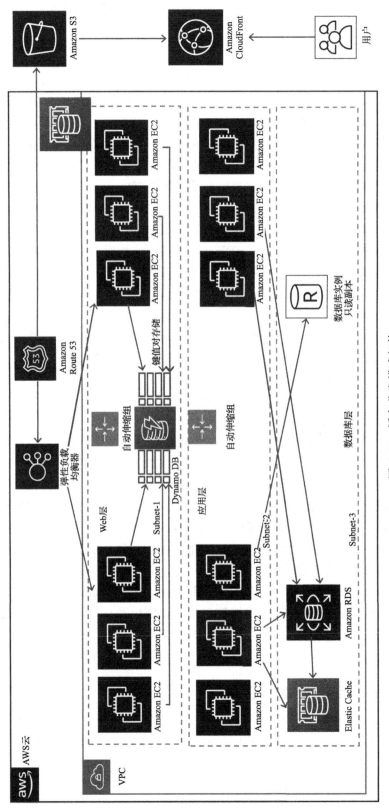

图 6-14 缓存分发模式架构

减轻 Web 页面负载的方法之一就是使用缓存。在缓存模式中，你的目标是尽可能少地访问后端。你可以编写一个应用程序，让它能够缓存图片、JavaScript 乃至整个页面，为用户提供更好的体验。如图 6-14 所示，缓存应用在了架构的各个层：

❑ Amazon Route 53：提供 DNS 服务，以简化域名管理并缓存 DNS 到 IP 的映射。

❑ Amazon S3：存储了所有静态内容，例如高分辨率的图片和视频。

❑ Amazon CloudFront：为海量内容提供边缘缓存。它还使用 cache-control 头来确定需要多长时间检查一次源以更新文件版本。

❑ Amazon DynamoDB：用于会话存储，Web 应用程序通过它来缓存并处理用户会话。

❑ 弹性负载均衡器：将流量分发到 Web 服务器的自动伸缩组。

❑ Amazon ElastiCache：为应用程序提供缓存服务，从而减轻数据库层的负载。

通常你只缓存静态内容。但是，动态或唯一内容也会影响应用程序的性能。你仍然可以根据具体需求来缓存动态或唯一内容，以提升性能。

6.9.2 重命名分发模式

在使用诸如 Amazon CloudFront 之类的 CDN 时，将频繁使用的数据存储到用户附近的边缘位置可以提高性能。通常，你会在 CDN 中为数据设置 TTL，这意味着只能等到 TTL 过期，边缘位置才会向服务器查询更新的数据。在某些情况下（例如需要修正错误的产品描述时），可能需要立即更新 CDN 缓存中的内容。

在这种情况下，你不能等待文件的 TTL 过期。重命名分发模式可让你在发布更改后立即刷新缓存，以便用户可以立即获取更新后的信息。图 6-15 展示了重命名分发模式。

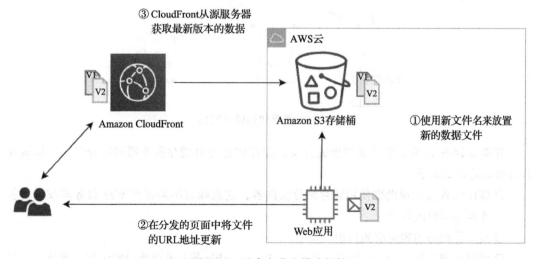

图 6-15 重命名分发模式架构

如图 6-15 所示，将重命名分发模式同缓存分发模式一起使用有助于解决更新问题。在这种模式下，不需要覆盖源服务器上的文件并等待 CloudFront 中的 TTL 过期，而是将更新后的文件以新的文件名上传，然后使用新的 URL 来更新 Web 页面。当用户请求源内容时，CloudFront 必须从源获取它，并且不能提供已经过时的缓存文件。可能有时你并不想使用 CDN，而是使用代理缓存服务器。下一节将介绍代理缓存服务器。

6.9.3 缓存代理模式

添加缓存层可以显著提高应用程序的性能。在缓存代理模式中，静态或动态内容被缓存在 Web 应用服务器的上游。如图 6-16 中架构图所示，Web 应用集群的前面还有一个缓存层。

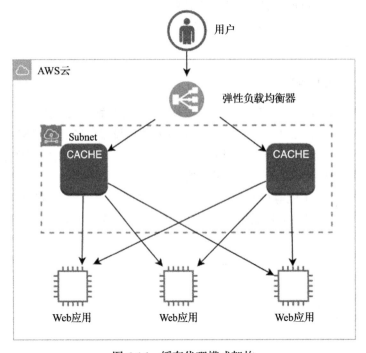

图 6-16 缓存代理模式架构

在图 6-16 中，为了实现高性能的分发，缓存内容将由缓存服务器进行分发。采用缓存代理模式的好处如下：

❑ 缓存代理模式帮助你使用缓存来分发内容，这意味着不需要在 Web 服务器或应用服务器层面修改内容。

❑ 减少了动态内容生成的负担。

❑ 可以在浏览器层面（例如 HTTP 头、URL、cookie 等）灵活地设置缓存。此外，也可以将信息缓存在缓存层（如果不想缓存到浏览器端）。

在缓存代理模式下，你需要维护缓存的多个副本，以避免单点故障。有时，你可能希望同时通过服务器和 CDN 来提供静态内容，这两种方式所采取的方法各不相同。下一节将深入研究这种混合场景。

6.9.4　重写代理模式

有时，你可能想更改网站静态内容（例如图片和视频）的访问地址，但是又不想修改现有系统，那么可以通过提供代理服务器（重写代理模式）来实现。通过在 Web 服务器群前放置代理服务器，可将静态内容的目标地址更新为其他存储（例如内容服务或网络存储）。如图 6-17 所示，在应用层的前面放置代理服务器，用它修改内容分发地址，而无须修改实际的应用程序。

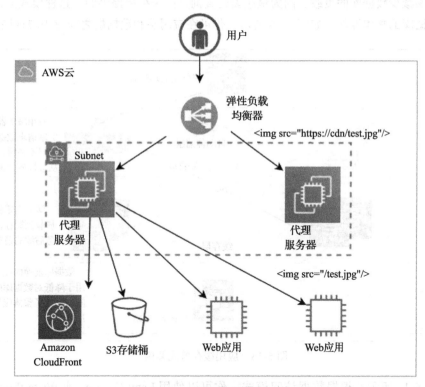

图 6-17　重写代理模式架构

可以看到，要实现重写代理模式，需要在当前运行的系统前放置代理服务器。可以使用 Apache NGINX 之类的软件来搭建代理服务器。构建重写代理模式的步骤如下：

1）在 EC2 实例上运行一个代理服务器，该服务器能够重写位于**负载均衡器**和存储服务（例如 Amazon S3，其中存储了静态内容）之间的内容。

2）向代理服务器中添加重写规则，以重些内容的 URL。这些规则将帮助**弹性负载均衡器**（Elastic Load Balancer，ELB）指向新的位置。如图 6-17 所示，代理服务器中的重写规则将 https://cdn/test.jpg 重定向到了 /test.jpg。

3）根据应用程序的负载，通过配置最小和最大服务器数量，将自动伸缩机制应用于代理服务器。

本节介绍了对网络上的静态内容分发进行缓存的各种方法。但是，应用层的缓存对于提高应用程序性能，乃至整体用户体验至关重要。接下来将介绍应用缓存模式，以提升动态用户数据的分发性能。

6.9.5 应用缓存模式

谈到应用程序的缓存，你会想到在应用服务器和数据库之间添加缓存引擎层。应用缓存模式能够减少数据库的负载，因为最频繁的查询是由缓存层提供的。这种模式提升了应用程序和数据库的整体性能。如图 6-18 所示，你可在应用层和数据层之间应用缓存层。

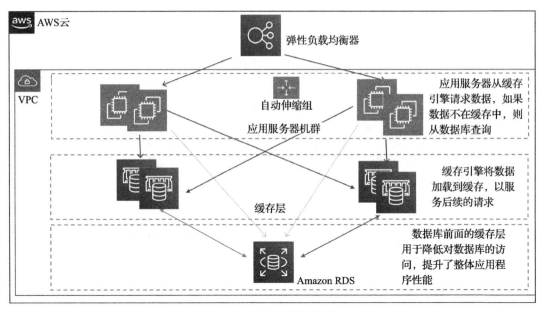

图 6-18　应用缓存模式架构

如图 6-18 所示，根据数据访问模式，你可以使用 Lazy Caching 或 Write-through 两种方法。在 Lazy Caching 方法中，缓存引擎会先检查数据是否在缓存中，如果不在，则从数据库中获取数据并将其保留在缓存中，以服务后续的请求。Lazy Caching 也被称为"Cache Aside 模式"。

在 Write-through 方法中，数据会同时写入缓存和数据存储。如果缓存中的数据丢失，那么可以再次从数据库中获取。Write-through 主要用在应用程序到应用程序场景，例如用户为产品编写评论（始终需要在产品页面上加载评论信息）。接下来，我们来看流行的缓存引擎：Redis 和 Memcached。

Memcached 与 Redis

Redis 和 Memcached 是应用程序设计中最常用的两种缓存引擎。对于比较复杂的缓存需求（例如为游戏创建排行榜）来说，通常需要使用 Redis 缓存引擎。但是 Memcached 的性能更高，有助于处理繁重的应用程序负载。每种缓存引擎都有自己的优缺点（见表 6-2）。

表 6-2 缓存引擎 Memcached 和 Redis 优缺点对比

Memcached	Redis
提供多线程	单线程
能够使用更多的 CPU 核心来加速处理	无法使用多核处理器，性能相对较慢
支持键值对风格的数据	支持复杂的高级数据结构
不支持数据持久化，崩溃时会丢失缓存中的数据	可以使用内建的只读副本来保存数据，支持故障转移
易于维护	由于需要维护集群，因此复杂度更高
适合缓存单纯的字符串，例如平面 HTML 页面、序列化 JSON 等	可以为游戏排行榜、实时投票等应用创建缓存

总而言之，在决定选用哪个缓存引擎前，应该根据使用场景来验证选用 Redis 还是 Memcached 更合理。Memcached 非常易于维护并且成本较低，如果缓存不需要 Redis 提供的高级功能，通常应该首选 Memcached。但是，如果需要持久化数据以及高级数据类型，或者 Redis 的其他优势功能，那么 Redis 是最佳解决方案。

实现缓存时，必须了解要缓存的数据的有效性。如果缓存的命中率很高，那么意味着所需的数据存在于缓存中。要想获得更高的缓存命中率，可以通过减少直接查询来为数据库减压，这样可以提高应用程序的整体性能。当数据不在缓存中时，就无法命中缓存，进而增加数据库的负载。缓存的数据存储规模不大，需要根据应用程序需求设置缓存的 TTL 并逐出缓存。

正如你在本节中所看到的，使用缓存有很多好处，包括提高应用程序性能、提供可预测的性能以及降低数据库成本。接着将介绍更多基于应用程序的架构，来阐述松耦合及约束处理的原则。

6.10 理解断路器模式

分布式系统通常会调用其他下游服务，而且可能会因为调用失败或挂起而导致没有响应。你可能经常看到一些代码对失败的调用进行多次重试。远程服务的问题是，可能需要花费数分钟甚至数小时来修复，立即重试可能会导致另一次失败。结果，当代码重试几次后，终端用户需要等待更长的时间才能得到错误响应。而且重试功能会消耗更多线程，甚至导致级联故障。

断路器模式的目的是了解下游依赖项的运行状况。当它检测到依赖项的健康状态不正常时，就会通过其实现逻辑驳回请求，直到检测到依赖项恢复正常。通过使用持久层监控过去一段时间内的成功和失败请求数，可以实现断路器模式。

如果在这段时间内，观测到的异常请求百分比超出定义的阈值，或者异常请求的总数超出阈值（无论其百分比如何），断路器都将被标记为开启。这种情况下，在定义好的一段时间内（超时期间），所有请求都会抛出异常，而不会继续集成依赖系统。当时间超过之后，一小部分请求会尝试与下游依赖系统集成，以检测依赖系统是否恢复正常。一旦有足够比例的请求在一定时间间隔内再次恢复正常，或者没有观测到异常，断路器将再次关闭，所有请求都将按照正常的方式进行集成。

断路器中的决策逻辑使用了状态机来跟踪和共享健康 / 不健康的请求计数，你可以使用 DynamoDB、Redis/Memcached 或其他低延迟的持久化存储来维护服务的状态。

6.11 实现隔板模式

隔板用于在船舶内形成单独的水密舱室，以限制故障的影响范围，理想情况下可以防止船舶下沉。如果大水冲破了船体的一个舱室，隔板会阻止其流入其他舱室，从而限制了故障的范围。

同样的概念也可以用于限制大型系统架构中的故障范围，在大型系统中，系统会被分区以解耦服务间的依赖关系。其理念是，一个故障不应该导致整个系统崩溃，如图 6-19 所示。

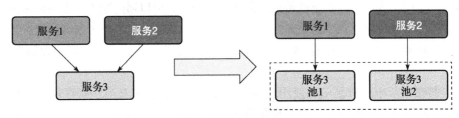

图 6-19　隔板模式

在隔板模式中，最好将应用程序高度依赖的元素隔离成多个服务池，这样，即使其中一个发生故障，其他池仍然可以为上游提供服务。在图 6-19 中，服务 3 从单个服务划分为两个池。如果服务 3 发生故障，那么服务 1 或服务 2 受到的影响取决于它们依赖于哪一个池，但是整个系统不会崩溃。以下是在架构设计（尤其是共享服务模型）中引入隔板模式时需要考虑的要点：

❏ 保护船的一部分，这意味着应用程序不应因为一个服务的故障而停机。

❏ 判断资源利用率降低是否可行。一个分区的性能问题不应影响整个应用程序。

❏ 选择合适的粒度。不要将服务池设置得太小，确保它们能够应对应用程序负载。

❏ 监控每个服务分区的性能并遵守 SLA。确保所有活动部件能够协同工作，并测试当一个服务池关闭时整个应用程序的表现。

应该为每个业务需求或技术需求定义一个服务分区，使用该模式来防止应用程序的级联故障并将关键使用者与标准使用者隔离。

遗留应用服务器上通常会配置硬编码的 IP 地址和 DNS 域名。对服务器的任何现代化改造和升级都需要修改应用程序并重新验证。在这种情况下，你通常不想改变服务器的地址。下一节将介绍如何使用浮动 IP 来处理这种情况。

6.12　构建浮动 IP 模式

一般来说，单体应用对部署它们的服务器有诸多依赖。通常，应用程序的配置和代码中有一些硬编码的参数是基于服务器的 DNS 名称和 IP 地址的。当原来的服务器出现问题，需要启动新服务器时，硬编码的 IP 配置将会带来挑战。此外，你肯定不想因为升级而拖垮整个应用程序（这可能会导致大规模的停机）。

为了应对这种情况，你需要创建一个新的服务器，并保留原来的服务器 IP 地址和 DNS 名称。为了实现该目的，可以将网络接口从故障实例转移到新服务器。网络接口通常是一个**网络接口卡**（Network Interface Card，NIC），用于辅助服务器之间的网络通信。网络接口可以采用硬件的形式，也可以采用软件的形式。转移网络接口意味着新服务器现在承担了旧服务器的身份。这样一来，应用程序就可以继续使用相同的 DNS 和 IP 地址。你还可以通过将网络接口移至原始实例轻松地回滚。

公有云（例如 AWS）通过提供**弹性 IP**（Elastic IP，EIP）和**弹性网络接口**（Elastic Network Interface，ENI）使其变得更为简单。如果某个实例发生故障，并且需要将流量推送到另一个具有相同公共 IP 地址的实例，则可以将弹性 IP 地址从一台服务器转移到另一台服务器，如图 6-20 所示。

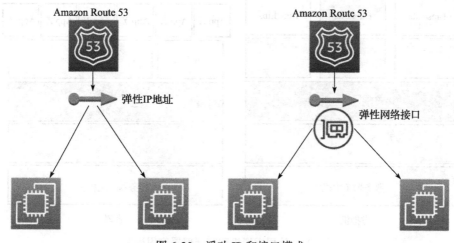

图 6-20　浮动 IP 和接口模式

由于只是转移 EIP，因此 DNS 可能不需要更新。EIP 可以在服务器实例之间转移公共 IP。如果需要同时转移公共 IP 地址和私有 IP 地址，应使用更加灵活的方法，如 ENI。如图 6-20 所示，ENI 可以跨实例转移，并且可以使用相同的公共和私有地址进行流量路由或应用程序升级。

到目前为止，你已经了解了在虚拟机中部署应用程序的多种架构模式。但是在很多情况下，你可能无法充分利用虚拟机。为了进一步优化利用率，可以选择将应用程序部署在容器中。容器最适合进行微服务部署。下一节将介绍基于容器的部署。

6.13 使用容器部署应用程序

随着多种编程语言的发明和技术的发展，应用程序又将面临新的挑战。不同的应用程序栈需要不同的硬件和软件部署环境。通常，应用程序需要跨平台运行并能够从一个平台迁移到另一平台。解决方案需要可以在任何地方运行任何内容，并且保持一致性、轻量级且可移植。

就像航运集装箱标准化了货物的运输一样，软件容器为应用程序的运输制定了标准。Docker 创建了一种容器，其中包含了运行软件应用程序所需的所有文件和内容，例如文件系统结构、守护程序、库和应用程序依赖项等。容器将软件与其周边的开发和预演（Staging）环境隔离开。这有助于减少在同一基础设施上运行不同软件的团队之间的冲突。

虚拟机（VM）是操作系统级别的隔离，而容器是内核级别的隔离（见图 6-21）。这种隔离允许多个应用程序同时运行在单主机的操作系统上，每个应用程序都仍然有其自己的文件系统、存储、RAM、库，以及它们自己的系统视图（大多数情况下）。

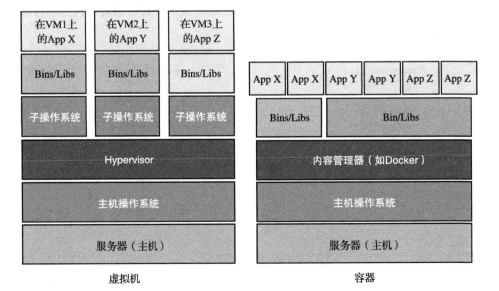

图 6-21　使用虚拟机和容器部署应用程序

如图 6-21 所示，使用容器可以将多个应用程序部署在单个虚拟机中。每个应用程序都有自己的运行时环境，因此可以在相同数量的服务器上同时运行很多独立的应用程序。这些容器共享计算机的操作系统内核。它们可以快速启动，并使用少量的计算时间和 RAM。容器镜像是通过文件系统层构造的，并且共享标准文件。共享资源可以最大限度地减少磁盘利用，并且加速容器镜像的下载速度。接下来，我们看一下为什么容器越来越受欢迎，以及容器的好处。

6.13.1　容器的好处

在谈到容器时，客户经常会问以下问题：

❑ 有了服务器实例，为什么还需要容器？

❑ 服务器实例不是已经为我们提供了底层硬件的隔离级别吗？

尽管以上问题是合理的，但使用诸如 Docker 之类的系统可以带来很多好处。Docker 的主要优点之一就是它允许在同一实例中托管多个应用程序（在不同的端口上），从而充分利用虚拟机资源。

Docker 使用 Linux 内核的某些功能（即内核命名空间和组）来实现每个 Docker 进程之间的完全隔离，如图 6-22 所示。

如图 6-22 所示，你可以在同一台计算机上运行需要不同版本 Java 运行时的两个或多个应用程序，因为每个 Docker 容器都安装了自己的 Java 版本和相关的库。同理，应用程序基础设施中的容器层让你可以更加轻松地将应用程序分解为多个微服务，并使其运行在同一个实例。容器具有以下优点：

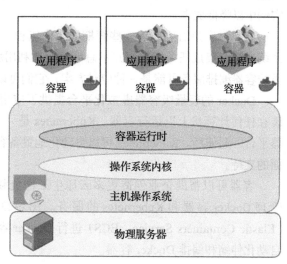

图 6-22　应用程序基础设施中的容器层

❑ **可移植的应用程序运行时环境**：容器提供了与平台无关的功能，只需构建一次应用程序，就可以部署到任何地方，无论其底层操作系统是什么。

❑ **更快的开发和部署周期**：应用程序修改后可以在任何地方快速启动（通常在几秒内）。

❑ **将依赖项和应用程序打包在同一个工件中**：将代码、库和依赖项打包在一起，以便在任何操作系统中都可以运行应用程序。

❑ **同时运行应用程序的不同版本**：具有不同依赖项的应用程序可以在单个服务器中同时运行。

- □ **一切都可以自动化**：容器的管理和部署都可以通过脚本完成，这有助于节省成本和减少人为错误。
- □ **更高的资源利用率**：容器可以提供高效的可伸缩性及高可用性，并且同一微服务容器的多个副本可以跨服务器部署。
- □ **安全方面更易于管理**：容器与平台相关而不是与应用程序相关。

容器化部署的优点使其变得非常受欢迎。容器编排也有多种方法，接下来，我们将详细介绍容器化部署。

6.13.2 容器化部署

可以使用容器化部署来快速部署包含多个微服务的复杂应用程序。容器使应用程序的构建和部署更加便捷和快速，因为它们的环境都是相同的。在开发模式下构建容器、推进到测试，然后发布到生产环境。在混合云环境下，容器化部署非常实用。容器使维护微服务之间的环境一致性变得更加容易。有些微服务并不会消耗很多资源，因此可以将它们放在一个实例中以降低成本。

有时，客户需要处理一些短期的工作流程，需要搭建临时环境。这些环境可能是队列系统或持续集成任务，它们并不总能有效地利用服务器资源。诸如 Docker 和 Kubernetes 之类的容器编排服务可能是一种应对方案，它们可以在实例上部署或销毁容器。

Docker 的轻量级容器虚拟化平台提供了应用程序管理工具。它的单机应用程序可以安装在任何计算机上以运行容器。Kubernetes 是一个容器编排服务，可以与 Docker 或其他容器平台一起使用。Kubernetes 可以自动化地置备容器，并提供了安全性、网络和可伸缩性方面的支持。

容器可以帮助企业创造更多云原生工作负载，而 AWS 等公有云供应商则扩展了用于管理 Docker 容器和 Kubernetes 的服务。图 6-23 展示了如何使用 Amazon **弹性容器服务**（Elastic Containers Service，ECS）进行 Docker 容器管理，它提供了完全托管的弹性服务来自动化伸缩和编排 Docker 容器。

在图 6-23 中，单个 Amazon EC2 虚拟机中部署了多个容器，由 Amazon ECS 进行管理，并辅助代理通信服务和集群管理。负载均衡器将所有用户请求在容器之间进行分配。AWS 还提供了 Amazon 弹性 Kubernetes 服务（Elastic Kubernetes Service，EKS），它使用 Kubernetes 管理容器。

容器的内容很广，作为解决方案架构师，你需要熟悉所有的可选方案。本节只对容器进行了概述，如果你选择使用容器来部署微服务，那么还需要深入研究。

目前为止，你已经了解了侧重应用程序开发的各种架构模式。大家都必须承认，数据是架构设计中不可或缺的部分，大多数架构都围绕着数据的收集、存储和可视化处理展开。下一节将介绍更多关于应用程序架构中数据处理的内容。

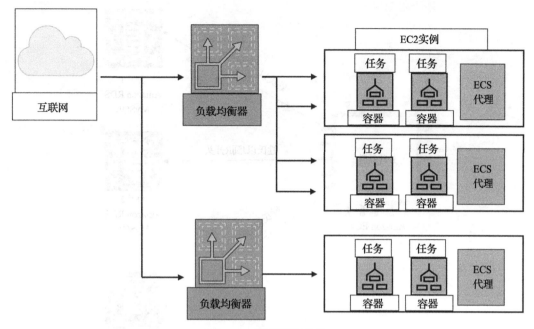

图 6-23 容器部署架构

6.14 应用程序架构中的数据库处理

数据始终是应用程序开发的中心，并且数据的伸缩非常具有挑战性。高效的数据处理可以改善应用程序的延迟和性能。6.9 节介绍了在应用缓存模式下，如何通过在数据库前面放置缓存来处理频繁查询的数据。你可以将 Memcached 或 Redis 缓存放置在数据库的前面，这样可以减少对数据库的访问，并降低数据库的延迟。

在应用程序部署方面，随着应用程序用户群的增长，关系型数据库需要处理越来越多的数据。你需要添加更多的存储或通过增加内存和 CPU 的方式来垂直伸缩数据库服务器。在伸缩关系型数据库时，水平伸缩通常不那么容易。如果应用程序是读密集型的，那么可以通过创建数据库的只读副本来实现水平伸缩。将所有的读取请求路由到数据库只读副本，同时让数据库主节点来服务写入和更新请求。由于只读副本需要异步复制，因此可能会增加一些延迟时间。如果应用程序可以容忍几毫秒的延迟，那么应该选用只读副本的方案。你也可以通过只读副本来降低报表查询的压力。

你可以使用数据库分片技术为关系型数据库创建多个主库，并引入水平伸缩的概念。分片技术用于提高多数据库服务器的写入性能。从本质上来说，它采用一致的结构来创建和划分数据库，并使用恰当的表列作为键来分配写入处理。如图 6-24 所示，客户数据库可以划分为多个分片。

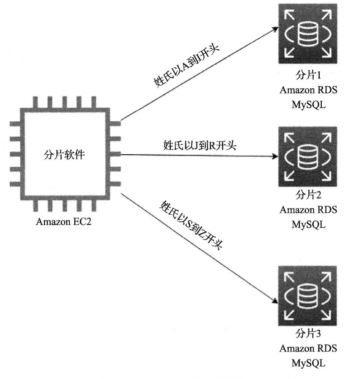

图 6-24 关系型数据库分片

如图 6-24 所示，如果没有分片，所有数据都将存储在同一个分区中。例如，姓氏以 A 到 Z 开头的用户都存储在一个分区中。通过分片，数据被大块地划分为分片。例如，姓氏以 A 到 I 开头的用户在一个数据库中，J 到 R 的在第二个数据库中，S 到 Z 在第三个数据库中。在很多情况下，分片可以提供更高的性能和更好的运维效率。

 可以使用 Amazon RDS 来实现后端数据库分片。首先，在 Amazon EC2 实例上安装诸如带有 Spider Storage Engine 分片软件的 MySQL 服务器。然后，准备多个 RDS 数据库用作分片后端数据库。

但是，如果主数据库实例出现故障怎么办？在这种情况下，你需要保持数据库的高可用性。接下来将详细介绍数据库的故障转移。

高可用性数据库模式

为了提高应用程序的可用性，确保数据库始终处于正常运行状态至关重要。关系型数据库的水平伸缩并不简单，而且会带来额外的挑战。为了实现数据库的高可用性，可以创建主数据库实例的备用副本，如图 6-25 所示。

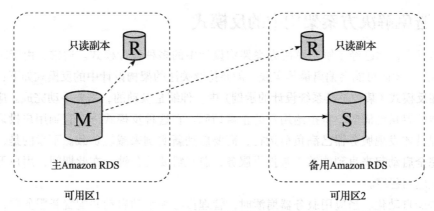

图 6-25 高可用性数据库模式

如图 6-25 所示，如果主数据库发生故障，应用服务器将切换到备用实例。只读副本减轻了主服务器的负担，降低了延迟。主服务器和备用服务器位于不同的可用区，这样即便整个可用区停机，应用程序仍然可以正常运行。该架构还有助于实现零停机（零停机往往发生在数据库的维护窗口期间）。当主数据库因为维护而停机时，应用程序可以故障转移到备用数据库并继续为用户请求提供服务。

出于灾难恢复目的，你可能想定义数据库备份和归档策略，具体取决于应用程序的**恢复点目标**（Recovery Point Objective，RPO）和备份频率。如果 RPO 是 30 分钟，那么意味着组织只能容忍 30 分钟的数据丢失。在这种情况下，应该每 30 分钟备份一次。你还需要确定备份应该存储多长时间以备客户查询。你可能希望将数据存储 6 个月作为活动备份，然后根据合规性要求将其存储在归档存储中。

你还需要根据公司的**恢复时间目标**（Recovery Time Objective，RTO）来考虑能够多快地访问备份，并确定满足备份和恢复所需的网络连接类型。例如，如果公司的 RTO 为 60 分钟，则意味着需要有足够的网络带宽来在一小时内获取和还原备份。此外，还需要确定是备份完整的系统快照，还是只备份挂载到系统的卷的快照。

你可能还需要对数据进行分类，例如，如果数据包含客户敏感信息（例如电子邮件、地址、个人身份信息等），那么需要制定相应的数据加密策略（数据安全详见第 8 章）。

你还可以考虑根据应用程序的数据增长情况和复杂度，将关系型数据库管理系统（Relational Database Management System，RDBMS）迁移到 NoSQL 数据库。与大多数关系型数据库相比，NoSQL 可以提供更好的可伸缩性、管理、性能和可靠性。但是，从 RDBMS 迁移到 NoSQL 的过程可能耗时耗力。

任何应用程序中都需要处理大量的数据，例如点击流数据、应用程序日志数据、评分和评论数据、社交媒体数据等。对这些数据进行分析并从中获得洞见可以帮助组织快速发展。这类用例和模式详见第 13 章。到目前为止，你已经了解了设计解决方案架构的最佳实践。下一节将介绍解决方案架构设计中应该避免的反模式。

6.15 避免解决方案架构中的反模式

在本章中，你已经了解了解决方案架构设计中的多种设计模式。通常，由于时间紧迫或资源不足，团队可能会偏离最佳实践。需要持续关注的架构设计中的反模式如下：

- 在反模式（某种不良系统设计的示例）中，伸缩是被动的，需要手动完成。应用服务器的容量已满时，将拒绝用户的正常访问。在这种反模式下，直到用户投诉后，管理员才发现服务器已满负荷运行，需要启动新实例来减轻负载。不幸的是，将实例完全启动起来直到能够正常提供服务，总是需要几分钟。在此期间，用户无法访问该应用程序。

- 缺少自动化。当应用服务器崩溃时，管理员必须手动启动并配置新服务器，还需手动通知用户。应该将资源监控、替代资源的启动，甚至在资源更改时发出通知等整个过程全部自动化。

- 服务器长期使用硬编码的 IP 地址，这会降低灵活性。随着时间的推移，不同的服务器最终将具有不同的配置，还会在不需要某些资源的时候仍然运行它们。你应该统一所有服务器的配置，并且能够将服务器切换到新的 IP 地址而不影响应用程序，还应具备自动停用所有未使用资源的能力。

- 以单体的方式构建应用程序，其中架构的所有层（包括 Web 层、应用层和数据层）都紧密耦合并依赖于服务器。如果其中一台服务器崩溃，将导致整个应用程序的停机。你应该在 Web 层和应用层之间添加负载均衡器来保持两者的独立。这样如果其中一台应用服务器出现故障，负载均衡器就能够自动将所有流量定向到其他运行正常的服务器。

- 应用程序与服务器绑定，并且服务器之间直接进行通信，用户身份验证和会话信息存储在本地服务器中，所有静态文件均从本地服务器提供。你应该考虑 SOA（面向服务的架构），其中服务之间使用标准协议（例如 HTTP）相互通信。用户身份验证和会话信息应存储在低延迟的分布式存储中，这样应用程序就可以进行水平伸缩。此外，静态资源应存储在与服务器分离的集中对象存储中。

- 将一种类型的数据库应用于各种需求。你可能使用关系型数据库来满足所有需求，这会导致性能和延迟问题。应该根据需要使用合适的存储，比如：
  - NoSQL 可用于保存用户会话。
  - 缓存可用于实现低延迟的数据可用性。
  - 数据仓库可满足报表的需求。
  - 关系型数据库可用于保存事务性数据。

- 仅使用单个数据库实例为应用程序提供服务，进而导致单点故障，应当尽可能地消除架构中的单点故障。此外，还应该创建备用数据库并复制数据，如果主数据库服务器停机，备用数据库可以接管负载。

❑ 直接从服务器提供静态内容（例如高分辨率图像和视频），而没有进行任何缓存。你应该考虑使用 CDN 在边缘节点缓存大量内容，这有助于改善页面延迟并减少页面加载时间。

❑ 在没有精细安全策略的情况下开放服务器的访问权限，会导致安全漏洞。应始终采用最小权限原则，即从无访问权限开始，仅授予用户组必要的访问权限。

以上就是一些常见的反模式。在本书中，你还将学习如何在解决方案设计中应用它们的最佳实践。

6.16　小结

本章结合第 3 章和第 4 章中的技术，介绍了各种设计模式。首先，通过三层 Web 应用架构的参考架构介绍了多层架构设计基础。然后，介绍了如何在三层架构的基础上设计多租户架构，这样就可以提供 SaaS 类的产品。还介绍了如何根据客户和组织需求，在数据库层和表层隔离多租户架构。

用户状态管理对于复杂应用程序（例如金融、电子商务、旅行预订等应用程序）至关重要。本章介绍了有状态应用程序和无状态应用程序之间的区别及各自的好处。还介绍了如何使用数据库的持久层来管理会话，从而创建无状态应用程序。介绍了两种最流行的 SOA 模式，即基于 SOAP 的模式和基于 RESTful 的模式，以及它们的好处。以基于 SOA 的电子商务网站的参考架构为例，介绍了如何应用松耦合和可伸缩原则。

介绍了无服务器架构以及如何设计完全无服务器的安全问卷投递系统架构。还使用基于微服务模式的无服务器实时投票应用程序介绍了微服务架构。对于松耦合设计，介绍了队列链表和作业观察者模式，它们提供了松耦合流水线来对消息进行并行处理。还探讨了用于设计事件驱动架构的发布者 / 订阅者和事件流模型。

如果不应用缓存，就无法满足所需的性能需求。本章介绍了各种缓存模式，这些模式适用于客户端、内容分发、Web 层、应用层和数据库层的缓存。还介绍了用于处理故障的架构模式，例如用于处理下游服务故障的断路器和用于防止整体服务停机的隔板模式。另外，还介绍了浮动 IP 模式，它可以在发生故障的情况下做到不改变服务器的 IP 地址就可以更换服务器，以减少停机时间。

还介绍了在应用程序中处理数据的各种技术，以及如何确保数据库能够在提供服务时保持高可用性。最后，介绍了各种架构反模式以及如何采用最佳实践来避免它们。

在本章中，你了解了各种架构模式。下一章将介绍用于性能优化的架构设计原则。此外，还将深入探讨计算、存储、数据库和网络领域的技术选型，这将有助于提高应用程序的性能。

Chapter 7 第 7 章

性 能 考 量

在这个高速互联网的时代，用户期望使用高性能的应用程序。实验表明，应用程序负载每一秒的延迟都会导致组织收入的重大损失。因此，应用程序的性能是解决方案设计中最关键的属性之一，它会影响产品的采用率。

上一章介绍了各种可以用来解决复杂业务问题的解决方案架构设计模式。本章将介绍优化应用程序性能的最佳实践，还将介绍各种设计原则以优化解决方案架构的性能。这里需要注意的是，架构的每一层和每一个组件都需要进行性能优化。还将探讨如何在架构的各层选择正确的技术，以不断优化应用程序的性能，讲述如何遵循性能优化的最佳实践。

本章涵盖以下主题：

❑ 架构性能的设计原则。

❑ 性能优化的技术选型。

❑ 性能监控。

本章结束时，你将对性能改进的重要属性有所了解，如延迟、吞吐量和并发性。你将能够在技术选型时做出更好的决策，这可以帮助你在架构的各层（如计算、存储、数据库和网络层）优化性能。

7.1 架构性能的设计原则

架构的性能效率主要侧重如何通过有效使用应用程序的基础设施和资源，来满足日益增长的需求和技术评估的需要。技术供应商和开源社区在不断努力地提高应用程序的性能。

通常情况下，大型企业为了规避改变和风险，会继续采用遗留编程语言和技术。但随着技术的发展，关键的性能问题通常会随之得到解决，而且应用程序中涉及的技术的进步也有助于提高应用程序的性能。

许多大型公有云供应商（例如 Amazon Web Service（AWS）、Microsoft Azure 和 Google Cloud Platform（GCP））都将技术作为服务来提供。这使得应用复杂技术和进行企业作业变得更加轻松和高效，例如，可以使用存储即服务来管理海量数据，或者将 NoSQL 数据库作为托管服务，为应用程序提供高性能的可伸缩性。

现在，企业可以利用内容分发网络（Content Distribution Network，CDN）在用户位置附近的节点上存储大量的图像和视频数据，以减少网络延迟，提高性能。有了基础设施即服务（Infrastructure as a Service，IaaS），在靠近用户的地方部署工作负载变得更加容易，这有助于通过减少网络延迟来优化应用程序性能。

随着服务器的虚拟化，你可以更加敏捷地对应用程序进行实验，还可以实现高度自动化。这种敏捷性可以帮助你进行实验，以找出最适合应用程序工作负载的技术和方法，例如，服务器部署应该选择虚拟机或容器，甚至可以使用 AWS Lambda（一种函数即服务（Function as a Service，FaaS））来实现完全的无服务器模式。下面我们来看工作负载性能优化需要考虑的一些重要设计原则。

7.1.1 降低延迟

延迟可能是影响产品采用率的一个主要因素，因为用户总会选择响应更快的应用程序。不管用户在哪里，你都需要为产品提供可靠的服务，以促进产品的发展。你可能无法实现零延迟，但至少目标应该是在用户容忍限度内尽量减少响应时间。

延迟是指用户发送请求到收到所需响应之间的时间延迟。如图 7-1 所示，客户端向服务器发送请求需要 600ms，服务器响应需要 900ms，这就引入了 1.5s（1500ms）的总延迟。

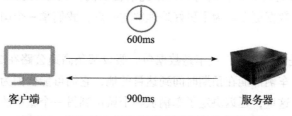

客户端　　　　　　900ms　　　　　　服务器

图 7-1　客户端 – 服务器模式下的请求响应延迟

大多数应用程序发布在互联网上，以便拥有多样化的全球用户。而无论地理位置如何，这些用户都期望应用程序的性能能够保持稳定。这有时是一个挑战，因为将数据通过网络从世界的一个地方发送到另一个地方需要时间。

网络延迟可能由多种因素（如网络传输介质、路由器跃点、网络传播等）造成。通常情况下，通过互联网发送的请求会经过多个路由器，这就增加了延迟。企业通常使用光纤线路来建立企业网络和云端之间的连接，这有助于避免由延迟造成的不一致。

除了网络的问题，延迟也可能是由架构的各种组件造成的。在基础设施层面，计算服务器可能会因为内存和处理器问题而出现延迟问题，即 CPU 和 RAM 之间的数据传输很慢。磁盘可能会因为读写缓慢而出现延迟。硬盘驱动器（Hard Disk Drive，HDD）中的延迟取决于选择磁盘存储扇区并将其放置在磁头下进行读写所需的时间。

 磁盘存储扇区是数据在内存盘中的物理位置。对于硬盘驱动器，在写入操作时，由于磁盘是不断旋转的，数据分布在存储扇区，所以数据可以随机写入。在读操作时，磁头需要等待磁盘旋转才能带到相应的磁盘存储扇区。

在数据库层面，延迟可能是由数据读写速度慢（硬件瓶颈或查询处理缓慢导致）造成的。通过分区和分片来分配数据，可以减轻数据库的负载，有助于降低延迟。在应用程序层面，问题可能来自代码的事务处理，这可能涉及多线程和垃圾收集。实现低延迟意味着更高的吞吐量，由于延迟和吞吐量直接相关，所以我们来进一步了解吞吐量。

7.1.2 提高吞吐量

吞吐量是指在给定时间内发送和接收的数据量，而延迟则是指用户在应用程序中发起请求到收到应用程序响应之间的时间。在网络方面，带宽扮演着重要的角色。

 带宽决定了单位时间内网络上可以传输的最大数据量。

吞吐量和延迟有直接关系，因为它们是此消彼长的。低延迟意味着高吞吐量，因为给定时间内可以传输的数据更多。为了更好地理解这一点，我们拿一个国家的交通基础设施进行比喻。

假设高速公路是网络管道，汽车是数据包。假设某条高速公路在 2 个城市之间有 16 条车道，但并不是所有车辆都能在预期时间到达目的地，它们可能会因为交通拥堵、车道关闭或事故而被延迟。在这里，延迟决定了车辆从一个城市到另一个城市的速度，而吞吐量则表示有多少辆车可以到达目的地。对于网络来说，由于错误和交通拥堵的存在，要做到充分利用带宽非常具有挑战。

网络吞吐量是指单位时间内网络上传输数据的数量，单位是 bit/s（bits per second，bps）。网络带宽是网络管道在单位时间内所能够处理的最大数据量。图 7-2 说明了客户端和服务器之间传输的数据量。

图 7-2　网络吞吐量

除网络外，吞吐量还适用于磁盘。磁盘吞吐量由每秒输入输出量（Input/Output Per Second，IOPS）和每次请求的数据量（I/O 大小）决定。使用以下公式确定磁盘吞吐量（单位为 MB/s）：

$$吞吐量 = （平均 I/O 大小）\times IOPS$$

因此，如果磁盘 IOPS 是 20 000，I/O 大小是 4KB（4096 字节），那么吞吐量将是 81.9MB/s。

输入 / 输出（I/O）请求和磁盘延迟有直接关系。I/O 指写和读，而磁盘延迟指每个 I/O 请求到收到磁盘响应所花费的时间。延迟是以毫秒来度量的，应尽可能地小，受磁盘每分钟转数（Revolution Per Minute，RPM）的影响。IOPS 指磁盘每秒读写的次数。

吞吐量也适用于 CPU 和内存层面，由 CPU 和 RAM 之间的每秒数据传输量决定。在数据库层面，吞吐量由数据库每秒可以处理的事务数量决定。在应用程序层面，代码需要通过垃圾收集处理和高效使用内存缓存来管理应用程序内存，从而能够处理每秒发生的事务。

正如你在研究延迟、吞吐量和带宽时了解到的那样，还有一个因素叫作并发，它会影响到架构的各个组件，同样有助于提高应用程序性能。我们来介绍更多关于并发的知识。

7.1.3　处理并发问题

当你希望应用程序能够同时处理多个任务（例如，应用程序需要同时在后台处理多个用户请求）时，并发就是设计解决方案时要考虑的一个关键因素。另一个例子是，当网络用户界面向用户展示他们的个人资料信息和产品目录的同时，收集和处理网络 cookie 数据，以了解用户与产品的交互。并发指的就是同时处理多个任务。

人们经常会把并行和并发混为一谈，认为它们是一回事，然而，它们实际上是不同的。并行是指应用程序将一个大的任务划分为较小的子任务，它可以为每个子任务提供专用资源来进行并行处理。然而，并发指的是应用程序通过线程之间的共享资源来同时处理多个任务。应用程序在处理过程中可以从一个任务切换到另一个任务，这意味着在代码的关键部分很可能需要使用锁和信号灯等技术。

如图 7-3 所示，并发就像红绿灯信号，可以让车流在四个车道之间切换以保持交通畅通。由于所有的车辆都必须通过十字路口，所以当其中某条车道的车辆正在通过十字路口时，其他相应车道的车辆必须停止通过。而在并行的情况下，有一条并行车道可以使用，所有车辆都可以并行行驶，互不干扰，如图 7-3 所示。

除了应用程序层面的事务处理外，并发还会影响网络层面，在网络层面多个服务器共享相同的网络资源。对于 Web 服务器来说，当用户试图通过网络连接到它时，它需要同时处理多个网络连接，既需要处理活动请求，还要关闭已完成或超时的请求的连接。而在服务器层面，将使用多个 CPU 或多核处理器，这将有助于处理并发问题，因为服务器可以使用多线程来同时完成各种任务。

在内存层面，共享内存并发模型有助于实现并发处理。在这个模型中，并发模块间使用共享内存进行交互，可以是运行在同一台服务器上的两个程序，它们共享可以读写的文件系统；还可以是两个处理器或处理器的不同核，它们共享相同的内存。服务器中的磁盘可能会遇到两个程序试图写入同一存储块的并发情况，而并发 I/O 允许磁盘同时读写文件，有助于提高磁盘并发性。

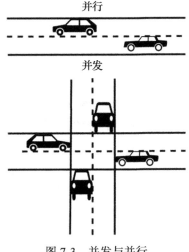

图 7-3 并发与并行

数据库一直以来都是架构设计的关键点。并发在数据处理中起着至关重要的作用，因为数据库应该有能力同时响应多个请求。数据库的并发比较复杂，因为很可能会发生用户在更新记录的同时有另外的用户正在读取该记录的情况。数据库应该仅在数据得到完全保存时才允许查看，而且应当确保在另一个用户尝试更新数据之前，数据的更改已经完全提交。此外，使用缓存可以显著提高性能，我们来了解一下架构中有哪些不同的缓存类型。

7.1.4 使用缓存

6.9 节介绍了如何在架构的不同层次中使用缓存。使用缓存可以显著提高应用程序性能。虽然通过添加外部缓存引擎（如内容分发网络），你了解了如何应用缓存的不同设计模式和技术，但还必须要了解的是，几乎每个应用程序组件和基础设施都有其自身的缓存机制。充分利用每一层的缓存机制可以帮助降低延迟，提高应用程序的性能。

在服务器层面，CPU 具备硬件缓存，这减少了从主内存访问数据时的延迟。CPU 高速缓存包括指令缓存和数据缓存，数据缓存存储常用数据的副本。在磁盘层面，缓存也同样适用，它是由操作系统（称为页缓存）管理的。不过，CPU 缓存完全由硬件管理。磁盘缓存来自二级存储，例如硬盘驱动器（HDD）或固态硬盘（Solid-State Drive，SSD）。经常使用的数据被存储在主内存中未使用的部分（也就是 RAM 作为页缓存，这样可以提供更快的访问速度）。

通常情况下，数据库存在一个缓存机制，可以将查询数据库的结果保存下来，以便更快地响应。数据库具备内部缓存，会根据你的使用方式，在缓存中准备好数据。数据库中还有一个位于主服务器内存（RAM）的查询缓存，如果你对某个查询执行了多次，它就会把查询结果保存在查询缓存中。如果表内的数据有任何变化，查询缓存就会被清除。在服务器内存耗尽时，最早的查询结果会被删除以腾出空间。

在网络层面，存在 DNS 缓存，它将网站域名和对应的 IP 地址存储在服务器本地。DNS缓存可以让你在重新访问同一个网站域名时，快速进行 DNS 查询。DNS 缓存由操作系统管理，包含所有最近访问网站的记录。客户端缓存机制（如浏览器缓存）和各种缓存引擎（如Memcached 和 Redis）详见第 6 章。

在本节中，大家了解了架构性能优化需要考虑的延迟、吞吐量、并发和缓存等设计因素。架构中的每个组件（无论是服务器层面的网络还是数据库层面的应用程序）都有一定的延迟和并发问题需要处理。

你应该根据性能需求来设计应用程序，因为提高性能是要付出代价的。性能优化的具体方案可能因应用程序而异。解决方案架构不同，我们需要付出的努力也不同，例如，股票交易应用程序不能容忍亚毫秒级的延迟，而电子商务网站可以在几秒的延迟下正常提供服务。接下来我们来介绍如何选择不同架构级别的技术来克服性能挑战。

7.2　性能优化的技术选型

第 6 章介绍了各种设计模式，包括微服务、事件驱动、缓存和无状态。组织可以根据其解决方案的设计需求来选择不同设计模式或模式组合。根据工作负载情况，你可以应用多种架构设计方法。一旦确定了设计策略并开始实施解决方案，下一步就是优化应用程序。为了优化应用程序，你需要根据应用程序的性能要求执行负载测试并定义基准，以收集数据。

性能优化是一个持续的改进过程，从方案设计之初到应用程序发布之后，都要追求最佳的资源利用率。需要根据工作负载选择正确的资源，或者调整应用程序和基础设施的配置，例如，你可能想要选择 NoSQL 数据库来存储应用程序的会话状态，并选择在关系型数据库中存储事务。

为了便于分析和报告，可以将生产环境中应用程序数据库中的数据加载到数据仓库，并从中创建报告，从而降低生产环境数据库的负载。在服务器层面，可能需要使用虚拟机或容器。也可以采用完全无服务器的方式来构建和部署应用程序代码。不管架构设计方式和应用程序的工作负载如何，都需要针对主要的资源类型（包括计算、存储、数据库和网络）进行具体的技术选型。我们来看有关如何通过技术选型来进行性能优化的更多详细信息。

7.2.1　计算能力选型

本节将使用"计算"一词而不是服务器，因为现在的软件部署并不限于服务器。像AWS 这样的公有云供应商提供无服务器产品，这样你不需要服务器就可以运行应用程序。最受欢迎的 FaaS 产品之一是 AWS Lambda。与 AWS Lambda 类似，其他主流公有云供应商也在 FaaS 领域扩展了它们的产品，例如，Microsoft Azure 的 Azure Functions 和 GCP 的 Google Cloud Functions。

然而，企业还是会默认选择在服务器上运行虚拟机。现在，随着对自动化和高资源利用率的需求的增加，容器也开始流行起来。容器正在成为首选方案，尤其是在微服务应用程序部署领域。计算方案的最佳选择（是选择服务器实例、容器，还是选择无服务器方案）取决于应用场景。我们来看现有的各种选项。

1. 选择服务器实例

如今，随着虚拟服务器成为主流选择，"实例"这个词也越来越流行。这些虚拟服务器为你提供了灵活性，并能让你更好地使用资源。特别是对于云产品来说，所有的云供应商都提供虚拟服务器，只需点击网络控制台或调用相应的 API 即可进行配置。服务器实例有助于实现自动化，并支持基础设施即代码，即一切基础设施的操作都可以自动化。

根据工作负载的不同，有不同类型的处理单元可供选择。有关不同处理能力设备的一些主流选项如下：

❑ **中央处理器**（Central Processing Unit，CPU）：CPU 是最受欢迎的计算处理选择之一，它易于编程，可以实现多任务处理。最重要的是，它的通用性很强，可以应用在任何地方，这使它成为一般应用程序的首选。CPU 的功能以 GHz 为单位衡量，表示 CPU 速度的时钟频率是每秒数十亿次。CPU 的成本很低，但是，由于 CPU 主要适用于顺序处理，因此在并行处理方面的表现并不是很好。

❑ **图形处理单元**（Graphical Processing Unit，GPU）：顾名思义，GPU 最初是为处理图形应用而设计的，能够提供强大的处理能力。随着数据量的增长，你需要使用**大规模并行处理**（Massive Parallel Processing，MPP）来处理数据。对于大型数据处理用例（如机器学习），GPU 已经成为显而易见的选择，并被广泛用于计算密集型应用。你可能听说过作为 GPU 计算能力单位的 TFLOP（tera floating point operation，万亿次浮点运算）。TFLOP 是指处理器每秒执行 1 万亿次浮点运算的能力。

与 CPU 相比，GPU 由数千个较小的内核组成，而 CPU 只有少量的较大内核。GPU 有一种机制，可以利用 CUDA 编程创建数千个线程，每个线程可以并行处理数据，因而处理速度非常快。GPU 的成本比 CPU 要高一些。在探讨处理能力时，你会发现对于需要图像分析、视频处理和信号处理的应用来说，GPU 在成本和性能上都处于最佳平衡点。但是，GPU 功耗较大，而且在需要更多定制化处理器的情况下，可能无法运行特定类型的算法。

❑ **现场可编程门阵列**（Field-Programmable Gate Array，FPGA）：FPGA 与 CPU 或 GPU 有很大不同。它是可编程的硬件，具有灵活的逻辑元件集合，可以根据具体应用进行重新配置，安装后还可以进行更改。FPGA 的功耗比 GPU 低得多，但灵活性也较差。它可以支持大规模并行处理，还提供了将其配置为 CPU 的功能。

　　总的来说，FPGA 的成本较高，因为它需要针对每个单独的应用进行定制，并且需要较长的开发周期。FPGA 在顺序操作方面的性能可能较差，对于浮点运算也不是很友好。

❑ **专用集成电路**（Application-Specific Integrated Circuit，ASIC）：ASIC 是专为特定应用而构建的，并进行了集成电路优化。例如，特定于深度学习 TensorFlow 的应用，谷歌提供的是**张量处理单元**（Tensor Processing Unit，TPU）。它们可以针对应用进行定制设计，以实现功耗和性能的最佳组合。由于 ASIC 的开发周期很长，因此会产生高额的成本，而且针对任何变化都必须进行硬件级的重新设计。

　　图 7-4 显示了上述处理设备之间的比较结果。可以看到，ASIC 的效率最高，但需要更长的开发周期来实现。ASIC 提供了最优的性能，但重用方面的灵活性最小，而 CPU 最灵活，适用场合更广。

　　如图 7-4 所示，从预期成本来看，CPU 最便宜，ASIC 最昂贵。如今，CPU 已成为一种商品，并被广泛用于各种设备以降低成本。GPU 主要适用于计算密集型应用，而 FPGA 已成为在需要更多定制性能时的首选。如今，公有云（例如 AWS）已经提供了这些计算资源供用户使用。除了 CPU 外，AWS 的 Amazon Elastic Cloud Compute（EC2）产品还提供了大量使用 GPU 的 P 系列实例，而 F 系列实例则提供了用于自定义硬件加速的 FPGA。

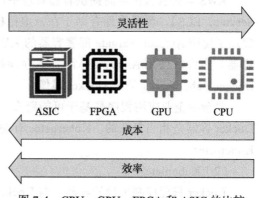

图 7-4　CPU、GPU、FPGA 和 ASIC 的比较

　　本节介绍了最流行的计算资源。你可能听说过其他类型的处理器，例如加速处理单元（Accelerated Processing Unit，APU）。APU 是 CPU、GPU 和数字信号处理器（Digital Signal Processor，DSP）的组合，经过优化后可以对模拟信号进行分析，对数据进行实时高速处理。我们接下来将介绍其他流行的计算型容器，这些容器因优化了虚拟机资源的利用率而迅速普及。

2. 使用容器

　　6.13 节介绍了容器部署及其好处。由于易于自动化和资源利用率的提升，使用容器进行部署已成为部署复杂微服务应用程序的标准。现在，有多种平台可用于容器部署。我们来介绍容器领域中一些最流行的技术、它们的区别以及如何协同工作。

　　（1）Docker

　　Docker 是最受欢迎的技术之一。它允许将应用程序及其相关的依赖项打包为容器，并将其部署到任意操作系统平台。由于 Docker 能够使软件应用程序的运行与平台无关，因此简化了整个软件开发、测试和部署的过程，并使之更易于访问。

Docker 容器镜像可以通过本地网络或使用 Docker Hub 通过互联网进行系统间移植。你可以使用 Docker Hub 容器存储库来管理和分发容器镜像，以防你对 Docker 镜像做出的改变导致环境出现问题。当出现问题时，你可以很容易地恢复到容器镜像的可工作版本，这使故障排查更加容易。

Docker 容器有助于构建更复杂的多层应用程序。例如，如果需要同时运行应用程序服务器、数据库和消息队列，可以使用 Docker 镜像运行它们，并在它们之间建立通信。其中的每一层都可以持有某些库的不同版本，Docker 允许它们在同一台计算机上运行而不会发生冲突。

AWS 等公有云供应商提供容器管理平台，如 Amazon 弹性容器服务（Elastic Container Service，ECS）。容器管理有助于在云虚拟机 Amazon EC2 之上管理 Docker 容器。AWS 还提供了使用 Amazon Fargate 部署容器的无服务器选项，可以在不配置虚拟机的情况下部署容器。你可以使用 Amazon 弹性容器存储库（Elastic Container Repository，ECR）来代替 Docker Hub，在云上管理 Docker 镜像。

复杂的企业应用程序是基于可能跨多个容器的微服务构建的。在应用程序中管理各种 Docker 容器是相当复杂的。Kubernetes 有助于解决多容器环境的挑战，我们来进一步介绍 Kubernetes。

（2）Kubernetes

Docker 只能控制少量的容器，与 Docker 不同，Kubernetes 可以在生产环境中管理和控制多个容器。你可以将 Kubernetes 视为容器编排系统。Docker 容器不光可以在裸机上托管，也可以在称为 Docker 主机的虚拟机节点上托管，Kubernetes 可以对跨这些节点的集群进行协调和编排。

Kubernetes 能够通过替换无响应的容器来实现应用程序的自我恢复。它还提供了水平伸缩功能和蓝绿部署功能，以避免停机。Kubernetes 可以在容器之间分配传入的用户流量负载，并管理各种容器的共享存储。

如图 7-5 所示，Kubernetes 和 Docker 可以很好地配合来编排软件应用程序。Kubernetes 负责处理 Docker 节点与 Docker 容器之间的网络通信。

Docker 作为应用程序的独立部分工作，而 Kubernetes 负责编排以确保所有这些部分按照预期的方式协同工作。使用 Kubernetes 更容易实现整体应用程序部署和伸缩的自动化。在 Docker 中，容器被托管在节点中，同一节点中的每个 Docker 容器共享同一个 IP 空间，在管理容器之间的连接时需要防止 IP 冲突。Kubernetes 通过主节点来解决这个问题，主节点可以管理所有托管容器的节点。

Kubernetes 的主节点负责分配 IP 地址，并提供键值对存储来保存容器配置，通过 Kubelet 管理容器。Docker 容器以"豆荚"的形式分组运行，共享同一个 IP 地址。所有的一切构成了 Kubernetes 集群。

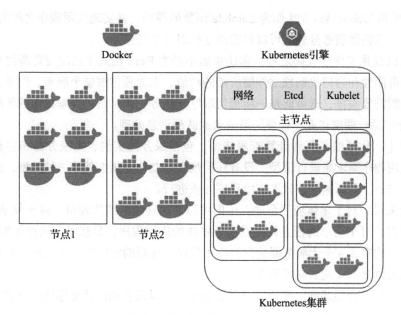

图 7-5　Docker 和 Kubernetes

虽然 Kubernetes 迅速流行了起来，但也有其他可供选择的选项，比如 Docker 自带的 Docker Swarm。但是，Swarm 不像 Kubernetes 那样有基于 Web 的界面，也不提供自动伸缩和外部负载均衡功能。

Kubernetes 比较复杂，学起来较难。公有云供应商（如 AWS）提供了 Amazon 弹性 Kubernetes 服务（Elastic Kubernetes Service，EKS），可以简化 Kubernetes 集群的管理。OpenShift 是另一个由红帽公司提供的 Kubernetes 发行版，以平台即服务（Platform as a Service，PaaS）的形式提供。

总体而言，容器在整个应用程序基础设施之上增加了一层虚拟化。尽管它们在资源利用方面很有用，但如果需要超低延迟，则可能需要将应用程序直接部署在物理机上。

3. 实现无服务器化

近年来，随着亚马逊、谷歌和微软等云供应商提供的公有云产品的普及，无服务器计算成为可能。无服务器计算让开发人员专注于他们的代码和应用程序开发，而无须担心底层基础设施的置备、配置和可伸缩性。这将服务器管理和基础设施决策从开发人员的职责中分离出来，让他们专注于他们的专业领域和他们试图解决的业务问题。无服务器计算引入了一个相对较新的概念——FaaS。

FaaS 产品包括 AWS Lambda、Microsoft Azure Function 和 Google Cloud Function 等。你可以在云编辑器中编写代码，由 AWS Lambda 管理底层的计算基础设施，以运行和扩展你的函数。你可以通过 Amazon API 网关和 AWS Lambda 函数添加 API 端点，进而设计基于事件的架构或基于 RESTful 的微服务。Amazon API 网关是一项托管云服务，它可以添加

RESTful API 和 WebSocket API 作为 Lambda 函数的前端，并实现应用程序之间的实时通信。你还可以进一步将微服务分解成可以自动独立扩展的小任务。

除了可以让你专注于代码之外，你还永远不必为 FaaS 模式中的闲置资源付费。你可以通过内置的可用性和容错机制独立伸缩所需的功能，而无须伸缩整个服务。但是，如果有成千上万的功能需要编排，这可能是一项相当艰巨的任务，而且自动伸缩成本的预测也会很棘手。FaaS 特别适合调度作业、处理网络请求或队列消息处理。

在本节中，你了解了各种计算资源选型，包括服务器实例、无服务器和容器方案。你需要根据应用程序需求来进行选型。没有任何规则强制你必须选择某一种类型，选型都基于组织的技术选择、创新速度和软件应用程序性质进行。

但一般来说，对于单体应用程序，依旧可以使用虚拟机或物理机。对于复杂的微服务，可以选择容器。对于简单的任务调度或基于事件的应用程序，显然可以选择无服务器方案。许多组织已经构建了完全无服务器的复杂应用程序，这帮助它们节省了成本，并在不管理任何基础设施的情况下实现了高可用性。

下面，我们将介绍基础设施的另一个重要方面，以及它如何帮助你优化性能。

7.2.2 选择存储

存储是影响应用程序性能的关键因素之一。任何软件应用程序都需要与存储进行交互，以进行安装、日志记录和文件访问。存储的最佳解决方案将根据表 7-1 所示的因素而有所不同。

表 7-1　影响存储选择的因素

访问方法	块、文件或对象
访问模式	顺序或随机
访问频率	在线（热）、离线（温）、或归档（冷）
更新频率	一次写多次读（WORM）或动态更新
访问可用性	访问时存储的可用性
访问持久性	数据存储的可靠性，能够最大限度地减少数据丢失
访问吞吐量	每秒输入输出量（IOPS），以及每秒数据读/写量（单位为 MB/s）

这些取决于数据格式和可伸缩性需求。首先，需要决定数据是存储在块、文件还是对象存储。它们是以不同的方式存储和呈现数据的存储格式。

1. 使用块存储和存储区域网络

块存储将数据划分为块，以数据块的形式存储。每个块都有唯一的 ID，使系统能够更快地将数据放置在可以访问的地方。由于块不存储任何有关文件的元数据，所以基于服务器的操作系统会在硬盘中管理和使用这些块。每当系统请求数据时，存储系统就会收集这些块，并将结果返回给用户。部署在存储区域网络（Storage Area Network，SAN）中的块存储可以高效、可靠地存储数据。在需要存储和频繁访问大量数据的场合（例如，数据库部署、电子邮件服务器、应用程序部署和虚拟机），它能够工作得很好。

SAN 存储功能成熟，可支持复杂、关键任务的应用程序。它是一种高性能的存储系统，可在服务器和存储之间传递块级数据。但是，SAN 的成本非常高，应该用于需要低延迟的大型企业应用程序。

要配置基于块的存储，必须在固态硬盘（SSD）和硬盘驱动器（HDD）之间进行选择。HDD 是服务器和企业存储阵列的传统数据存储。HDD 更便宜，但速度慢，功耗大，需要强力冷却功能。SSD 使用半导体芯片，速度比 HDD 快，但成本要高得多。但是，随着技术的发展，SSD 将变得更加经济实惠，并因其高效率和较低的功率和冷却要求而得到普及。

2. 使用文件存储和网络区域存储

文件存储已经存在了很长时间，并得到了广泛的应用。在文件存储中，数据是作为单一信息存储的，并被组织在文件夹内。当需要访问数据时，需要提供文件路径以获得数据文件。然而，当文件嵌套在多个文件夹层次结构时，文件路径会变得非常复杂。每个文件都包含有限的元数据，包括文件名、创建时间和更新的时间戳。你可以拿一个书柜进行类比，把书存放在抽屉里，并记录下每本书的存放位置，这些抽屉的编号和书的存放位置就是元数据。

网络区域存储（Network Area Storage，NAS）是连接到网络并能够让用户访问其存储文件的存储系统。NAS 存储还可以管理用户权限、文件锁定以及其他用于保护数据的安全机制。NAS 存储可以很好地用作文件共享系统和本地存档。当要存储数十亿个文件时，由于元数据信息有限且文件夹层次结构复杂，NAS 可能不是恰当的解决方案。如果要存储数十亿个文件，需要使用对象存储。接下来，我们将介绍对象存储及其相对文件存储的优势。

3. 使用对象存储和云数据存储

对象存储将数据本身与唯一的标识符和可自定义的元数据绑定在一起。与文件存储中的分层地址或块存储中分布在多个块上的地址相比，对象存储使用的是扁平地址空间。扁平地址空间使你更容易定位数据并更快地检索数据，而与数据存储的位置无关。对象存储还可以帮助用户实现存储的无限制可伸缩性。

对象存储的元数据可以具备很多细节，与文件存储中添加标签相比，用户可以自定义更多细节。数据可以通过一个简单的 API 调用来访问，而且存储成本非常低。对象存储对于大容量、非结构化的数据表现最好，但是，对象不能被修改，只能被替换，这并不适合部署数据库。

云数据存储——例如 Amazon 简单存储服务（Simple Storage Service，S3），提供了可无限伸缩的对象数据存储，具有高可用性和持久性。你可以通过唯一的全局标识符和元数据文件前缀来访问数据。图 7-6 概括地展示了三个存储系统。

如图 7-6 所示，块存储将数据存储在块中。当应用程序需要由单个实例提供数据访问，还要求非常低的延迟时，应使用块存储。文件存储将数据存储在分层文件夹结构中，并且延迟开销很小。当单独的应用需要访问多个实例时，应该使用文件存储系统。对象存储将数据存储在具有对象唯一标识符的存储桶中。它提供了 Web 访问方式，以减少延迟并增加吞吐量。

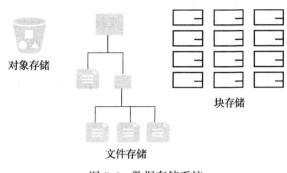

图 7-6　数据存储系统

你应该使用对象存储来存储和访问静态内容，例如图像和视频。你可以在对象存储中存储大量数据，并进行大数据处理和分析。

直连存储（Direct-Attached Storage，DAS）是另一种数据存储，它直接连接到主机服务器上。但是，它的可伸缩性和存储容量非常有限。磁带驱动器是另一种流行的存储系统，用于备份和归档。由于成本低、可用性高，磁带驱动器常用于归档，但具有较高的延迟，因此不适合直接用于应用程序。

通常，需要为执行关键任务的应用程序（例如，将数据存储在 SAN 存储中的事务数据库）提高吞吐量和数据保护级别。但是，单个 SAN 存储的容量和吞吐量可能是有限的。可以使用独立磁盘冗余阵列（Redundant Array of Independent Disk，RAID）来解决这种情况。RAID 是一种将数据存储在多个磁盘上的方法。它通过将不同的磁盘组合到一起来保护数据，以免因磁盘故障而丢失，并提高磁盘吞吐量。

RAID 采用的是磁盘镜像或磁盘条带化的技术，但对于操作系统来说，RAID 只是单一的逻辑磁盘。RAID 使用不同的级别来区分配置类型——例如，RAID 0 表示采用磁盘条带化，性能最好，但没有容错功能；而 RAID 1 则被称为磁盘镜像。它复制数据存储，对写操作没有性能提升，但读操作性能却提高了一倍。你可以将 RAID 0 和 RAID 1 结合起来组成 RAID 10，实现两者的最佳性能，以同时拥有高吞吐量和容错性。

选择与访问方式相匹配的存储解决方案，以最大化性能。云产品提供了多种选项可供你选择块、文件，或是对象存储，例如，公有云 AWS 提供 Amazon 弹性块存储（Elastic Block Store，EBS）作为云上的 SAN 类型存储，以及 Amazon 弹性文件存储（Elastic File Storage，EFS）作为云上的 NAS 类型存储，而 Amazon S3 是非常流行的对象存储。不同的存储解决方案为你提供了灵活的存储选择，无论你是在本地环境中工作，还是希望采用云原生的方式，都可以根据访问方式来选择存储方案。

现在，你已经了解了实现最佳性能所需的计算和存储选择，接下来我们将介绍应用程序开发的下一个关键组件——数据库。根据需求选择合适的数据库将有助于最大限度地提高应用程序性能，降低整体应用程序延迟。有很多不同类型的数据库可供选择，选择合适的数据库至关重要。

7.2.3　选择数据库

通常，你会想要标准化的通用平台并使用数据库来简化管理。但是，你应该根据数据需求来考虑采用何种数据库解决方案。不当的数据库解决方案可能会影响系统延迟和性能。数据库的选择可能会根据应用程序对可用性、可伸缩性、数据结构、吞吐量和持久性的要求而有所不同。选择数据库时，有多种因素需要考虑，例如，访问方式会显著影响数据库技术的选型。你应该基于访问方式来优化数据库。

数据库一般都提供工作负载优化的配置选项。应该考虑内存、缓存、存储优化等方面的配置。还应该调研可伸缩性、备份、恢复和维护等数据库运维方面的技术。接下来将介绍可以用来满足应用程序的数据库需求的不同数据库技术。

1. 在线事务处理

传统的关系型数据库大多被认为是在线事务处理（Online Transactional Processing，OLTP）型的。事务型数据库是存储和处理应用程序数据最古老和最流行的方法。关系型 OLTP 数据库包括 Oracle、Microsoft SQL Server、MySQL、PostgreSQL、Amazon RDS 等。OLTP 的数据访问模式包括通过查找其 ID 来获取小数据集。数据库事务意味着数据库表的所有相关更新要么全都成功完成，要么全都失败。

关系模型允许在应用程序（如银行、贸易和电子商务）中处理复杂的业务交易。它使你能够聚合数据，并使用跨表的多个连接创建复杂的查询。在优化关系型数据库时，需要考虑以下几点：

❑ 数据库服务器，包括计算、内存、存储和网络。
❑ 操作系统级别的设置，如存储容量的 RAID 配置、容量管理和块大小。
❑ 数据库引擎配置，并根据需要进行分区。
❑ 与数据库相关的选项，如模式、索引和视图。

关系型数据库的伸缩可能很棘手，因为垂直伸缩会受到系统容量上限的限制。必须通过读取副本来进行读扩展，通过对数据进行分区来实现写扩展。如何伸缩关系型数据库，请参阅 6.14 节。

OLTP 数据库适用于大型复杂的事务性应用程序，但是，在需要汇总和查询海量数据时，OLTP 数据库表现得很不好。另外，随着互联网的蓬勃发展，有大量非结构化数据需要处理，而关系型数据库并不能开箱即用地高效处理非结构化数据。这就轮到 NoSQL 数据库大显身手了。

2. 非关系型数据库

应用程序会产生大量的非结构化和半结构化数据，例如社交媒体程序数据、物联网数据和日志，这些数据具有动态结构。这类数据中每组记录的结构都不相同。将这些数据存储在关系型数据库中可能是一项非常烦琐的任务，由于所有数据都必须按固定的结构存储，这可能会产生大量的空值或导致数据丢失。非关系型数据库（NoSQL 数据库）可以让你灵活地存储此类数据，而无须担心固定结构所带来的问题。每条记录可以具有可变数量的列，并且可以存储在同一张表中。

NoSQL 数据库可以存储大量数据且访问延迟较低。它们很容易通过添加节点实现按需伸缩，并且支持开箱即用的水平伸缩。它们是存储用户会话数据的绝佳选择，并且可以使应用程序无状态，在不影响用户体验的情况下实现水平伸缩。你可以在 NoSQL 数据库之上开发分布式应用程序，以提供低延迟和伸缩功能，不过连接查询必须在应用层处理。NoSQL 数据库不支持复杂查询，比如表和实体的连接。

NoSQL 数据库有多种选择，例如 Cassandra、HBase 和 MongoDB，它们可以安装在虚拟机集群中。在云上，AWS 提供了名叫 Amazon Dynamo DB 的托管 NoSQL 数据库，它提供了高吞吐量和亚毫秒级的延迟，并支持无限制的伸缩。

你可以将关系型数据库应用于 OLTP，但是它的存储容量有限，对于大数据量的查询和那些执行数据仓库所需聚合的查询，它的响应速度也不佳。数据仓库更多用于分析，而非事务处理。在线分析处理（Online Analytical Processing，OLAP）数据库填补了 OLTP 数据库查询大型数据集的空白。

3. 在线分析处理（OLAP）

OLTP 和 NoSQL 数据库对于应用程序部署很有用，但用于大规模分析的功能非常有限。为快速访问结构化数据而设计的数据仓库平台可以更好地满足对大量结构化数据进行分析和查询的需求。现代数据仓库技术采用列式存储并运用了大规模并行处理（MPP），这有助于更快地检索和分析数据。

当只需要汇总一列数据时，列式存储可以避免对整张表进行扫描。例如，如果你只是想确定某个月的库存销售情况，而订单表中可能有数百列，但你只需要从采购列中汇总数据，使用列式存储，将只需要扫描采购列，与行式存储相比，减少了扫描的数据量，从而提高了查询性能。

通过大规模并行处理，你能够以分布式方式将数据存储在子节点，当向主节点提交查询时，主节点会根据分区键将查询请求分配给子节点，每个子节点通过运行查询的一部分来进行并行处理。然后，主节点会从每个子节点收集子查询结果，并返回汇总结果。这种并行处理可以帮助你更快地执行查询，更高效地处理大量数据。

你可以通过在虚拟机上安装诸如 IBM Netezza 或 Microsoft SQL Server 之类的软件来使用这种处理方式，或者可以使用更具云原生性的解决方案（如 Snowflake）。AWS 这样的公有云提供了 PB 级数据仓库解决方案 Amazon Redshift，该解决方案使用了列式存储和大规模并行处理。有关数据处理和分析的更多信息参见第 13 章。

通常，你会有对大量数据进行存储和搜索的需求，特别是当你想在日志中找到特定的错误或建立文档搜索引擎时，为此，应用程序需要有数据搜索能力。

4. 构建数据搜索功能

通常，你需要搜索大量数据以快速解决问题或获得业务洞见。数据搜索将帮助你获取数据的详细信息并从不同角度进行分析。为了在搜索数据时做到低延迟和高吞吐量，需要使用搜索引擎。

Elasticsearch 是最流行的搜索引擎平台之一，基于 Apache Lucene 库构建。Apache Lucene 是一个免费开源软件库，它是许多流行搜索引擎的基础。ELK（Elasticsearch、LogStash 和 Kibana 的缩写）栈易于使用，可用于自动收集大规模数据并对其进行索引以进行搜索。基于这些特性，人们围绕 Elasticsearch 开发了多种工具来进行可视化和分析，例如，LogStash 与 Elasticsearch 一起搭配使用，可以收集、转换和分析大量应用程序的日志数据；Kibana 内置了 Elasticsearch 连接器，为创建仪表板和对索引数据进行分析提供了简单解决方案。

Elasticsearch 可以部署在虚拟机中，并可以通过向集群中添加新的节点来进行水平伸缩，以增加容量。公有云 AWS 提供了托管服务 Amazon Elasticsearch Service（Amazon ES），这使在云上扩展和管理 Elasticsearch 集群变得容易且成本低廉。

在本节中，你了解了各种数据库技术及其用途。应用程序可以结合使用不同的数据库技术，使不同组件都能获得最佳性能。对于复杂的事务，需要使用关系型 OLTP 数据库，而要存储和处理非结构化或半结构化数据，则需要使用非关系型 NoSQL 数据库。如果在多个地理区域需要非常低的延迟，并且需要在应用层处理复杂查询（例如在游戏应用程序中），你同样应该使用 NoSQL 数据库。如果需要对结构化数据执行大规模分析，请使用数据仓库 OLAP 数据库。

我们来看架构的另一个关键组件——网络。网络是整个应用程序的基石，负责建立服务器和外界的通信。接下来将介绍网络对应用程序性能的影响。

7.2.4 选择网络

现如今，世界上几乎每个角落都可以高速访问互联网，人们期望应用程序能够覆盖全球用户。系统响应时间的延迟取决于请求负载以及终端用户与服务器的距离。如果系统无法及时响应用户请求，则可能会由于持续占用系统资源并积压大量请求而产生连锁反应，这将降低整体系统性能。

为了减少延迟，应该通过模拟用户位置和环境来识别可能存在的问题。根据发现的问题，可以通过调整服务器的物理位置和引入缓存机制来减少网络延迟。不过，应用程序的网络解决方案选择主要取决于网络速度、吞吐量和网络延迟要求。对于应用程序来说，要覆盖全球的用户群，它需要与客户进行快速连接，其中位置起着重要作用。CDN 提供的边缘位置有助于将大量内容本地化，从而降低整体延迟。

6.9 节介绍了如何使用 CDN 将数据部署到边缘位置。各种各样的 CDN 解决方案提供了广泛的网络边缘位置。如果应用程序是静态内容密集型的，那么在需要向终端用户提供大型图像和视频内容的时候，就可以使用 CDN。比较流行的 CDN 解决方案有 Akamai、Cloudflare 和 Amazon CloudFront（由 AWS 云提供）。如果应用程序需要在全球范围内部署，请务必了解能够实现低延迟的 DNS 路由策略。

1. 定义 DNS 路由策略

为了实现全球覆盖，可能会在多个地理区域部署应用程序。当用户发起请求时，需要将请求路由到最近和最快的可用服务器，以便用户能获得快速响应。DNS 路由器可提供域名与 IP 地址之间的映射，确保当用户输入域名时，请求会由正确的服务器进行处理，例如，当在浏览器中输入 amazon.com 进行购物时，请求总是被 DNS 服务路由到 Amazon 应用服务器。

公有云 AWS 提供了名为 Amazon Route 53 的 DNS 服务，你可以根据自己的应用程序需求定义不同的路由策略。Amazon Route 53 提供的 DNS 服务可以简化域管理和区域 APEX 支持。以下是使用最多的路由策略：

❑ **简单路由策略**：顾名思义，这是最简单的路由策略，一点也不复杂。它的作用是将流量路由到单一资源，例如，为特定网站提供内容的 Web 服务器。

❑ **故障转移路由策略**：这种路由策略要求你通过配置主动 - 被动故障转移来实现高可用性。如果应用程序在某个区域发生故障，那么所有的流量将自动路由到另一个区域。

❑ **地理位置路由策略**：如果用户属于某个特定的位置，那么可以使用地理位置策略。地理位置路由策略有助于将流量路由到特定区域。

❑ **地理邻近路由策略**：类似于地理位置策略，但是可以选择在需要时将流量转移到附近的其他位置。

❑ **延迟路由策略**：如果应用程序在多个区域运行，可以使用延迟策略从可以实现最低延迟的区域提供流量。

❑ **加权路由策略**：加权路由策略用于 A/B 测试，即能够向指定区域发送一定数量的试验流量，随着试验越来越成功，流量也会逐步地增加。

此外，Amazon Route 53 还可以检测 DNS 查询的来源和数量的异常，并优先处理已知可靠用户的请求。它还可以保护应用程序免受分布式拒绝服务（Distributed Denial of Service，DDoS）攻击。一旦流量通过 DNS 服务器，在大多数情况下，下一站将是负载均衡器，它将在服务器集群中分配流量。接下来将介绍一些关于负载均衡器的细节。

2. 实现负载均衡器

负载均衡器在服务器之间分配网络流量，以提高并发性、可靠性，降低应用程序延迟。负载均衡器可以是实体的，也可以是虚拟的。你需要根据应用程序的需求选择负载均衡器。

通常，应用程序可以使用两种类型的负载均衡器：

- **第 4 层或网络负载均衡器**：第 4 层负载均衡根据数据包头中的信息（例如，源 / 目的 IP 地址和端口）对数据包进行路由。第 4 层负载均衡不检查数据包的内容，计算密集度较低，因此速度较快。网络负载均衡器每秒可以处理数百万个请求。
- **第 7 层或应用负载均衡器**：第 7 层负载均衡检查数据包内容并基于其完整内容对其进行路由。第 7 层负载均衡用于 HTTP 请求的路由。路由决策取决于 HTTP 请求头、URI 路径和内容类型之类的因素。这允许使用更健壮的路由规则，但是需要更多的计算时间来路由数据包。应用负载均衡器可以根据请求指定的端口号将请求路由到集群中的容器。

根据环境的不同，可以选择基于硬件的负载均衡器，如 F5 负载均衡器或 Cisco 负载均衡器，也可以选择基于软件的负载均衡器，如 NGINX。公有云供应商 AWS 提供了一种名为 Amazon 弹性负载均衡器（Elastic Load Balancer，ELB）的托管虚拟负载均衡器。ELB 可以用于第 7 层作为应用负载均衡器，也可用于第 4 层作为网络负载均衡器。

负载均衡器能够很好地保护应用程序的安全，它可以通过只向运行状况良好的实例发送请求来使应用程序高度可用。它与自动伸缩功能结合使用，可以根据需要添加或删除实例。接下来将介绍自动伸缩功能，以及它如何帮助提高应用程序的整体性能和高可用性。

3. 使用自动伸缩功能

4.1 节介绍了可预测自动伸缩和被动自动伸缩。随着云计算平台提供的敏捷性，"自动伸缩"概念变得流行起来。云基础设施允许你根据用户或资源需求轻松地按需伸缩服务器机群。

借助 AWS 等公有云平台，你可以在架构的每一层应用自动伸缩功能。在表示层，可以根据请求来伸缩 Web 服务器机群；在应用层，则根据服务器的内存和 CPU 利用率来进行伸缩，如果已知服务器负载即将上升时的流量模式，也可以按计划进行伸缩；在数据库层，对于 Amazon Aurora Serverless 和 Microsoft Azure SQL 数据库这样的关系型数据库，也可以进行自动伸缩，对于 NoSQL 数据库（如 Amazon DynamoDB），则可以根据吞吐量进行自动伸缩。

在配置自动伸缩功能时，需要定义所需服务器实例的数量。你需要根据应用程序的伸缩需求定义最大和最小服务器容量。图 7-7 展示了 AWS 的自动伸缩配置。

在上述自动伸缩配置中，如果当前运行着 3 个 Web 服务器实例，当服务器 CPU 的利用率超过 50% 时，就会扩展到 5 个实例，如果 CPU 利用率低于 20%，则缩减到 2 个实例。当实例出现故障时，实例的数量会低于正常情况下的期望数量，在这种情况下，负载均衡器将监控实例健康状况并使用自动伸缩功能来置备新实例。负载均衡器会监控实例健康状况，并按需触发自动伸缩功能以置备新实例。

自动伸缩是一个很好的功能，但要确保期望的伸缩配置能够限制因 CPU 使用率变化而产生的成本。在由于 DDoS 攻击等事件导致流量不可预见时，自动伸缩会大大增加成本。你应该针对此类事件制订系统保护计划，更多内容参见第 8 章。

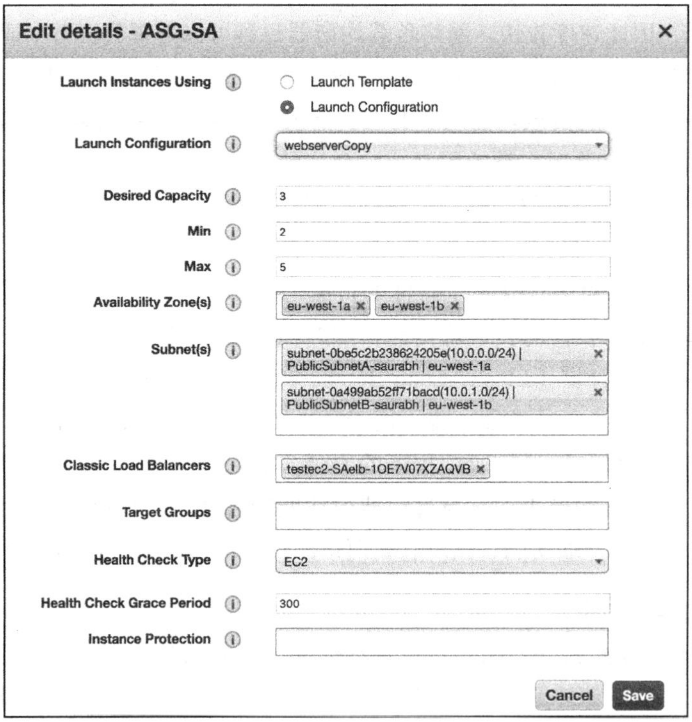

图 7-7　自动伸缩配置

在实例层面，假设你需要高性能计算（High-Performance Computing，HPC）来进行制造仿真或 gnome 分析。当把所有实例放在相同网络中，彼此靠近时，集群节点之间的数据传输延迟会更低，HPC 表现得更好。在数据中心和云间，可以选择使用私有网络，这可以提供额外的性能优势。例如，要将数据中心连接到 AWS 云，可以使用 Amazon Direct Connect。Direct Connect 提供了 10 Gbit/s 的私有光纤线路，其网络延迟比通过互联网发送数据的延迟要低得多。

在本节中，你已经了解了各种有助于提高应用程序性能的网络组件。你可以根据用户的位置和应用程序需求来优化应用程序的网络流量。性能监控是应用程序中必不可少的一部分，你应该进行主动监控以提高用户体验。接下来将介绍更多关于性能监控的知识。

7.3　管理性能监控

当你试图主动了解性能问题并减少对终端用户的影响时，性能监控至关重要。应该定义性能基准，并在阈值被突破的情况下向团队发出告警，例如，应用程序的移动端应用打开时间不应超过 3 秒。发出告警时应该能够触发自动操作，以处理性能不佳的组件，例如，在 Web 应用集群中增加节点以降低请求负载。

有多种监控工具可用来度量应用程序性能和整体基础设施。你可以使用第三方工具，如 Splunk 或 AWS 提供的 Amazon CloudWatch 来对应用程序进行监控。监控方案可分为**主动监控和被动监控两种**：

❑ 要使用主动监控，需要模拟用户的活动，并提前识别可能的性能问题。应用程序的数据和工作负载情况总是在变化，这就需要持续的主动监控。而当你在运行已知的可能场景来复现用户体验时，你就同时在应用主动监控和被动监控。你应该在所有的开发、测试和生产环境中运行主动监控，以便在问题影响用户之前就能够被发现。

❑ 被动监控试图实时识别某种未知状况。对于基于 Web 的应用程序来说，被动监控需要从浏览器中收集可能导致性能问题的重要指标。你可以从用户那里收集有关他们的地理位置、浏览器类型和设备类型的指标，以了解用户体验和应用程序在不同地理位置的性能。监控的一切都是基于数据的，它包括大量数据的提取、处理和可视化。

 接下来的章节将继续介绍各种监控方法和工具，第 9 章深入探讨了监控和告警。

高性能总是伴随着高成本，作为解决方案架构师，你需要考虑如何取舍，以选择正确的方法，例如，组织的内部应用程序（如考勤表和人力资源程序）与外部产品（如电子商务应用程序）相比，可能不需要很高的性能。处理交易问题的应用程序对性能要求非常高，因而需要更多投入。根据应用程序需求，你可以在持久性、一致性、成本和性能之间进行权衡。

跟踪和提高性能是一项复杂的任务，需要收集大量的数据并对不同情况进行分析。需要根据访问模式的差异来正确选择性能优化的手段。负载测试是其中一种可以通过模拟用户负载来调整应用程序配置的方法，可以提供数据以帮助你做出正确的应用程序架构决策。持续的主动监控与被动监控相结合，有助于保持应用程序性能一致。

7.4　小结

本章首先介绍了影响应用程序性能的各种架构设计原则、架构中不同层的延迟和吞吐量，以及它们之间的关系。对于高性能的应用程序，需要让架构的每一层都保持低延迟和高吞吐量。还介绍了并发问题的处理，并发处理有助于处理大量的请求。此外，也简单介绍了并行和并发之间的区别，并深入探讨了缓存如何提高应用程序整体性能。

然后，介绍了如何选择相应的技术及其工作模式，用于实现期望的应用程序性能。在计算能力选型方面，介绍了各种处理器类型及其差异，帮助你在选择服务器实例时做出正确的选择。在容器选型方面，介绍了它们如何帮助你有效地利用资源、提高性能，以及 Docker 和 Kubernetes 如何相互配合并应用于架构。

另外，在存储选型方面，介绍了不同类型的存储，如块存储、文件存储和对象存储，以及它们的区别。介绍了本地环境和云环境中的可用存储选择。存储选择取决于多种因素，将多个卷放在 RAID 配置中可以提高磁盘存储的持久性和吞吐量。

在数据库选型方面，介绍了各种数据库类型，包括关系型数据库、非关系型数据库、数据仓库和搜索引擎。在网络选型方面，介绍了各种请求路由策略，这些策略可以帮助你改善全球分布式用户的网络延迟。还介绍了负载均衡器和自动伸缩功能如何帮助你管理大量的用户请求，而不让应用程序的性能受到影响。

下一章将介绍如何通过认证和授权来保护应用程序的安全。它将确保数据（不管是静态数据还是传输中数据）和应用程序都能受到保护，免受各种威胁和攻击。还将介绍合规性要求以及在设计应用程序时如何满足这些要求。此外，也会介绍有关安全审计、告警、监控和自动化的详细内容。

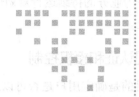

安全考量

安全一直是架构设计的重中之重。很多大型企业都曾因安全漏洞导致客户数据泄露，从而遭受经济损失。企业不仅失去了客户的信任，也失去了整个业务。很多行业都有标准的合规要求和法规，可以确保应用程序的安全性，并能够保护客户的敏感数据。

安全性不仅仅需要关注基础设施外部边界的安全，还涉及系统环境及其组件之间的安全。上一章介绍了性能提升方面的内容和架构的技术选择。本章将介绍应用程序安全方面的最佳实践，并确保其符合行业标准规定。

例如，你可以在服务器中设置防火墙，它可以决定实例上的哪些端口可以发送和接收流量，以及可以接受哪里来的流量。你可以使用防火墙来降低实例上的安全威胁扩散到环境中其他实例的概率。其他服务也需要类似的防范措施。本章将讨论安全方面最佳实践的具体实现方法。

本章涵盖以下最佳安全实践：

❑ 架构安全的设计原则。

❑ 架构安全技术选型。

❑ 安全和合规性认证。

❑ 云共享安全责任模型。

本章将介绍解决方案架构中关于安全的各种设计原则。架构的每一层和每一个组件都需要考虑安全性。还将介绍如何选择正确的技术，以确保架构的每一层都足够安全。

8.1 架构安全的设计原则

安全性是指在为客户提供业务价值的同时保护系统和信息的能力。你需要进行深入的风险评估，并为业务的持续运行规划保护策略。下面的小节将讲述标准的设计原则，帮助你加强架构安全。

8.1.1 实现认证和授权控制

认证的目的是确定用户是否可以通过提供的用户 ID 和密码等凭证访问系统，而授权则决定用户进入系统后可以做什么。应该建立一个集中式系统来管理用户的认证和授权。

这个集中式用户管理系统可以帮助你跟踪用户的活动，以便在用户不应能访问系统时将其停用。可以定义一些标准规则，方便新用户注册，并删除不活动用户的访问权限。集中式系统消除了对长期凭证的依赖，并允许你配置其他安全方法，例如密码轮换策略和强度校验。

对于授权，应该从最小权限原则开始——这意味着用户一开始不应该具有任何访问权限，然后根据其工作内容为他们分配所需的访问权限。根据工作内容创建访问组有助于统一管理授权策略，并对大量用户应用相同的授权策略。例如，可以让开发团队对开发环境具有完全访问权限，而对生产环境则只有只读访问权限。如果有任何新的开发人员加入，则应将他们添加到此开发组，在此集中管理所有授权策略。

通过集中式用户数据库实现单点登录，有助于减少用户群需要记住多个密码的麻烦，并消除密码泄露的风险。大型企业使用**活动目录**（Active Directory，AD）等集中式用户管理工具对员工进行认证和授权，为他们提供访问企业内部应用系统（如人力资源系统、费用系统、考勤表等）的权限。

在电子商务和社交媒体网站等面向客户的应用中，可以使用 OpenID 身份认证系统来构建集中式身份认证系统。8.2.1 节将详细介绍用于管理大规模用户的工具。

8.1.2 安全无处不在

通常情况下，企业的主要关注点是确保数据中心的物理安全和保护外层网络层免受攻击。不要只关注外层安全，而要确保将安全防护应用于系统各个层面。

应使用**深度防御**（Defense-in-Depth，DiD）方法，将安全防护应用于每一层。例如，Web 应用需要通过保护 EDGE⊖（Enhanced Data Rates for Global Evolution）网络和**域名系统**（DNS）路由来使其免受外部互联网流量攻击。在负载均衡器和网络层使用安全防护可以阻止恶意流量。

应通过限制 Web 应用层和数据库层只允许必需的入站、出站流量，来保护应用程序的每个实例。用杀毒软件保护操作系统，以防止恶意软件的攻击；还应该通过将入侵检测和入侵防御系统置于流量和 Web 应用防火墙（Web Application Firewall，WAF）前来提供主动和被动保护措施，进而保护应用程序免受各种攻击。8.2 节将介绍更多关于各种安全工具的详细信息。

⊖ EDGE 是一种高速移动数据标准，是一种从 GSM 到 3G 的过渡技术。——译者注

8.1.3　缩小爆炸半径

在每一层应用安全措施时，应该始终将系统进行合理的隔离，以减小爆炸半径。如果攻击者获得了系统某个部分的访问权限，应该能够将安全漏洞限制在应用程序的最小区域内。例如，在 Web 应用中，需要将负载均衡器部署在与其他层不同的网络中，因为它是面向互联网的。此外，将 Web、应用程序和数据库层的网络进行分离，确保在任何情况下，如果攻击仅发生在某一层，不会扩展到架构的其他层。

同样的规则也适用于授权系统，赋予用户最少的权限，并只能访问当下必需的信息或者资源。确保实现多因子认证（Multi-Factor Authentication，MFA），这样即便用户的访问权限出现漏洞，也总是需要完成二级认证才能进入系统。

提供最小的访问权限可以确保不会暴露整个系统，提供临时凭证可以确保访问权限不会长期开放。在提供编程式访问接口时要特别谨慎，务必设置安全令牌，并经常进行密钥轮换。

8.1.4　时刻监控和审计一切

应将系统中的每一项活动都记录日志，并定期审计。审计功能往往也是各种行业法规所要求的。收集每个组件的日志，包括所有事务和每个 API 调用，把集中监控落实到位。一个好的做法是为集中式日志系统的账户进行安全防护和访问限制，这样就没有人能够利用它对日志进行篡改。

应采取主动监控，并配备告警能力，从而可以在用户受到影响之前对事件进行处理。具有集中监控功能的告警机制有助于快速采取措施并缓解事件造成的影响。还应监控所有用户活动和应用程序账户以防范安全问题。

8.1.5　自动化一切

自动化可以快速缓解任何违反安全规则的行为。你可以通过自动化的方式对期望的配置进行还原，并向安全团队发出告警——例如有人在系统中添加了管理员用户，并向未经授权的端口或 IP 地址打开防火墙时。随着 DevSecOps 概念的出现，在安全系统中应用自动化变得越来越流行。DevSecOps（详见第 12 章）就是在应用程序开发和运行的每一个环节应用安全措施。

应创建安全架构，并以代码的方式对安全措施进行管理。可以将安全即代码模板进行版本控制，并按需更新。安全即代码的方式有助于以一种经济有效的方式更快速地推广安全措施。

8.1.6　数据保护

数据是整个架构的核心，数据的安全和保护至关重要。大部分的合规要求和法规都是为了保护客户的数据和身份信息。大多数时候，攻击者都有窃取用户数据的意图。应该根据数据的敏感程度对其进行分类，并进行相应的保护。例如，客户的信用卡信息应该是最敏感的数据，需要极其小心地处理。与密码相比，客户的名字可能没有那么敏感。

应建立一些机制和工具来尽量减少数据的直接访问。通过基于工具的自动化处理来避免人工处理数据，消除人为错误，特别是在处理敏感数据时。尽可能对数据进行访问限制，以减少数据丢失或数据修改的风险。

一旦对数据敏感度进行了分类，就可以使用适当的加密、标记和访问控制策略来保护数据。数据不仅在静止状态下需要保护，在网络上传输时也需要保护。数据保护的各种机制详见 8.2.4 节。

8.1.7　事件响应准备

应做好应对任何安全事件的准备。根据组织策略的要求创建事件管理流程。事件管理流程在不同的组织和应用程序之间均不同。例如，如果应用程序正在处理客户的个人身份信息（PII），则事件响应中需要采取更严格的安全措施。但是，如果只是处理少量敏感数据，例如库存管理应用程序，则可以采用不同的方法。

确保对事件响应进行模拟，以了解安全团队如何将系统从事件中恢复。团队应该使用自动化工具，以提高检测、调查和响应安全事件的速度。需要建立告警、监控和审计机制，进行根因分析（RCA），以防止此类事件再次发生。

本节介绍了用于在应用程序的架构中构建安全性的通用原则。下一节将介绍如何使用不同的工具和技术来应用这些原则。

8.2　架构安全技术选型

上一节重点介绍了在设计架构时需要考虑的应用程序安全的通用原则，但问题是，在实施过程中，如何应用这些原则来保护应用程序呢？对于应用程序的每一层，都有各种工具和技术可以用于其安全保护。

本节将详细介绍在用户管理和应用程序 Web、基础设施和数据等方面应用安全防护的多种技术选择。我们首先介绍用户身份和访问管理。

8.2.1　用户身份和访问管理

用户身份和访问管理是信息安全的重要组成部分。需要确保只有经过身份认证和授权的用户才能以预期的方式访问系统资源。随着组织的发展和产品采用率的增长，用户管理可能是一项艰巨的任务。用户访问管理应对组织的员工、供应商和客户对系统的访问进行区别管理。

企业或公司用户可以是组织的员工、承包商或供应商。这些都是拥有开发、测试和部署应用程序的特殊权限的特定用户。除此之外，他们还需要访问其他企业系统——例如企业资源系统（Enterprise Resource System，ERP）、薪资系统、人力资源系统、考勤应用程序等，来完成日常工作。随着企业的发展，用户数量可能从数百人增长到数千人。

终端用户是指那些使用应用程序的客户，他们只有很少的权限来探索和使用应用程序的功能，例如，游戏应用程序的玩家、社交媒体应用的用户，或电子商务网站的客户。随着产品或应用程序的不断普及，这些用户的数量可能从数百到数千，再到数百万（甚至更多）。需要注意的是，用户数可能会呈指数增长，这可能会带来一些其他挑战。当应用程序暴露在外部的互联网流量中时，需要特别注意安全性，确保它免受各种威胁。

我们先来看企业用户管理。你需要一个集中的存储库，在那里你可以执行安全策略，如创建强密码、密码轮换和多因子认证（MFA），以更好地管理用户。使用 MFA 可以在密码可能泄露的情况下通过执行另一种身份认证来确保系统的安全。流行的 MFA 供应商包括 Google Authenticator、Gemalto、YubiKey、RSA SecureID、Duo 和 Microsoft Authenticator。

从用户访问的角度来看，基于角色的身份认证（Role-Based Authentication，RBA）简化了用户管理，可以根据用户的角色创建用户组，并分配适当的访问策略。如图 8-1 所示，有三个用户组——管理员、开发人员和测试人员——各个组都有其相应的访问策略。管理员可以访问包括生产系统在内的任何系统，而开发人员仅限于访问开发环境，测试人员则只能访问测试环境。

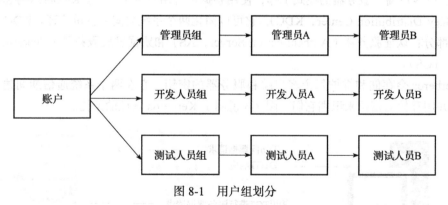

图 8-1　用户组划分

如图 8-1 所示，当新用户加入团队时，会根据其角色将其分配到相应的组。通过这种方式，每个用户都有一套确定的标准访问权限。如果引入了新的开发环境，并且所有开发人员都需要访问该环境时，那么用户组还有助于更新访问权限。

单点登录（Single Sign-On，SSO）是可用于减少安全漏洞并帮助实现系统自动化的标准流程。SSO 能够让用户只使用同一用户 ID 和密码登录不同的企业系统。联合身份管理（Federated Identity Management，FIM）允许用户通过预认证机制而无须密码即可访问系统。

1. 联合身份管理和单点登录

当用户信息存储在第三方身份提供程序（Identity Provider，IdP）中时，联合身份管理提供了一种连接身份管理系统的方式。使用 FIM，用户只需向 IdP 提供身份认证信息，而 IdP 已经与用户想要访问的服务建立了信任关系。

如图 8-2 所示，当用户登录并访问服务时，服务提供者（Service Provider，SP）从 IdP 获取凭证，而不是直接从用户那里获取。

用户可以使用单点登录访问多个服务。在这里，SP 可以表示你要登录的环境，例如，客户关系管理（Customer Relationship Management，CRM）系统或云上应用程序。IdP 可以是企业 AD。联合身份管理类似于不需要密码的单点登录，因为联合身份服务器知道用户的身份认证信息。

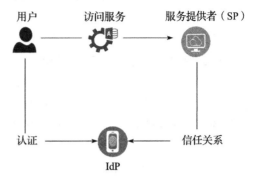

图 8-2 联合身份管理

有多种技术可以实现联合身份管理和单点登录。我们来看一些流行的身份认证和访问管理（Identify and Access Management，IAM）技术。

2. Kerberos

Kerberos 是一种认证协议，它允许两个系统以安全的方式相互识别，并有助于实现 SSO。它以客户端–服务器的模式工作，使用票据进行用户身份认证。Kerberos 有密钥分配中心（Key Distribution Center，KDC），它可以简化两个系统之间的身份认证。KDC 包含两个逻辑部分：认证服务器（Authentication Server，AS）和票据发放服务器（Ticket-Granting Server，TGS）。

Kerberos 会存储和维护每个客户端和服务器的密钥。它在两个系统通信期间建立安全会话，并用存储的密钥来识别它们。图 8-3 说明了 Kerberos 认证的架构。

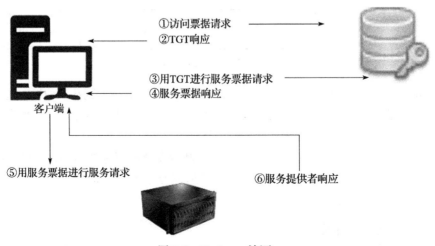

图 8-3 Kerberos 认证

如图 8-3 所示，当要访问某个服务时，涉及以下步骤：

1）客户端以明文形式向 AS 发送访问票据请求。该请求包含客户端 ID、TGS ID、IP 地址和认证时间。

2）AS 检查 KDC 数据库中是否有客户端的信息。一旦 AS 找到了客户端的信息，它就会在客户端请求和 TGS 之间建立会话。然后，AS 用 TGT（Ticket-Granting Ticket）和 TGS 会话密钥回复客户端。

3）TGS 会话密钥要求输入密码，给定正确的密码后，客户端可以解密 TGS 会话密钥。但是，它不能解密 TGT⊖，因为没有 TGS 密钥。

4）客户端将当前 TGT 与身份验证器⊜一起发送给 TGS。TGS 中包含会话密钥、客户端 ID 和客户端要访问的资源的服务主体名称（Service Principal Name，SPN）。

5）TGS 再次检查请求的服务地址是否存在于 KDC 数据库中。如果存在，TGS 将对 TGT 进行加密，并向客户端发送服务的有效会话密钥。

6）客户端将会话密钥转发给服务，以证明用户有访问权限，服务就会授予访问权限。

尽管 Kerberos 是一种开源协议，但是大型企业还是喜欢使用具有强大支持且更易于管理的软件，例如 AD。我们来看最流行的用户管理工具之一 Microsoft AD 的工作机制，该工具基于轻量级目录访问协议（Lightweight Directory Access Protocol，LDAP）。

3. 活动目录

活动目录（AD）是微软为用户和机器开发的一种身份服务。AD 提供了一个域控制器，也就是活动目录域服务（Active Directory Domain Service，AD DS），它存储了用户和系统的信息、访问凭证和身份。图 8-4 展示了必要认证过程的简单流程。

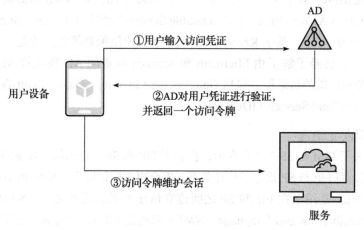

图 8-4　AD 认证流程

⊖　用 TGS 密钥加密的会话密钥和客户信息。——译者注
⊜　用会话密钥加密过的客户信息和时间戳。——译者注

如图 8-4 所示，用户登录由 AD 或域网络上的其他资源进行管理。首先，用户携带自己的凭证向域控制器发送请求，并与活动目录认证库（Active Directory Authentication Library，ADAL）进行通信。ADAL 对用户凭证进行验证，并返回一个访问令牌，该令牌已经与所请求的服务建立了连续会话。

LDAP 是用于处理存储在活动目录中的树状层次结构的信息的标准协议。活动目录轻量级目录服务（Active Directory Lightweight Directory Service，AD LDS）为用户和系统目录提供了 LDAP 接口。活动目录证书服务（Active Directory Certificate Service，AD CS）可以为文件加密和网络流量加密提供关键的基础设施。活动目录联合身份认证服务（Active Directory Federation Service，ADFS）为外部资源提供访问机制，例如为大规模用户提供 Web 应用登录服务。

4. AWS 目录服务

AWS 目录服务（Directory Service）有助于将账户中的 AWS 资源与现有的本地用户管理工具（如 AD）连接起来。它有助于在 AWS 云上建立新的用户管理目录。AWS 目录服务建立了与本地目录的安全连接。在建立连接后，所有用户都可以使用其已有的凭证访问云资源和本地应用程序。

AWS AD 连接器（AD Connector）是另一项服务，它可以帮助你将现有的 Microsoft AD 连接到 AWS 云上，你不需要任何特定的目录同步工具。设置 AD 连接后，用户可以利用现有的凭证登录 AWS 应用程序。管理员用户可以通过 AWS IAM 来管理 AWS 资源。

AD Connector 通过与现有的 MFA 基础设施（如 YubiKey、Gemalto 令牌、RSA 令牌等）集成来帮助实现 MFA。对于较小的用户群（少于 5000 个用户），AWS 则提供了 Simple AD，这是一个由 Samba 4 Active Directory Compatible Server 托管的活动目录。Simple AD 具有用户账户管理、用户组管理、基于 Kerberos 的 SSO 和用户组策略等常见功能。

在本节中，你已经了解了由 Microsoft 和 Amazon 提供的 AD 和托管 AD 服务的概况。其他主流技术公司提供的目录服务包括 Google Cloud Identity、Okta、Centrify、Ping Identity 和 Oracle Identity Cloud Service（IDCS）。

5. 安全声明标记语言

本节前面关于 FIM 和 SSO 的内容中，提到了 IdP 和 SP。要访问一项服务，用户需要从 IdP 处获得验证，而 IdP 与 SP 建立了信任关系。安全声明标记语言（Security Assertion Markup Language，SAML）是用于在 IdP 和 SP 之间建立信任关系的机制之一。SAML 使用可扩展标记语言（Extensible Markup Language，XML）来规范 IdP 和 SP 之间的通信。SAML 支持 SSO，因此用户可以使用单一凭证访问多个应用程序。

SAML 声明是 IdP 发送到 SP 而且附加了用户授权的 XML 文档。图 8-5 展示了 SAML 声明的流程。

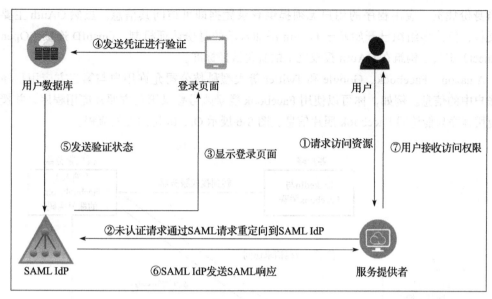

图 8-5　使用 SAML 的用户认证

如图 8-5 所示，使用 SAML 实现用户认证的步骤如下：

1）用户发送请求以访问服务，例如 Salesforce CRM 应用程序。

2）服务提供者（CRM 应用程序）向 SAML IdP 发送包含用户信息的 SAML 请求。

3）SAML IdP 弹出 SSO 页面，用户在该页面输入认证信息。

4）用户访问凭据将转到身份存储库进行验证。在本场景中，用户身份存储库是一个 AD。

5）用户身份存储库将用户验证状态发送给可信的 SAML IdP。

6）SAML IdP 向服务提供者（CRM 应用程序）发送 SAML 声明，其中包含有关用户验证的信息。

7）在接收到 SAML 响应之后，服务提供者根据响应结果决定是否允许用户访问应用程序。

有时，服务提供者也可以充当身份提供者。SAML 在建立身份存储库和服务提供者之间的关系方面非常受欢迎。所有的现代身份存储应用程序都兼容 SAML 2.0，这使得它们可以无缝地相互通信。SAML 允许联合用户身份，并支持企业用户的 SSO。

不过，对于社交媒体、电子商务网站等的庞大用户群来说，基于 OAuth（Open Authorization）和 OpenID 的方案更合适。我们来了解一下 OAuth 和 OpenID Connect。

6. OAuth 和 OpenID 连接

OAuth 是一种开放式标准授权协议，可提供对应用程序的安全访问。OAuth 可以提供安全的访问授权，它并不共享密码数据，而是在服务提供者和消费者之间使用授权令牌来充当身份凭据。应用程序的用户无须提供登录凭据即可访问其信息。虽然 OAuth 主要用于授权，但许多组织已开始基于 OAuth 添加自己的身份认证机制。OpenID 连接（OpenID Connect）定义了构筑在 OAuth 授权之上的身份认证标准。

Amazon、Facebook、Google 和 Twitter 等大型科技公司允许用户与第三方应用程序共享账户中的信息。例如，你可以使用 Facebook 登录账号登录第三方照片应用程序，并授权该应用程序只能访问 Facebook 照片信息。图 8-6 展示 OAuth 访问授权流程。

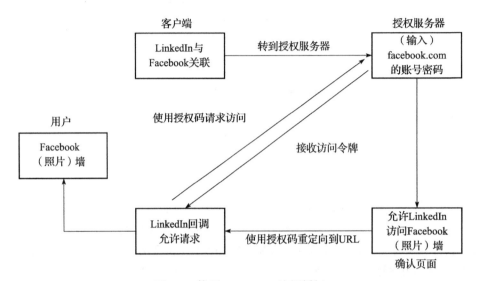

图 8-6　使用 OAuth 2.0 访问授权

如图 8-6 所示，OAuth 认证流程遵循以下步骤：

1）你希望照片应用程序能够从 Facebook 获取你的个人资料照片。

2）该照片应用程序请求获得授权以访问 Facebook 个人资料照片。

3）授权服务器（本例中为你的 Facebook 账户）会创建并展示确认页面。

4）你确认同意照片应用程序仅能访问 Facebook 个人资料照片。

5）在获得批准后，Facebook 授权服务器会向照片应用程序发送一个授权码。

6）然后，照片应用程序使用授权码向授权服务器（Facebook 账户）请求访问令牌。

7）授权服务器识别照片应用程序并检查授权码的有效性。

8）如果授权码通过，服务器就向照片应用程序发出访问令牌。

9）现在，照片应用程序可以使用访问令牌访问 Facebook 个人资料照片等资源了。

现在最常用的是 OAuth 2.0，它比 OAuth 1.0 更快，实现起来也更方便。JSON Web 令牌（JSON Web Token，JWT）是一种简单易用的令牌格式，可以与 OAuth 一起使用，在 OpenID 中也很流行。JWT 采用 JSON 结构，其中包含过期时间、发行者、主题等信息。它比简单 Web 令牌（Simple Web Token，SWT）更强大，并且比 SAML 2.0 更简单。

在本节中，你了解了最常见的用户管理工具和服务，然而，还有很多其他协议和服务可用于用户认证和授权。前面提到的这些协议的实现可能很复杂，不过还有大量的套装软件可以让工作变得更轻松。

Amazon Cognito 是由 AWS 提供的用户访问管理服务，包括基于标准的授权（例如 SAML 2.0、OpenID Connect 和 OAuth 2.0）以及可与 AD 连接的企业用户目录。Okta 和 Ping Identity 提供了企业用户管理功能以及与各种服务提供者工具进行集成的能力。

一旦应用程序暴露在互联网上，总会面临各种各样的攻击。我们来了解一些最常见的攻击，以及如何为网络层设置第一层防御。

8.2.2　处理网络安全问题

在用户对服务可用性的需求已经演进为 24/7（全天候可用）的情况下，企业的业务正在演变为基于 Web 应用模型的在线模式。Web 应用还可以帮助公司覆盖全球范围的客户。诸如线上银行和电子商务网站之类的企业能够持续提供服务，而且它们会处理类似付款和付款人身份信息这样的客户敏感数据。

现在，Web 应用对于任何企业都至关重要，而且这些应用会对外网暴露。Web 应用可能存在漏洞，从而使其容易面临网络攻击和数据泄露。我们来探索一些常见的网络漏洞以及如何对其进行防范。

1. Web 应用安全漏洞

黑客会通过各种方法精心策划并从不同位置发起网络攻击，所以 Web 应用很容易出现安全漏洞。相比实体店，Web 应用更容易被攻击。就像你对实体店进行上锁保护一样，Web 应用也需要保护自己免受网络攻击的侵害。我们来探讨一些可能导致 Web 应用出现安全漏洞的常见攻击，以及时进行安全防范。

（1）拒绝服务和分布式拒绝服务攻击

拒绝服务（Denial of Service，DoS）攻击试图使网站无法为用户提供服务。为了成功实现 DoS 攻击，攻击者使用各种技术消耗网络和系统资源，从而中断合法用户的访问。攻击者会使用多台主机来组织对同一目标的攻击。

分布式拒绝服务（Distributed Denial of Service，DDoS）攻击是 DoS 攻击的一种，通常使用多个被侵入的系统（通常感染了特洛伊木马）来攻击同一系统。DDoS 攻击的受害者会发现，他们的所有系统都在分布式攻击中被黑客恶意使用和控制。如图 8-7 所示，当多个系统试图耗尽目标系统的资源带宽时，就意味着发生了 DDoS 攻击。

DDoS 攻击，概念上是利用更多的主机来扩大对目标的请求数，使其超载从而变得不可用。DDoS 攻击往往是由多个被侵入系统造成的，即由僵尸网络向目标系统投放大量流量。

最常见的 DDoS 攻击发生在应用层，有 DNS 泛洪攻击，也有安全套接层（Secure Sockets Layer，SSL）协商攻击。在 DNS 泛洪攻击中，攻击者通过大量请求耗尽 DNS 服务器的资源。在 SSL 协商攻击中，攻击者会发送大量不可理解的数据，进行代价高昂的 SSL 解密计算。攻击者可以对服务器机群执行其他基于 SSL 的攻击，并通过不必要的任务处理使其超负荷运转。

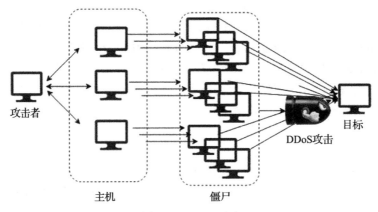

图 8-7　DDoS 攻击

在基础设施层，典型的 DDoS 攻击形式如下：

❑ 用户数据报协议（User Datagram Protocol，UDP）反射：利用 UDP 反射，攻击者伪造（请求协议中的）目标服务器 IP 地址，然后向反射器服务器发起一个请求，该请求会导致被入侵的反射器服务器向目标 IP 地址返回被显著放大的响应。

❑ SYN 泛洪：利用 SYN 泛洪，攻击者通过创建和中断大量连接来耗尽目标服务器的传输控制协议（Transmission Control Protocol，TCP）服务，阻止合法用户访问服务器。

通常，攻击者试图获取敏感的用户数据，为此，他们使用另一种不同的攻击方式，称为 SQL（Structure Query Language）注入（SQL injection，SQLi）攻击。

（2）SQL 注入攻击

顾名思义，在 SQL 注入攻击中，攻击者通过注入恶意的 SQL 语句来控制 SQL 数据库并获取敏感的用户数据。攻击者使用 SQL 注入来进行恶意攻击，包括访问未经授权的信息、控制应用程序、添加新用户等。

以贷款处理 Web 应用为例，你可以使用字段 loanId 来获取与客户贷款融资有关的所有信息。典型的查询如：SELECT * FROM loan WHERE loanId =117。如果未采取适当的措施，攻击者可以执行类似 SELECT * FROM loans WHERE loanId = 117 or '1 = 1' 的查询。由于此查询总是返回真实的结果，因此攻击者可以成功地访问全部的客户信息。

通过脚本注入来入侵用户数据的另一种常见方法是使用跨站脚本（Cross-Site Scripting，XSS），在这种情况下，黑客将自己伪装成合法用户。

（3）跨站脚本攻击

你一定收到过钓鱼邮件，其中附有冒充你访问过的网站的链接。单击这些链接可能会执行跨站脚本导致数据泄露。通过跨站脚本，攻击者将其代码附加到合法网站上，并在受害者加载网页时执行。恶意代码可以通过多种方式插入，例如在 URL 字符串中或在网页中放置一段短小的 JavaScript 代码。

在跨站脚本攻击中，攻击者会在 URL 或客户端代码的末尾添加一个小的代码段。当网页加载时，该客户端 JavaScript 代码将被执行并窃取浏览器 cookie。这些 cookie 通常包含敏感信息，例如银行或电子商务网站的访问令牌和身份验证凭据。使用盗来的 cookie，黑客可以进入你的银行账户并转走用户的血汗钱。

（4）跨站请求伪造攻击

跨站请求伪造（Cross-Site Request Forgery，CSRF）攻击通过盗用用户身份来获利。它通常通过会导致用户状态发生变化的交易活动（例如，更改购物网站的密码或请求向银行账号转账）来盗取用户身份。

它与跨站脚本攻击略有不同，因为使用 CSRF，攻击者尝试伪造请求而不是插入代码脚本。例如，攻击者可以伪造从用户银行转账一定金额的请求，然后将该链接通过电子邮件发送给用户。用户单击该链接后，银行就会收到请求，并将款项转入攻击者的账户。CSRF 对普通用户账户的影响很小，但是如果攻击者能够进入管理员账户，那么危害就会非常大。

（5）缓冲区溢出和内存损坏攻击

软件程序将数据写入临时存储区以进行快速处理，该临时存储区被称为缓冲区。通过缓冲区溢出攻击，攻击者可以覆盖与缓冲区相连的那部分内存。攻击者可能会故意让缓冲区溢出并访问连接的内存部分，这部分内存中可能会存储应用程序的可执行文件。攻击者可以将可执行文件替换为恶意程序，并控制整个系统。黑客会在缓冲区溢出攻击中利用内存来注入代码，在此过程中可能会由于对内存无意的修改而导致内存损坏。

从整体应用来看，基础设施层、网络层、数据层存在的安全威胁较多。我们来探讨一些缓解和防范 Web 层安全风险的标准方法。

2. 应对 Web 安全

安全防护需要应用到每一层，由于 Web 层暴露在外，因此需要特别注意。对于 Web 防护，重要的步骤包括部署最新的安全补丁，遵循最佳的软件开发实践，并确保进行适当的认证和授权。保护和确保 Web 应用的安全的方法有很多，我们来探讨几种最常见的方法。

（1）Web 应用防火墙

Web 应用防火墙（Web Application Firewall，WAF）是必要的防火墙，它对 HTTP 和 HTTPS 流量（即 80 和 443 端口）应用特定规则。WAF 是软件防火墙，可以检查 Web 流量，并验证其是否符合预期的行为规范。WAF 提供了一个额外的保护层来防止网络攻击。

WAF 限流是一种功能，它可以监控发送到服务的请求数量或类型，并定义阈值，以限制每个用户、会话或 IP 地址所允许的请求数量。白名单和黑名单让你可以明确地放行或阻止用户。AWS WAF 通过创建和应用规则来过滤 Web 流量，帮助你保护 Web 层的安全。这些规则基于包括 HTTP 头、用户地理位置、恶意 IP 地址或自定义 URI 等条件。AWS WAF

规则可以阻止常见的 Web 漏洞，如 XSS 和 SQLi。

AWS WAF 提供了可以跨多个网站部署的集中式的基于规则的防火墙机制。这意味着，你可以为运行各种网站和 Web 应用的环境创建一套规则，并且可以在不同的应用程序之间重用这些规则，而不用重复创建。

总的来说，WAF 是对 HTTP 流量设置控制规则的工具。它有助于根据 IP 地址、HTTP 头、HTTP 数据体或 URI 字符串等数据来过滤 Web 请求。它可以通过卸载非法流量来缓解 DDoS 攻击。我们来介绍更多关于缓解 DDoS 攻击的信息。

（2）缓解 DDoS 攻击

韧性架构有助于防止或缓解 DDoS 攻击。保持基础设施安全的一个基本原则是减少攻击者可以攻击的潜在目标数量。简而言之，如非必要，不要将其实例暴露出去。应用层攻击会使监控指标（比如 CDN、负载均衡器的网络利用率）飙升，也会使 HTTP 泛洪攻击下的服务器指标突变。可以使用各种策略来最小化攻击面：

❑ 只要有可能，应尽量减少必要的互联网入口。例如，让互联网访问负载均衡器，而不是 Web 服务器。

❑ 将必要的互联网入口隐藏起来，阻止不受信任的终端用户访问。

❑ 识别并删除任何非关键的互联网入口，例如，将文件共享存储暴露给供应商，让其在有限的访问控制下上传数据，而不是将其暴露给整个互联网。

❑ 隔离应用程序管理和终端用户流量的访问入口，并为它们制定特定的限制策略。

❑ 创建分离的互联网入口，以最小化攻击面。

你的首要目标是缓解 CDN 边缘位置的 DDoS 攻击。如果 DDoS 攻击到了应用服务器，那么它们的处理将更具挑战性，成本也更高。图 8-8 展示了针对 AWS 云工作负载的 DDoS 缓解示例。

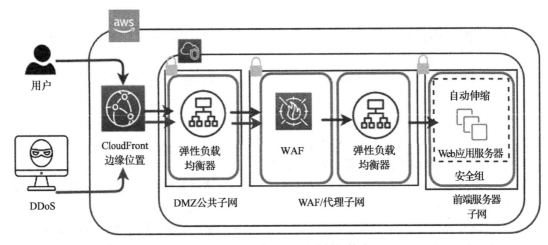

图 8-8 DDoS WAF 三明治缓解策略

图 8-8 展示了一个 WAF 三明治架构，WAF 设备会在负载均衡器之间防御 DDoS 攻击。频繁发生的 DDoS 攻击来自 SYN 泛洪和 UDP 反射等攻击策略，Amazon CloudFront 通过在攻击到达应用服务器之前过滤非法连接来防止这种攻击。Amazon CloudFront 等 CDN 通过在地理位置上隔离 DDoS 攻击，来防止流量影响其他位置，从而帮助应对 DDoS 攻击。网络防火墙可帮助你在服务器级别控制入站和出站流量。

如上一小节所述，WAF 用于保护 Web 应用免受 XSS 和 SQLi 等漏洞攻击。除此之外，WAF 还有助于检测和防止 Web 应用层的 DDoS 攻击。

要应对 DDoS 攻击，可以应用水平或垂直伸缩功能。可以通过以下方式来使用伸缩功能：

1）为 Web 应用选择合适的服务器大小和配置。

2）使用负载均衡器在服务器机群中分配流量，并根据需要配置自动伸缩功能以按需添加或删除服务器。

3）使用 CDN 和 DNS 服务器，它们主要为处理大规模流量而生。

针对 DDoS 攻击进行伸缩是很好的例子，解释了为什么必须为服务器数量设置合理的最大值。DDoS 攻击可能会将服务器扩展到使成本极度高昂的规模，但仍有可能被击垮。针对常规的流量峰值预期设置合理的服务器最大数量限制，将防止 DDoS 攻击对公司带来太大的损失。

在本节中，大家了解了 Web 层的各种安全风险和漏洞，以及一些标准的保护方法。由于安全防护需要应用到每一层，我们再来探讨一下基础设施层的防护。

8.2.3　保护应用程序及其基础设施

安全不仅仅包括基础设施的外部边界的安全，还涉及环境及其组件相互之间的安全。应该在应用程序的每一层（如 Web 层、应用层和数据层）进行安全防护。你应该在系统的所有资源（如负载均衡器、网络拓扑、数据库和服务器）上添加安全控制。

例如，可以在服务器实例中设置防火墙，来决定实例上哪些端口可以发送和接收流量。可以利用这一点来降低实例上的安全威胁扩散到其他实例的概率。对其他服务也应采取类似的预防措施。本节将讨论实施这一最佳实践的具体方法。

1. 应用程序和操作系统加固

你不可能完全消除应用程序中的所有漏洞，但可以通过加固应用程序的操作系统、文件系统和目录来限制系统攻击。一旦攻击者侵入应用程序，他们就有可能获得 root 用户的访问权限，从而策划对整个基础设施的攻击。必须通过加固权限来限制目录访问，将攻击限制在应用程序层面。在进程层面，对内存和 CPU 利用率进行限制，防止 DoS 攻击。

在文件、文件夹和文件系统分区等不同级别上设置正确的权限，这是应用程序唯一需要做的。应避免为应用程序或其用户授予 root 特权。你应该创建单独的用户和目录，并且为每个应用程序仅设置必需的访问权限。不要让所有应用程序使用共享的访问权限。

应通过工具来自动重启应用程序，避免采用手动方式，即用户需要登录服务器才能启动。可以使用 DAEMON Tools 和 Supervisord 等进程控制工具来自动重启应用程序。对于 Linux 操作系统来说，systemd 或 System V 等初始化脚本工具可以帮助启动或停止应用程序。

2. 软件漏洞和安全准则

我们总是建议对操作系统打上最新的安全补丁。这有助于填补系统中的安全漏洞，并保护系统免受因攻击者窃取安全证书或运行恶意代码所带来的侵害。应按照 OWASP（Open Web Application Security Project，网址为 https://owasp.org/www-project-top-ten/）的建议，确保将安全编码最佳实践落实到软件开发过程中。

让系统保持最新的安全补丁非常重要。最好在最新补丁可用时，尽快自动完成补丁的下载和安装。然而，有时运行安全补丁可能会影响原本已经能够工作的软件，因此最好能建立具有自动测试和部署功能的持续集成和持续部署（CI/CD）流水线。更多关于 CI/CD 的内容，请参见第 12 章。

AWS 提供了一个系统管理器工具，让你能够执行安全补丁和监控云上的服务器机群。可以使用自动更新或无人值守升级等工具来自动安装安全补丁。

3. 网络、防火墙和可信边界

在保护基础设施时，首先要考虑的是保护网络。数据中心 IT 基础设施的物理安全由供应商负责。类似 AWS 这样的云供应商会对基础设施的物理安全提供最大限度的保障。我们来谈谈如何确保网络安全，这是作为应用程序所有者的责任。

为了更好地理解，我们以公有云供应商（如 AWS）为例，对于本地或私有云网络基础设施也同样如此。如图 8-9 所示，应该在每一层应用安全防护，并在每一层以最小的访问权限定义可信边界。

在图 8-9 中，负载均衡器在公共子网中，它可以接受互联网流量，并将其分配给应用服务器机群。WAF 基于设定的规则来过滤流量，保护应用程序不受各种攻击，详见上一节。应用服务器机群和数据库服务器处于私有子网中，这意味着互联网流量无法直接访问它们。我们来看图 8-9 中的架构图并探讨其每一层，如下所示：

❑ Amazon VPC（Virtual Private Cloud）提供基础设施的逻辑网络隔离。Amazon VPC 是云上的网络环境，其中会运行许多资源。它旨在对环境及其资源的彼此隔离提供更好的控制。每个账户或区域中可以拥有多个 VPC。

❑ 创建 VPC 时，可以使用无类别域间路由（Classless Inter-Domain Routing，CIDR）表示法指定其 IP 地址集。CIDR 表示法是显示特定 IP 地址范围的简化方法。例如，10.0.0.0/16 涵盖了从 10.0.0.0 到 10.0.255.255 的所有 IP，提供了 65 535 个 IP 地址。

❑ 子网是根据 CIDR 范围划分的网段或分区。它们在私有资源和公共资源之间建立了可信的边界。应该根据互联网的可访问性来组织子网，而不是根据应用或功能层

（Web、应用程序、数据）来定义子网。子网可以在公共资源和私有资源之间定义明确的子网级隔离。

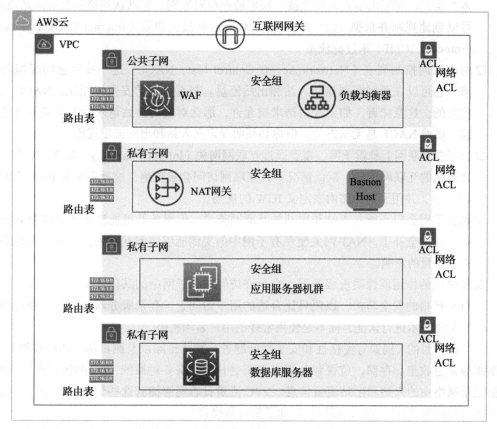

图 8-9　基础设施的网络安全设置

- 在这种环境下，所有需要直接访问互联网的资源（对外暴露的负载均衡器、网络地址转换（Network Address Translation，NAT）实例、堡垒机等）将放置到公共子网，而所有其他实例（如数据库和应用程序资源）将部署在私有子网。使用子网来隔离不同层级的资源，比如把应用程序实例和数据资源分别放到独立的私有子网中。
- AWS 上的大多数资源都可以托管在私有子网中，并根据需要使用公共子网来控制对互联网的访问。因此，你应该对子网进行规划，与公共子网相比，私有子网应具备更多的可用 IP。
- 子网可以通过网络访问控制列表（Access Control List，ACL）规则来隔离不同资源，安全组则可以提供资源之间更精细的流量控制，并不会使基础设施过于复杂，也不会浪费或耗尽 IP。
- 路由表包含一组路由规则。路由决定哪些应用服务器能够接收网络流量。为了提高安全性，请为每个子网配置自定义路由表。

❑ 安全组指虚拟防火墙，用于为 CIDR 块范围内（或指定了另一个安全组）的一个或多个实例，控制出站或入站流量。根据最小权限原则，它默认拒绝所有的入站流量，可以创建规则并根据 TCP、UDP 和互联网控制报文协议（Internet Control Message Protocol，ICMP）来过滤流量。

❑ 网络访问控制列表（Network Access Control List，NACL）是一种可选的虚拟防火墙，它可以在子网级别控制入站和出站流量。与有状态的安全组相比，NACL 是无状态的。这意味着，如果入站请求被允许，那么对应的出站请求就不会被检查或跟踪。虽然 NACL 是无状态的，但你必须明确定义入站和出站流量规则。

❑ 为了在互联网上暴露子网，需要通过互联网网关（Internet Gateway，IGW）来路由与之通信的互联网流量。默认情况下，互联网访问会被拒绝，这就需要将 IGW 添加到 VPC 上，并用子网的路由表定义 IGW 的规则。

❑ 私有子网会阻止所有入站和出站的互联网流量，但服务器可能需要出站流量来安装软件和安全补丁。NAT 网关使私有子网中的实例能够访问互联网，并保护资源不受入站流量的影响。

❑ 堡垒机的作用就像跳板服务器，它允许访问私有子网中的其他资源。堡垒机需要进行更严格的安全防护，以便只让合适的用户访问它。登录服务器时，一定要使用公钥加密技术进行认证，而不是使用常规的用户名和密码。

出于各种目的（例如对连接性和安全性问题进行故障排除以及测试网络访问规则），许多组织通常会收集、存储、监视和分析网络流量日志。需要对系统 VPC 的流量进行监控，包括记录网络中的入站和出站流量信息。VPC 流量日志能够捕获这些信息，其中包括指定资源接受和拒绝的流量信息，以便更好地了解流量模式。

流量日志也可以作为一种安全工具，用于监控进入实例的流量。可以创建告警，以便在检测到某些类型的流量时发出通知。还可以创建指标来帮助你识别趋势和模式。可以为 VPC、子网或网络接口创建流量日志。如果为子网或 VPC 创建流量日志，VPC 或子网中的每个网络接口都会受到监控。

如你所见，网络层有多重安全实践可以应用，它们有助于保护基础设施。将资源保持在隔离的子网中有助于减小爆炸半径。如果攻击者能够渗透到某个组件，你应该能够将威胁限制在有限的资源中。可以在基础设施前设置入侵检测系统（Intrusion Detection System，IDS）和入侵防御系统（Intrusion Prevention System，IPS）来检测和防范恶意流量。

4. IDS/IPS

IDS 通过识别攻击模式来检测通过网络流量发起的网络攻击。IPS 则更进一步，可以主动阻止恶意流量。你需要根据应用程序的需求来确定 IDS 和 IPS 哪个更适用。IDS 可以基于主机或网络。

（1）基于主机的 IDS

基于主机（即代理）的 IDS 会在环境的每台主机上运行一个代理。它可以审查该主机内的活动，以确定主机是否已经遭受攻击。它可以通过检查日志、监控文件系统和主机网络连接等方式来实现此目的。该代理会就主机的健康或安全情况与 IDS 控制中心应用进行通信。

基于主机的 IDS 的优点包括代理可以深入检查每个主机内部的活动，还可以根据需要进行水平伸缩（每个主机都运行自己的代理），并且不会影响主机上运行的应用程序的性能。缺点则包括，在许多服务器上管理代理会引入额外的配置管理开销，这对于组织来说是沉重的负担。

由于每个代理都是独立运行的，因此很难检测到大规模或协同的攻击。为了应对协同攻击，系统应在所有主机上立即做出响应，这要求基于主机的 IDS 必须与主机上部署的其他组件（例如操作系统和应用程序界面）形成良好的配合。

（2）基于网络的 IDS

基于网络的 IDS 会在网络中部署一个专用设备，通过该设备路由所有流量并检查是否存在攻击。它有几个优点，首先此组件本身很简单；其次它的部署和管理与应用程序的宿主是分离的。不过，对它进行加固或监视的方式可能会对所有主机造成负担。由于它提供了独立 / 共享的全局视角，使得全局异常或攻击能够被检测到。

但是，基于网络的 IDS 会给应用程序增添网络跃点，这会导致性能上的损失。对流量进行解密以及重新加密以进行检查，既会严重影响性能，又会带来安全隐患，这会使网络设备成为攻击者感兴趣的目标。而且 IDS 也无法检查或检测任何无法解密的流量。

IDS 是一种检测和监控工具，自身并不采取行动来阻止恶意流量。IPS 根据设定的规则检测来接受和拒绝流量。IDS/IPS 解决方案有助于防止 DDoS 攻击，因为它们具有异常检测能力，能够识别有效协议何时被用作攻击工具。IDS 和 IPS 读取网络数据包并将内容与已知威胁的数据库进行比较，从而决定是否拒绝该数据包。基础设施需要持续的审计和扫描，从而主动保护其免受攻击，我们来了解一下这方面的知识。

在本节中，你了解了如何保护基础设施免受各种类型的攻击。这些攻击的目标是窃取数据。对于数据的保护，你应该做到即使攻击者窃取了数据也使其无法获得敏感信息。我们来了解一下如何通过数据层、加密和备份方面的安全防护来保护数据。

8.2.4　数据安全

在当今的数字世界中，每个系统都离不开数据。有时，这些数据可能包含敏感信息，如客户医疗记录、支付信息和政府身份，所以保护客户数据的安全，防止任何未经授权的访问是至关重要的。很多行业都会重点关注数据的保护和安全。

在设计解决方案之前，应该根据应用的目标（比如遵守监管要求）定义基础的安全实践。而在进行数据保护时，有几种不同的方法。接下来将介绍如何应用这些方法。

1. 数据分类

数据保护的最佳实践之一是对数据进行分类，它基于敏感度级别对数据进行分类和处理。根据数据敏感度，可以规划数据保护、数据加密和数据访问的需求。

根据系统工作负载的需求对数据分类进行管理，可以按需创建数据的控制和访问级别。例如，用户评分和评论等内容通常是公开的，可以提供公开访问，但是用户信用卡信息是高度敏感的，需要加密，并应当受到非常严格的访问限制。

可以将数据大致分为以下几类：

- **受限数据**：其中的信息如果被泄露，可能会直接伤害客户。错误地处理受限数据可能会损害公司的声誉，并对企业产生不利影响。受限数据可能包括客户的 PII 数据，例如社会保险号、护照详细信息、信用卡号和付款信息。
- **私有数据**：如果数据包含客户敏感信息，而且攻击者可以使用这些信息来获取客户的受限数据，则可以将其归类为机密数据。机密数据包括客户的电子邮件 ID、电话号码、全名和地址等。
- **公开数据**：每个人都可以使用并访问它，并且只要求最低的保护级别，例如，客户的评分和评论、客户的位置和用户名（如果用户将其公开的话）。

可以根据行业类型和用户数据的性质，对数据进行更精细的分类。数据分类需要在数据可用性与数据访问之间取得平衡。如前所述，设置不同级别的访问权限，有助于只限制必要的数据，并确保敏感数据不会泄露。应避免让人直接访问数据，并提供一些工具，这些工具可以生成只读报告，让用户以受限的方式消费数据。

2. 数据加密

数据加密是一种保护数据的方法，通过这种方法，可以使用加密密钥将数据从明文形式转换为密文格式。要读取这些密文，首先需要使用解密密钥对其进行解密，只有授权用户才能获得这些解密密钥。总的来说，基于密钥的加密可分为以下两类：

- **对称加密**：在对称加密算法中，使用相同的密钥对数据进行加密和解密。每个数据包都使用密钥自行加密。数据在保存时进行加密，在检索时进行解密。早期，对称加密遵循的是数据加密标准（Data Encryption Standard，DES），它使用 56 位密钥。现在，高级加密标准（Advanced Encryption Standard，AES）被大量用于对称加密，它使用 128 位、192 位或 256 位密钥，因此更加可靠。
- **非对称加密**：借助非对称加密算法，可以使用两个不同的密钥，一个用于加密，一个用于解密。在大多数情况下，加密密钥是公钥，解密密钥是私钥。非对称加密也称为公钥加密。公钥和私钥是不同的，需要配对使用。私钥只能供一个用户使用，而公钥可以应用于多个资源。只有拥有私钥的用户才能解密数据。RSA（Rivest-Shamir-Adleman）是最早也是最流行的公钥加密算法之一，用于保护网络上的数据传输。

如果用 AES 256 位安全密钥对数据进行加密，那么破解加密就变得几乎不可能了。唯一的解密方法就是拿到加密密钥，这意味着你需要保护好密钥，并将其保存在安全的地方。我们来介绍一些保护加密密钥的基本管理方法。

3. 密钥管理

密钥管理包括控制和维护加密密钥。你需要确保只有授权用户才能创建和访问加密密钥。加密密钥管理系统除了管理访问和生成密钥外，还处理密钥的存储、轮换和销毁。密钥管理因使用的算法（对称算法还是非对称算法）而异，以下是流行的密钥管理方法。

（1）信封加密

信封加密是一种保护数据加密密钥的技术。这里的数据加密密钥是对称密钥，它能够提高数据加密的性能。对称密钥与 AES 等加密算法配合使用，可以产生能够安全存储的密文，因为这些密文对人来说是不可读的。然而，需要将对称密钥与数据保存在一起，以便根据需要将其用于数据解密。而现在，需要进一步对密钥进行隔离保护，这就是信封加密技术能帮上忙的地方。我们借助图 8-10 对其进行详细介绍。

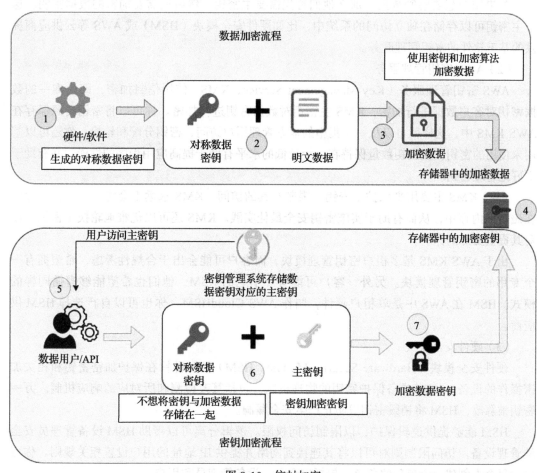

图 8-10　信封加密

图 8-10 展示了信封加密的流程：

1）通过软件或硬件生成对称数据密钥。

2）生成的对称数据密钥用于加密明文数据。

3）密钥使用诸如 AES 之类的算法对数据进行加密，并生成加密的密文数据。

4）加密的数据保存在目标存储器中。

5）由于数据密钥需要与加密数据一起存储，因此数据密钥需要进一步加密。用户获取存储在密钥管理系统中的客户主密钥以对数据密钥进行加密。

6）数据密钥使用主密钥加密。由于主密钥会加密数据加密密钥，所以也称为密钥加密密钥。只有主密钥才能对多个数据密钥进行加密，并且将其安全地存储在密钥管理系统中，且访问受到限制。

7）主密钥对数据密钥进行加密，并将加密的数据密钥和加密的数据一起保存在存储器中，主密钥则安全地保存在访问受限的密钥管理系统中。

如果用户想要解密数据，那么他们首先需要主密钥，然后还需要加密的数据密钥。这个主密钥可以存储在独立访问的系统中，比如硬件安全模块（HSM）或 AWS 等云供应商提供的基于软件的密钥管理服务。

（2）AWS 密钥管理服务

AWS 密钥管理服务（Key Management Service，KMS）使用信封加密，即由唯一的数据密钥对客户数据进行加密，KMS 主密钥对数据密钥进行加密。你可以将密钥资源保存在 AWS KMS 中，这样就可以从一个集中的地方管理用户访问、密钥分配和轮换。你还可以禁用未使用的密钥，使密钥数量保持在一个较低的水平有助于提高应用程序的性能，并有助于更好地管理密钥。

AWS KMS 主要用来保护主密钥并限制对其的访问。KMS 永远不会将明文主密钥存储在磁盘或内存中，从而有助于实施密钥安全最佳实践。KMS 还可以优雅地轮换主密钥，以对其提供更好的保护。

由于 AWS KMS 是多租户密钥管理模块，而客户可能会出于合规性考虑，希望拥有一个专用的密钥管理模块。另外，客户可能有一个老的 HSM，他们也希望能够遵循同样的模式。HSM 在 AWS 中是单租户硬件，叫作 AWS CloudHSM。你也可以自行选择 HSM 供应商。

（3）硬件安全模块

硬件安全模块（Hardware Security Module，HSM）是一种旨在保护加密密钥和相关加密操作的设备。HSM 具备保护密钥的物理机制，包括篡改检测和所对应的响应机制。万一密钥被篡改，HSM 将销毁密钥以防止产生安全漏洞。

HSM 能够提供逻辑保护，以限制访问权限。逻辑分离可以帮助 HSM 设备管理员安全地管理设备。访问限制则对可以将其连接到网络并提供 IP 地址的用户设置相关规则。你可以为每个人创建一个单独的角色，包括安全员、设备管理员和用户。

　　由于丢失密钥会使数据无法使用，因此你需要通过在不同地理位置维护至少两个 HSM 来确保 HSM 的高可用性，你也可以使用其他 HSM 解决方案（例如 SafeNet 或 Voltage）来做到这一点。最后，为了保护密钥，请选择由云供应商提供的托管 HSM（例如 AWS CloudHSM 或 CipherCloud）。

4. 静态数据加密和传输中的数据加密

　　静态数据是指存储在某个地方（如存储区域网络（Storage Area Network，SAN）或网络附加存储（Network-Attached Storage，NAS）驱动器）或云存储中的数据。所有敏感数据都需要通过应用对称或非对称加密来保护，并进行适当的密钥管理。

　　传输中的数据是指在网络上传输的数据。你可以对源端和目标端中处于静止状态的数据进行加密，但在传输数据时同样需要保证数据传输管道的安全。在使用未加密的协议（如 HTTP）传输数据时，数据可能会因诸如窃听或中间人（Man-In-The-Middle，MITM）之类的攻击而泄露。

　　在窃听攻击中，攻击者从网络中捕获一个小数据包，并根据它来搜索其他类型的信息。MITM 攻击是一种基于篡改的攻击，攻击者会秘密地将接收者篡改为自己来进行通信。应该使用 SSL 协议或传输安全层（Transport Security Layer，TSL）这样的强协议来传输数据，从而防止此类攻击。

　　你会发现，现在大多数网站都使用 HTTPS 进行通信，它使用 SSL 对数据进行加密。默认情况下，HTTP 流量是不受保护的。所有的 Web 服务器和浏览器都支持 HTTP 流量的 SSL/TLS 保护（HTTPS）。HTTP 流量也适用于面向服务的架构，如基于 REST 和 SOAP 的架构。

　　SSL/TSL 握手先通过证书获取基于非对称加密的公钥，然后使用公钥产生用于对会话进行对称加密的私钥。安全证书由受信的认证机构（Certification Authority，CA）签发，如 Verisign。采购的安全证书需要使用公钥基础设施（Public Key Infrastructure，PKI）系统来进行保护。公有云，如 AWS，提供了一个托管的 AWS 证书管理器（AWS Certificate Manager，ACM）。

　　通过网络进行的非 Web 数据传输也应该进行加密，这包括 SSH（Secure Shell）和互联网协议安全（Internet Protocol Security，IPsec）加密。SSH 普遍用于连接服务器，而 IPsec 则适用于保护通过虚拟专用网络（Virtual Private Network，VPN）传输的企业流量。文件传输应使用 SSH 安全文件传输协议（SSH File Transfer Protocol，SFTPS）或安全 FTP（FTP Secure，FTPS）来确保安全，而电子邮件通信则需要使用安全简单邮件传输协议（Simple Mail Transfer Protocol Secure，SMTPS）或互联网信息访问协议（Internet Message Access Protocol，IAMPS）来保障安全。

　　在本节中，你了解了使用不同加密技术来保护静态和动态数据的各种方法。在发生意外事件时，数据的备份（详见 9.2.3 节）和恢复对数据保护来说至关重要。

有很多管理机构都会发布合规性要求，一般都是一套用于确保客户数据安全的检查清单。合规性要求还能确保组织遵守行业和地方政府制定的规则。下一节将进一步介绍各种合规措施。

8.3 安全和合规认证

在不同的行业和地理区域，有许多合规认证可用于保护客户隐私和数据安全。对于任何解决方案的设计，合规性要求都是需要评估的关键标准之一。以下是一些最流行的行业标准的合规认证：

- ❑ 全球合规性要求包括全部组织（无论在哪个地区）都需要遵守的认证。这些认证包括 ISO 9001、ISO 27001、ISO 27017、ISO 27018、SOC 1、SOC 2、SOC 3 以及用于云安全的 CSA STAR。
- ❑ 美国政府要求在各种合规要求下处理公共事务。相关的合规性要求包括 FedRAMP、DoD SRG Level-2（及 Level4 和 5）、FIPS 140、NIST SP 800、IRS 1075、ITAR、VPAT 和 CJIS。
- ❑ 应用程序的行业级合规性要求适用于特定行业。这些包括 PCI DSS、CDSA、MPAA、FERPA、CMS MARS-E、NHS IG Toolkit（英国）、HIPAA、FDA、FISC（日本）、FACT（英国）、共享评估（Shared Assessment）和 GLBA。
- ❑ 区域合规性认证适用于特定国家或地区。这些认证包括欧盟 GDPR、欧盟示范条款（EU Model Clauses）、英国 G-Cloud、中国 DJCP、新加坡 MTCS、阿根廷 PDPA、澳大利亚 IRAP、印度 MeitY、新西兰 GCIO、日本 CS Mark Gold、西班牙 ENS 和 DPA、加拿大隐私法（Canada Privacy Law）和美国隐私盾（US Privacy Shield）。

如你所见，根据行业、地区和政府政策，有许多来自不同监管机构的合规性认证。本书不打算详细介绍合规性要求，但在开始解决方案设计之前，需要评估应用程序是否符合合规性要求。合规性要求对整个解决方案的设计影响很大。你需要根据合规性需求来决定需要什么样的加密方式、日志、审计和工作负载区域。

日志和监控有助于确保安全并符合合规性。它们是必不可少的，如果发生事件，团队应立即得到通知，并做好应对事件的准备。更多关于监控和告警的内容请参见第 10 章。

需要根据应用程序所在地理位置、所处行业和政府法规遵守相关的合规性要求。至此，你已经了解了各种合规类别和适合不同类别的常见合规标准。由于现在许多组织正在向云上转移，因此了解云上的安全至关重要。

8.4 云的共享安全责任模型

随着云的应用越来越普遍，许多企业将工作负载迁移到 AWS、GCP 和 Azure 等公有云上，客户需要了解云安全模型。云上的安全需要客户和云供应商共同维护。客户要对他们使用云服务实现的工作成果以及连接到云的应用程序的安全负责。在云上，客户对应用程序安全的责任取决于他们使用的云产品及其系统的复杂度。

图 8-11 展示了最大的公有云供应商之一（AWS）的云安全模型，它几乎适用于任何公有云供应商。

图 8-11　AWS 云共享安全责任模型

如图 8-11 所示，AWS 负责处理云端的安全，尤其是用于托管资源的物理基础设施的安全，这包括以下内容：

- ❑ **数据中心**：多为不显眼的设施，如全天候安全警卫、双因子认证、访问记录和审查、视频监控、磁盘消磁和销毁。
- ❑ **硬件基础设施**：服务器、存储设备和其他依赖 AWS 服务的设备。
- ❑ **软件基础设施**：主机操作系统、服务应用和虚拟化软件。
- ❑ **网络基础设施**：路由器、交换机、负载均衡器、防火墙、布线等。还包括对外部边界、安全接入点和冗余基础设施的持续网络监控。

客户负责处理云端以下方面的安全：

- ❑ **服务器上的操作系统**：服务器上安装的操作系统可能会受到攻击。操作系统的补丁和维护是客户的责任，因为软件应用程序的正常运行在很大程度上依赖于它。
- ❑ **应用程序**：应用程序和它的环境（如开发、测试和生产环境），都是由客户维护的，所以，密码策略和访问管理的安全也是客户的责任。
- ❑ **基于操作系统或主机的防火墙**：客户需要保护整个系统免受外部攻击。尽管云提供了这方面的安全保障，但客户应该考虑增加 IDS 或 IPS 这样的额外安全层。

❑ **网络配置和安全组**：云提供了创建网络防火墙的工具，但哪些流量需要被阻止或允许通过，则取决于应用程序需求。客户负责设置防火墙规则，以确保其系统免受来自外部和内部的网络流量的破坏。

❑ **客户数据和加密**：数据处理是客户的责任，因为他们更清楚数据保护的需求。云提供了通过各种加密机制来进行数据保护的工具，但使用这些工具并保护数据安全是客户的责任。

公有云还提供了各种适用于其托管硬件的合规性认证。为了使应用程序合规，需要处理并完成应用程序级的审计。作为客户，你可以通过继承云供应商提供的安全性和合规性来获得额外的好处。

尽可能尝试将安全最佳实践自动化。基于软件的安全机制能让你更快速、更经济高效、更安全地进行扩展。创建并保存虚拟服务器的自定义基准镜像，然后在启动的每个新服务器上自动应用该镜像。用模板来定义和管理整个基础设施，可以在创建新环境时复制最佳实践。

云提供了各种工具和服务，以确保云端应用程序的安全，同时也提供了 IT 基础设施层面的内置安全防护。然而，如何利用这些服务并保障应用程序在云上的安全性取决于客户。整体来说，云为 IT 资产提供了更好的可视性和集中管理功能，这有助于管理和保护系统。

安全是解决方案的重中之重，解决方案架构师需要确保他们的应用程序是安全的，并且不受任何攻击。安全需要持续维护。每一次安全事件都应该被视为应用程序的改进机会。一个强大的安全机制应该有认证和授权控制，每个组织和应用程序都应该自动响应安全事件，并在多个层面对基础设施进行保护。

8.5 小结

本章介绍了各种设计原则，以在解决方案设计中应用的安全最佳实践。这些原则包括在设计解决方案时为了保护应用程序需要在访问控制、数据保护和监控等方面考虑的关键因素。你需要在每一层中进行安全防护。从用户认证和授权开始，介绍了如何在 Web 层、应用层、基础设施层和数据库层应用安全防护。每一层都可能面对不同方式的攻击，因此介绍了如何使用现有的技术来保护应用程序。

对于用户管理，介绍了如何使用 FIM 和 SSO 来管理企业用户，以及实现用户认证和授权的各种方法。这些方法包括如 Microsoft 的 AD 和 AWS 目录服务这样的企业管理服务。还介绍了可以管理百万用户的 OAuth 2.0。

对于 Web 层，介绍了各种攻击类型，如 DDoS、SQLi 和 XSS，以及如何使用不同的 DDoS 预防技术和网络防火墙来防范这些攻击。还介绍了各种用于保护应用层的代码，以及确保基础设施安全的技术，还深入研究了不同的网络组件和方法，以建立可信边界来限制攻击半径。

同时介绍了如何通过适当的数据分类（比如将数据标记为机密、私有或公共数据）来保护数据，还介绍了对称和非对称算法以及它们之间的区别，如何使用密钥管理来保护公／私钥，以及如何保护静态数据和传输中的数据。最后，介绍了适用于云工作负载的各种合规性要求和共享安全责任模型。

本章聚焦于如何应用安全最佳实践，而可靠性是解决方案设计的另一个重要方面。为了使业务取得成功，你需要设计能够保障可靠性的解决方案，并使其始终保持可用，并能够应对工作负载波动。下一章将介绍利用现有技术构建可靠应用程序的最佳实践，以及各种灾难恢复和数据复制策略，使应用程序更加可靠。

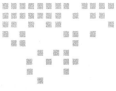

Chapter 9 第9章

架构可靠性考量

应用程序的可靠性是架构设计的重要方面之一。可靠的应用程序有助于赢得客户的信任，能够在客户需要时随时可用。高可用性也是在线应用程序的强制标准之一。用户希望能够随时浏览应用程序，并能够根据需要完成购物和支付等任务。应用程序的可靠性是业务成功的重要秘诀之一。

可靠性指系统从故障中恢复的能力，即应用程序应具备容错能力，出现故障时能够在不影响客户体验的情况下恢复。可靠的系统应该能够从任何基础设施故障或服务器故障中恢复。系统应该为处理任何可能的故障做好准备。

本章将介绍让解决方案具备可靠性的各种设计原则。对于可靠性，需要考虑到架构的每一个组件。还将介绍如何正确选择技术，以确保架构在每一层的可靠性。

本章涵盖以下方面的可靠性最佳实践：

☐ 架构可靠性的设计原则。

☐ 架构可靠性的技术选型。

☐ 提高云的可靠性。

本章结束时，你将了解各种用于确保应用程序高可用性的灾难恢复技术，以及用于保障业务流程持续性的数据复制方法。

9.1 架构可靠性的设计原则

可靠性的目标是将故障的影响控制在最小范围内。为了应对系统的最坏情况，你可以为基础设施和应用程序的不同组件实施各种缓解策略。

你需要在故障发生前测试恢复过程，务必将恢复过程自动化，以减少人为错误发生的概率。

以下将介绍有助于加强系统可靠性的标准设计原则。你会发现，所有的可靠性设计原则都密切相关、相辅相成。

9.1.1　使系统自愈

系统故障需要提前预测，在故障发生时，系统应该能自动响应并进行恢复，这就是所谓的系统自愈。自愈是指系统从故障中自动恢复的能力。具备自愈能力的系统能主动检测故障，并从容应对，使其对客户影响最小。故障可能发生在系统的任一层，其中包括硬件故障、网络故障或软件故障。通常情况下，数据中心不会每天发生故障，而对于数据库连接、网络连接等会频繁发生故障的，就需要执行更精细的监控。系统需要持续监控故障并在需要的时候及时采取行动进行恢复。

要对故障进行响应，首先需要确定应用程序和业务的**关键绩效指标**（Key Performance Indicator，KPI）。在用户层面，这些 KPI 可能包括每秒的请求数或网站的页面加载延迟。在基础设施层面，可以定义 CPU 利用率的阈值（比如它不应该超过 60%），还可定义内存利用率不应超过总可用 RAM 的 50% 等。

定义 KPI 后，应该将监控系统部署到位，以跟踪故障并在 KPI 达到阈值时进行通知。你应该基于监控来实施自动化，以便系统在发生故障时能够自我修复。例如，当 CPU 利用率达到 50% 时，自动增加服务器，主动监控有助于防止故障发生。

9.1.2　实现自动化

自动化是提高应用程序可靠性的关键。应尝试将应用程序部署和配置乃至整体基础设施的一切都自动化。自动化提供了敏捷性，让团队可以快速行动并频繁地进行实验。你可以通过一键复制整个系统基础设施和环境来测试新功能。

你可以根据日程来规划应用程序的自动伸缩功能，例如，电子商务网站在周末流量较大，因此你就可以在周末通过自动增加服务器来处理更多的流量。你也可以根据用户的请求量来进行自动伸缩，以处理不可预知的工作负载。应自动启动独立且并行的模拟作业，当与第一次模拟作业的结果结合使用时，预测的准确性将更高。重复相同的步骤来手动配置每个环境容易出错。人为错误（比如数据库名称中出现的拼写错误）总是不可避免的，所以我们应该尽可能地使用自动化。

通常，你需要将开发环境中使用的配置同样应用于质量保证（Quality Assurance，QA）环境。可能存在适用于不同测试阶段的多个 QA 环境，其中包括功能测试、用户验收测试（UAT）和压力测试环境。通常，QA 测试人员会发现由于资源配置错误导致的缺陷，这可能会导致测试进度延缓。最重要的是，你可能无法承担生产服务器中出现这种配置错误的后果。

为了精准地重现相同的配置，你可能需要记录下每一步的配置指令。应对这个挑战的方案是创建脚本来自动化这些步骤，该脚本本身就可以作为资源配置的文档。

只要脚本是正确的，它就比手动配置更可靠，而且它可以重复使用，还能够自动检测不健康资源，并自动启动替代资源，并且可以在资源发生更改时通知 IT 运维团队。自动化是一项关键的设计原则，需要在系统中尽可能地使用。

9.1.3 创建分布式系统

在系统正常运行时，单体应用程序的可靠性很低，因为某个模块中的一个小问题都可能会导致整个系统瘫痪。将应用程序划分为多个小服务，可以减小影响范围，这样源自应用程序某一部分的问题就不会影响整个系统，应用程序还可以继续提供其他的关键功能。例如，在电子商务网站中，支付服务的问题不应该影响客户下单的功能，因为支付任务可以在下单后再处理。

在服务层面，可以通过对应用程序进行水平伸缩来提高系统的可用性。应将系统设计为可以使用多个较小的组件协同工作，而不是设计为单体系统，这样可以减小故障出现时受影响的范围。在分布式设计中，请求由系统的不同组件处理，一个组件的故障不会影响系统其他部分的功能。例如，在电子商务网站中，仓库管理组件的故障不会影响客户下单。

但是，分布式系统的通信机制可能比较复杂。你需要使用断路器模式（见第 6 章）来处理系统间的依赖关系。断路器背后的基本思想很简单，即将受保护的函数调用包装在断路器对象中，让该对象负责监控故障。

9.1.4 容量监控

资源饱和是应用程序故障的最常见原因。通常情况下，你可能会遇到这样的问题，如应用程序由于 CPU、内存或硬盘过载而开始拒绝请求。增加资源并非简单的任务，因为你需要具备额外的可用容量。

在传统的本地环境中，你需要根据事先的假设来计算服务器的容量。对于购物网站和其他在线业务来说，工作负载容量预测会更具挑战性。在线流量难以预测，受全球趋势的影响很大。通常情况下，硬件采购可能需要 3 到 6 个月的时间，提前预测容量是很困难的。订购多余的硬件将产生额外的成本，因为资源会被闲置，而资源不足将导致业务因应用程序不可靠而造成损失。

你需要一个无须预测容量的环境，这样应用程序就可以按需伸缩。AWS 等公有云供应商提供基础设施即服务（IaaS），以便按需提供资源。在云上，你可以监控系统资源的供需情况，并按需自动添加或移除资源，这样你就能够维持在满足需求的资源水平，而不会出现过度供应或供应不足的情况。

9.1.5 验证恢复过程

在大多数情况下，在验证基础设施的可用性时，组织会专注于验证一切正常的可行路径。相反，你应该验证系统是如何发生故障的以及恢复过程工作得如何。应在一切都可能失败的假设下验证应用程序，不要仅仅期望恢复和故障转移策略一定会起作用，请确保定期进行测试，以免出现问题。

基于模拟的验证可帮助你发现潜在风险。你可以将可能导致系统故障的场景自动化，并准备好相应的事件响应方案。验证应以确保生产环境不会发生故障的方式来提高应用程序的可靠性。

可恢复性作为可用性的一个组成部分有时会被忽视。为了提高系统的恢复点目标（RPO）和恢复时间目标（RTO），应该将数据和应用程序及其配置作为机器镜像进行备份。更多关于 RTO 和 RPO 的信息请参见下一节。这样如果因自然灾害导致一个或多个组件不可用或破坏了主要数据源，你应该能够快速恢复服务而不会丢失数据。现在，我们来谈谈能够提高应用程序可靠性的具体灾难恢复策略，以及相关的技术选型。

9.2 架构可靠性的技术选型

应用程序的可靠性通常着眼于应用程序提供服务的可用性。有几个因素能够使应用程序高可用，其中容错性是指应用程序组件有内置冗余，而可伸缩性是指应用程序的基础设施如何响应不断增长的容量需求，以确保应用程序始终可用并在所需标准内运行。

为了使应用程序可靠，你应该能够快速恢复服务，并且不丢失数据。从现在开始，我们将把恢复过程称为灾难恢复。在探讨各种灾难恢复场景之前，我们先来了解一下恢复时间目标（RTO）、恢复点目标（RPO）和数据复制。

9.2.1 规划 RTO 和 RPO

任何应用程序都需要基于 SLA 定义服务可用性。组织定义 SLA 是为了确保应用程序的可用性和可靠性。你可能需要定义一个 SLA，规定应用程序在某一年应该有 99.9% 的可用率，或者说组织至多能容忍应用程序每月停机 43min 等。应用程序的 RPO 和 RTO 主要是由定义好的 SLA 驱动的。

RPO 是指组织可以容忍多长时间内的数据丢失。例如，如果应用程序仅丢失 15min 的数据，则是可以接受的。RPO 有助于定义数据备份策略。而 RTO 涉及应用程序的停机时间，以及应用程序在故障发生后应该需要多长时间来恢复和进入正常运行状态。图 9-1 展示了 RTO 和 RPO 的区别。

在图 9-1 中，假设故障发生在上午 10 点，而上午 9 点进行了最后一次备份。在系统崩溃的情况下，你将损失 1h 的数据。当恢复系统时，由于每隔一小时进行一次数据备份，所以会有 1 个小时的数据丢失。在这种情况下，系统 RPO 是 1h，因为它可以忍受 1h 的数据损失，即 RPO 表示可以容忍的最大数据损失是 1h。

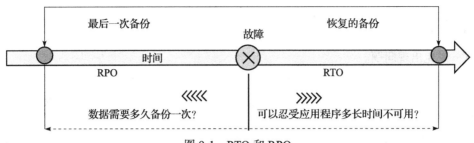

图 9-1 RTO 和 RPO

如果系统需要 30min 才能恢复备份并启动系统，那么 RTO 就是 30min。这意味着可以容忍的最大停机时间是 30min。RTO 是指在因故障导致停机后，恢复整个系统所需的时间。

组织通常会根据系统不可用时的用户体验和对业务的财务影响来决定可接受的 RPO 和 RTO。组织在确定 RTO 和 RPO 时要考虑各种因素，其中包括营收的损失和停机对其声誉的损害。IT 部门根据定义的 RTO 和 RPO 来规划解决方案，以便在发生事故时能进行有效的系统恢复。

9.2.2 数据复制

数据复制和快照是灾难恢复和系统可靠性的关键。数据复制是指在备用站点上创建主站点的一个数据副本，当主系统发生故障时，系统可以将流量转移到备用站点上，并继续可靠地工作。该数据可以是存储在 NAS 驱动器中的文件数据、数据库快照或机器镜像快照。站点可以是两个不同地理位置的本地系统，也可以是同一本地环境下的两个独立设备，或者是物理隔离的公有云。

数据复制不仅有助于灾难恢复，而且可以通过快速创建新的测试和开发环境来提高组织的敏捷性。数据复制可以是同步的，也可以是异步的。

1. 同步复制与异步复制

同步复制可以实时创建数据副本。实时数据复制有助于减少 RPO，并在发生故障时提高可靠性。然而，它的成本很高，因为它需要主系统中的额外资源来进行持续的数据复制。

异步复制以一定的延迟或按照定义的周期来创建数据副本。异步复制的成本较低，因为与同步复制相比，它使用的资源较少。如果系统可以在较长的 RPO 下工作，可以选择异步复制。

在数据库技术（例如 Amazon RDS）方面，如果我们创建了具备多可用区故障转移能力的 RDS，就能够实现同步复制。对于只读副本，可以使用异步复制来服务报告和读取请求。

如图 9-2 所示，在同步复制中，数据库的主实例和备用实例之间的数据复制没有延迟，而在异步复制时，主实例和备用实例之间的复制数据可能会有一定的延迟。

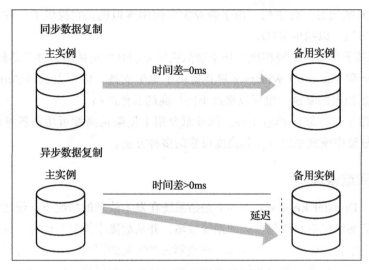

图 9-2 同步和异步数据复制

我们来探讨一些同步和异步数据复制方法。

2. 数据复制方法

数据复制指的是从源系统中提取数据并创建副本以实现数据恢复。根据存储类型的不同，有不同的复制方法可以存储数据的副本，以便于业务流程的延续。复制可以采用以下方法实现：

❑ **基于阵列的复制**：在这种情况下，可以使用内置软件自动复制数据。但是，源存储阵列和目标存储阵列应该同质且互相兼容，才能复制数据。存储阵列的机架上会包含多个存储磁盘。

大型企业使用基于阵列的复制方法，这是因为它易于部署，使主机所需的计算能力有所降低。你可以选择基于阵列的复制产品，如 HP 存储、EMC SAN Copy 和 NetApp SnapMirror。

❑ **基于网络的复制**：它可以在不同类型的异构存储阵列之间复制数据，通过在不兼容的存储阵列之间使用额外的交换机或设备来复制数据。

在基于网络的复制中，由于有多个参与者加入，复制成本可能会更高。你可以选择基于网络的数据复制产品，如 NetApp Replication X 和 EMC RecoverPoint。

❑ **基于主机的复制**：在这种情况下，需要在主机上安装一个软件代理，它可以将数据复制到任意存储系统，如 NAS、SAN 或 DAS。你可以选择基于主机的数据复制软件供应商，例如，Symantec、Commvault、CA 或 Vision Solution。

由于较少的前期成本和异构设备的兼容性，它在中小型企业（Small and Medium-sized Business，SMB）中非常受欢迎。然而，由于代理需要安装在主机操作系统上，因此会消耗主机更多的计算能力。

❑ **基于虚拟机的复制**：是虚拟机层面的数据复制，这意味着它可以将整个虚拟机从一台主机复制到另一台主机。由于企业大多使用虚拟机，它提供了一种非常有效的灾难恢复方法，以减少 RTO。

与基于主机的复制相比，基于虚拟机的复制高度可伸缩，并且消耗的资源更少。VMware 和 Microsoft Windows 对其提供了原生支持。你可以选择 Zerto 等产品来执行基于虚拟机的复制，也可以选择不同厂商的其他产品。

第 3 章介绍了可伸缩性和容错性，第 6 章介绍了使架构高度可用的各种设计模式。现在，将介绍从故障中恢复系统并使其高度可靠的多种方法。

9.2.3 规划灾难恢复

灾难恢复（Disaster Recovery，DR）是指系统在发生故障的情况下，依然能够保持业务的连续性。它表明组织应对任何可能的系统故障，并从故障中恢复的能力。灾难恢复规划包括多个方面，其中包括硬件或软件故障。在规划灾难恢复的同时，一定要考虑其他的运维故障，包括停电、网络中断、供热和制冷系统故障、物理安全漏洞，以及火灾、洪水或其他人为错误等不同的事件。

组织应根据系统的重要性和影响来决定投入灾难恢复的精力和资金。产生营收的应用程序需要始终保证可用，因为它对公司的形象和盈利能力至关重要。这样的组织需要投入大量精力来创建相应的基础设施，并培训员工，以应对灾难恢复。灾难恢复就像保险，即使可能用不到，也必须进行投资和维护。类似地，在正常运维期间，基础设施的利用率通常较低，供应过剩。

应用程序的复杂度各有不同。DR 场景分为四种，按 RTO 和 RPO 从高到低排列如下：

❑ 备份和恢复。

❑ 指示灯。

❑ 暖备。

❑ 多站点多活（热备）。

如图 9-3 所示，在 DR 规划中，随着方案的递进，RTO 和 RPO 会降低，而实施成本却会增加。你需要根据应用程序的可靠性要求，在 RTO、RPO 和成本之间做出正确的权衡。

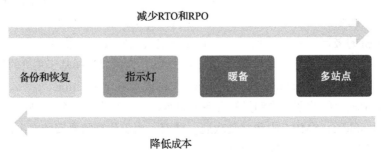

图 9-3 灾难恢复选项

我们将详细探讨上述每一种方案及相关的技术选择。现在，AWS 等公有云可以让你低成本、高效率地实施上述每一种 DR 策略。

业务连续性需要确保关键业务功能在发生灾难时依然能够持续正常运行。由于企业正在选择使用云来规划灾难恢复，因此我们来了解一下本地环境和 AWS 云之间的各种灾难恢复策略。

1. 备份和恢复

备份方案成本最低，但 RPO 和 RTO 较高。该方法易于上手，并且在适合的场景下具有极高的成本效益。备份存储可以是磁带驱动器、硬盘驱动器或网络访问驱动器。随着存储需求的增长，跨区域添加和维护更多硬件可能是一项艰巨的任务，所以更简单且具有成本效益的选择是将云用作备份存储。Amazon S3 以按需付费的模式提供低成本的无限容量的存储。

图 9-4 显示了基本的灾难恢复系统，数据位于传统的数据中心，备份存储在 AWS 中。使用 AWS 的导入 / 导出或 Snowball 功能将数据导入或异出 AWS，之后将信息存储在 Amazon S3 中。

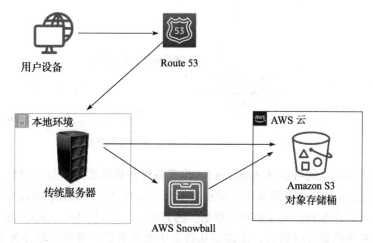

图 9-4　数据从本地环境备份到 Amazon S3

你也可以使用其他可用的第三方解决方案进行备份和恢复。最流行的方案有 NetApp、VMware、Tivoli、Commvault 和 CloudEndure。你需要对当前系统进行备份，并使用备份软件将其存储在 Amazon S3 中。需要明确从云端备份中恢复系统的过程，其中包括以下内容：

1）了解要使用的 Amazon 机器镜像（Amazon Machine Image，AMI），并根据需要通过预装软件和安全补丁构建自己的 AMI。

2）记录从备份还原系统的步骤。

3）记录将流量从主站点路由到云端新站点的步骤。

4）创建包括部署配置、可能存在的问题及其相应处理方案的运维手册。

如果位于本地环境的主站点出现故障，则需要启动恢复过程。如图 9-5 所示，在准备阶段，创建自定义的 AMI（该 AMI 预先安装了操作系统与所需软件），然后将其作为备份存储在 Amazon S3 中。同时，将任何其他数据（例如数据库快照、存储卷快照和文件）也都存储在 Amazon S3 中。

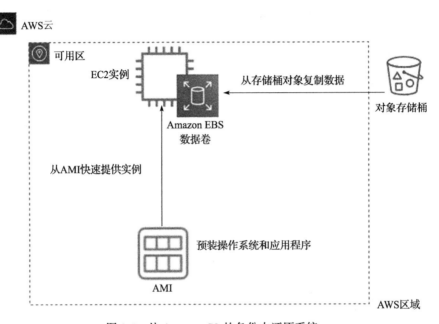

图 9-5　从 Amazon S3 的备份中还原系统

如果主站点停机，则可以从 Amazon S3 检索备份并启动所需的基础设施。可以使用黄金镜像启动 Amazon EC2 服务器实例，并根据需要使用自动伸缩配置将其配置于负载均衡器后。而更好的自动化基础设施（如网络部署）的方法，是通过 AWS CloudFormation 模板来启动部署。服务器启动并运行后，还需要从备份中恢复数据。最后一项任务是通过将 DNS 记录指向 AWS 来将流量切换到新系统。

这种灾难恢复机制很容易建立，而且成本相当低。然而，这种情况下的 RPO 和 RTO 都会很高，RTO 会有停机时间，直到系统从备份中恢复并开始运行，而 RPO 会有一定的数据损失，具体取决于备份频率。我们来探讨下一种方法——指示灯策略，它能改进 RTO 和 RPO。

2. 指示灯

指示灯是继备份和恢复策略之后成本最低的 DR 方法。顾名思义，你需要在不同区域保持运行最低数量的核心服务。当灾难发生时，就可以迅速启动额外的资源。

你可以主动对数据库层进行复制，然后从虚拟机镜像启动实例，或者使用基础设施即代码（如 CloudFormation）构建基础设施。就像煤气炉里的引燃器一样，一直亮着的小火焰可以很快点亮整个火炉，使整个房子暖和起来。

图 9-6 展示了指示灯灾难恢复模式。在这种情况下，数据库已经复制到 AWS 中，Web 服务器和应用服务器的 Amazon EC2 实例已准备就绪，但当前尚未运行。

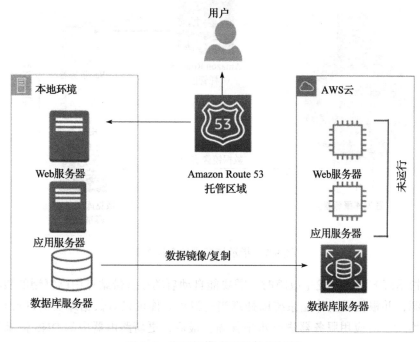

图 9-6　指示灯模式下的数据复制

指示灯场景与备份和恢复场景非常相似，需要备份大多数组件并被动地存储它们。不过，对于关键组件（例如数据库或认证服务器）而言，由于维护的活动实例（用于灾难恢复）的容量较低，这可能会花费一定的恢复时间才能达到正常的服务水平。你需要能自动地启动所有必需的资源，包括所需的网络设置、负载均衡器和虚拟机镜像。由于核心服务（比如数据库）已经在运行，因此恢复时间比备份和恢复方法要快。

指示灯模式是非常划算的，因为不需要全天候运行所有的资源。在这种模式下，需要将所有关键数据主动复制到灾备站点——在本例中是 AWS 云。你可以使用 AWS 数据迁移服务在本地数据库和云数据库之间复制数据。对于基于文件的数据，可以使用 Amazon File Gateway。有很多第三方托管的工具可以提供有效的数据复制解决方案，如 Attunity、Quest、Syncsort、Alooma 和 JumpMind。

如果主系统出现故障，如图 9-7 所示，可以基于最新的数据副本来启动 Amazon EC2 实例。然后，将 Amazon Route 53 重定向到新的 Web 服务器。

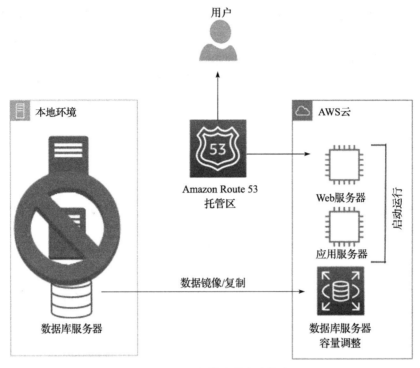

图 9-7　指示灯模式的灾难恢复

对于指示灯方法，在发生故障时，需要能自动启动在备份站点中已复制的核心数据集的相关资源，并根据需要伸缩系统以处理当前流量。你可以对数据库实例进行垂直伸缩，使用负载均衡器对应用服务器进行水平伸缩。最后，更新路由器中的 DNS 记录以指向新站点。

指示灯模式相对容易构建且成本不高。但是在这种情况下，RTO 仍需要花费较长的时间来自动启动备份系统，而 RPO 在很大程度上取决于复制类型。下面，我们探索下一种方法——暖备，它可以进一步改善 RTO 和 RPO。

3. 暖备

暖备，即全功能低容量待机，就像更高级别的指示灯。借助暖备，你可以利用云的敏捷性来实现低成本的 DR。它增加了成本，但可以通过已经运行的服务让数据更快地恢复。

你可以决定灾备环境是否应该足以应对 30% 或 50% 的生产流量。另外，你也可以将其用于非生产测试。

如图 9-8 所示，在暖备方法中，两个系统（主系统和低容量系统）分别在本地环境和 AWS 云上运行。你可以使用 Amazon Route 53 之类的路由器在主系统和云系统之间分发请求。

在数据库层面而言，暖备与指示灯方法类似，数据会不断地从主站点复制到灾备站点。

但是，在暖备中，所有必需的组件将全天候运行，只是，它们不会根据生产环境的流量而扩展规模。

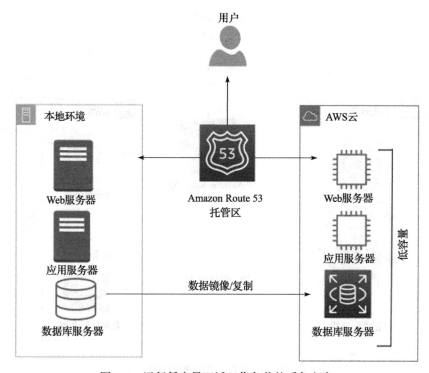

图 9-8 运行低容量双活工作负载的暖备方案

通常，组织会为更关键的工作负载选择暖备策略，所以你需要通过持续的测试来确保灾备站点没有问题。最好的方法是采用 A/B 测试方法，大部分流量由主站点处理，同时将少量流量（大约 1% 到 5%）路由到灾备站点。这将确保灾备站点在主站点宕机时能够有效地处理流量。另外，一定要定期在灾备站点安装补丁并更新必要的软件。

如图 9-9 所示，在主环境不可用的情况下，路由器会将流量切换到备用系统，而备用系统被设计为在主系统故障转移时自动扩容。

在主站点出现故障时，可以采取阶梯式的方式来进行恢复，即立刻将关键的生产工作负载转移到灾备站点，其他非关键的工作负载可以在随后环境扩容的时候再进行转移。例如，在电商业务中，首先需要把面向客户的网站启动起来，然后再启动其他系统，如仓库管理、发货系统等，因为这些系统只是在后台工作以完成订单。

如果应用程序全部都上云了，即整个基础设施和应用程序都托管在 AWS 等公有云中，那么灾难恢复过程将变得更加高效。AWS 云允许你高效地使用云原生工具，例如，你可以在 Amazon RDS 数据库中启用多可用区故障转移功能以在另一个可用区中创建可以进行持续复制的备用实例。在主数据库停机的情况下，内置的自动故障转移功能会负责将应用程序流量切换到备用数据库，而不需要更改任何应用程序配置。同样，你可以将自动备份和复制功能用于各种数据保护。

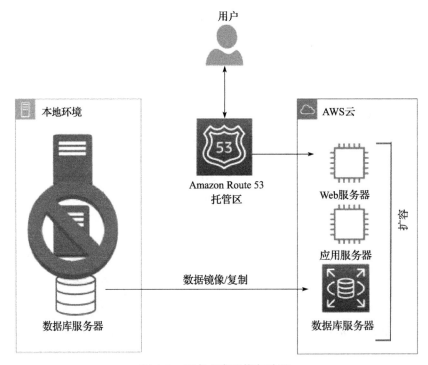

图 9-9　暖备方案的恢复阶段

暖备模式的配置相对复杂，成本也比较高。对于关键工作负载来说，RTO 要比指示灯快得多，然而对于非关键工作负载来说，它取决于系统扩容的速度，而 RPO 主要取决于复制类型。我们来探讨下一种方法——多站点，它提供了接近于零的 RTO 和 RPO。

4. 多站点

多站点策略，也就是所谓的热备，可以帮助你实现接近于零的 RTO 和 RPO。在多站点中，灾备站点是主站点的精确副本，具有不间断的数据复制功能。由于跨区域或本地和云之间的流量可以实现自动负载均衡，因此被称为多站点架构。

如图 9-10 所示，多站点是更高级别的灾难恢复策略，可以让一个全功能系统在云上与本地系统同时运行。

多站点方案的优势在于，它随时可以承担全部生产负荷。这类似于暖备，但是灾备站点具备生产所需的全部容量。如果主站点发生故障，所有的流量可以立即转移到灾备站点。

多站点灾难恢复模式最昂贵，因为它需要复制所有的内容。但是，在这种情况下，所有工作负载的 RTO 都快得多，而 RPO 则很大程度上取决于复制类型。我们来探索一些有关灾难恢复的最佳实践，以确保系统能够可靠地运行。

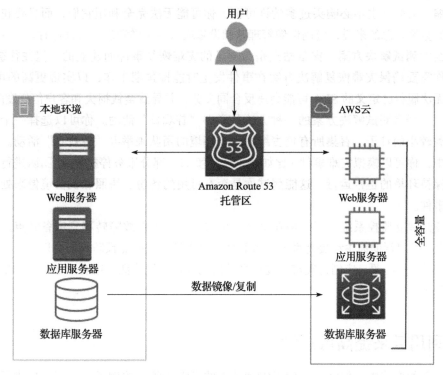

图 9-10 运行全容量双活工作负载的多站点方案

9.2.4 灾难恢复的最佳实践

当你考虑灾难恢复时，需要考虑以下重点注意事项：

❑ **从小处着手并根据需要进行构建**：第一步是备份，我们要确保其简单有效。在大多数情况下，组织会因为缺少有效的备份策略而丢失数据。应备份所有内容，无论是文件服务器、机器镜像还是数据库。

保留大量活动的备份可能会增加成本，因此请确保根据业务需要应用生命周期策略来存档和删除数据。例如，你可以选择保留 90 天的活动备份，然后将其存储在低成本存储设备（例如磁带驱动器或 Amazon Glacier）中。1 年或 2 年后，你可能需要根据设置好的生命周期策略来删除数据。诸如 PCI-DSS 之类的安全合规标准可能要求用户将数据存储 7 年，在这种情况下，你必须选择归档数据存储以降低成本。

❑ **检查软件许可证**：管理软件许可证可能是一项艰巨的任务，尤其是在当前的微服务架构环境中，你会有多个服务在它们各自的虚拟机和数据库实例上独立运行。软件许可证可能与软件的装机量、CPU 数和使用用户相关联。当进行伸缩时，这就会变得很棘手。你需要有足够的许可证来支持伸缩需求。

水平伸缩需要增加更多安装好软件的实例，而在垂直伸缩中，则需要增加更多的 CPU 或内存。你需要了解软件许可协议，并确保具备相应的许可来支持系统伸缩。另外，也不必购买过多的许可证，你可能无法完全利用它们，而且要花费更多的金钱。总的来说，应确保像管理基础设施或软件一样管理许可证库存。

❑ **经常测试解决方案**：灾备站点是为罕见的灾难恢复事件而建立的，但往往被忽视。你需要确保灾难恢复解决方案在事件发生时能按预期工作，以实现更高的可靠性。无法履行已定义的 SLA 可能会违反合同义务，并导致金钱损失和客户信任度降低。

　　经常测试解决方案的一种方法是举办"游戏日"活动。你可以选择一个生产负载较小的日子，召集所有负责维护生产环境的团队来举办"游戏日"活动。在活动中，你可以模拟灾难事件（比如将生产环境的一部分服务停机），让团队进行处理以保持环境的正常运行。这能测试你是否有可用的备份、快照和机器镜像来处理灾难事件。

请务必建立监控系统，以确保在事件发生时，能自动将故障转移到灾备站点。监控结合自动化，可以帮助你主动提高系统的可靠性。对容量的监控能预防可能会影响应用程序可靠性的资源饱和问题。应创建灾难恢复计划并定期执行恢复验证，这有助于实现预期的应用程序可靠性。

9.3　利用云来提高可靠性

在前面的章节中，你已经看到了灾备站点的云工作负载的例子。由于云提供了各种构件，许多组织已经开始选择云来搭建灾备站点，以提高应用程序的可靠性。另外，AWS 等云供应商提供了一个交易市场，你可以在该市场中从供应商那里购买各种现成的解决方案。

云提供了随手可得的遍布全球的数据中心。你可以选择在其他大陆上轻松地创建可靠性站点。借助云，你可以轻松地创建基础设施（如备份和机器镜像）并跟踪其可用性。

在云上，简单的监控和跟踪有助于确保应用程序满足 SLA 的高可用需求。云能让你对 IT 资源、成本和围绕 RPO/RTO 需求的权衡进行精细控制。数据恢复对应用程序的可靠性至关重要。数据的资源和位置必须与 RTO 和 RPO 保持一致。

云可以为灾难恢复计划提供简单有效的测试。云提供了一些可以直接使用的功能，例如各种云服务的日志和度量机制。内置的度量体系是了解系统运行状况的强大工具。借助监控功能，你可以在阈值超限或者触发自动化操作进行系统自我修复时通知团队。例如，AWS 提供了 CloudWatch，它可以收集日志并生成指标，同时监控不同的应用程序和基础设施组件。它还可以触发各种自动化操作来对应用程序进行扩容。

云提供了内置的变更管理机制，有助于跟踪已置备的资源。云供应商提供了开箱即用的功能，以确保应用程序及其环境正在运行已知的软件，并能够以受控的方式进行修补或更换。例如，AWS 提供了系统管理器（AWS System Manager），它具有批量修补、更新云服务器的能力。云还提供了可用于备份数据、应用程序和环境的工具，以满足 RTO 和 RPO 的要求。客户可以利用云的支持服务或云合作伙伴来满足其工作负载的处理需求。

借助云，可以打造一个可伸缩的系统，它可以灵活地按需自动添加或删除资源。应用程序可靠性的一个重要方面是数据。云提供了现成的数据（包括机器镜像、数据库和文件）备份和复制工具。发生灾难时，云端已经妥善保存了数据的备份，这有助于系统的快速恢复。

应用程序开发和运维团队的定期互动有助于解决和预防已知问题和设计上的偏差，从而降低应用程序出现故障和中断的风险。应让应用程序的架构始终保持韧性，并对其进行分布式部署以应对中断。分布式部署应跨越不同的物理位置，以实现高可用性。

9.4 小结

本章介绍了让系统可靠的各种原则，包括实施自动化使系统自我修复，以及通过构建工作负载涵盖多个服务的分布式系统来降低故障造成的影响。

整体的系统可靠性在很大程度上取决于系统的可用性及其从灾难事件中恢复的能力。本章介绍了同步和异步数据复制，以及它们如何影响系统可靠性。此外，还介绍了各种数据复制方法，包括基于阵列、基于网络、基于主机和基于虚拟机的数据复制方法。每种复制方法都有其优缺点。如今，有多个厂商的产品可以按需实现数据复制。

本章也介绍了各种灾难恢复的方法，它们根据组织需求及 RTO 和 RPO 的不同而不同。另外，介绍了具有高 RTO 和 RPO 且易于实施的备份和恢复方法。通过在灾备站点保持数据库等关键资源处于活动状态，指示灯方案可以改善 RTO/RPO。暖备和多站点方案可在灾备站点维护工作负载的活动副本，有助于实现更好的 RTO/RPO。当通过降低系统的 RTO/RPO 来提高应用程序可靠性时，系统的复杂性增强，成本也会增加。本章还探讨了如何利用云的内置功能来确保应用程序的可靠性。

解决方案的设计和发布可能不会太频繁，但运营维护则是日常工作。下一章将介绍解决方案架构中的告警和监控，以及各种设计原则和技术选型，以使应用程序高效运行并实现卓越运维。

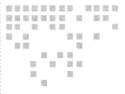

卓越运维考量

　　应用程序的可维护性同样是解决方案架构师在架构设计时应该考虑的主要方面之一。每一个新的项目在起初都需要大量的资源和仔细的规划。你可能会花几个月的时间来创建和发布应用程序，但随着应用程序越来越稳定，变更频率会越来越低。在产品发布后，需要处理好几件事才能让应用程序持续保持运行。你需要持续监控应用程序，以及时发现并解决出现的问题。

　　运维团队需要处理好应用程序基础设施、安全性和任何软件方面的问题，以确保应用程序可靠运行，不会出现任何问题。通常，企业应用程序本身就很复杂，而且需要满足根据应用程序可用性定义好的服务等级协议（SLA）。运维团队需要了解业务需求并做好应对任何事件的准备。

　　架构的各个组件和各层都应实现卓越运维。现代微服务应用程序涉及太多的部件，使得系统运维成为一项复杂的任务。运维团队需要建立适当的监控和告警机制来解决出现的问题，而且解决运维问题通常需要协调多个团队。另外，运维支出是组织为经营业务所投入的重要成本之一。

　　本章将介绍适用于实现卓越运维的各种设计原则。架构中每个组件的运维都需要仔细考虑。此外，也将介绍如何进行正确的技术选型，以确保架构中每一层的可运维性。

　　本章涵盖以下卓越运维的最佳实践：

　　❑ 卓越运维的设计原则。

　　❑ 卓越运维的技术选型。

　　❑ 卓越运维在公有云中的实现。

　　本章结束时，你将了解实现卓越运维的各种流程和方法，以及可应用于整个应用程序设计、实现和线上运维的最佳实践，以提高应用程序的可运维性。

10.1　卓越运维的设计原则

卓越运维是指在应用程序运行时尽可能减少中断，从而获得最大的业务价值。它旨在通过持续改进来使系统高效运行。

以下几节将讨论一些标准设计原则，这些原则可以帮助你提高系统的可维护性。你会发现，所有的卓越运维设计原则都是密切相关、相辅相成的。

10.1.1　自动化运维

近年来，技术发展日新月异，组织的软硬件来自多个供应商，运维工作也需要跟上这一趋势。企业正在构建混合云，因此你需要同时处理本地环境和云环境的运维工作。所有的现代系统都拥有更广泛的用户群，各种微服务协同工作，数百万台设备连接在网络中，对于这样的系统，运维会涉及许多活动部件，因此手动运维举步维艰。

组织要保持敏捷，运维也要更加高效，从而为新服务的开发和部署及时提供所需的基础设施。运维团队肩负着更重要的责任，即确保服务的正常运行，并在故障发生时进行快速运维和恢复。如今，在 IT 运维中更强调主动运维，而不是在事后做出反应。

运维团队可以通过自动化来实现高效工作。将手动工作自动化，团队就可以专注于更具战略性的举措，而不是被战术性的工作弄得焦头烂额。新服务器的启动或服务的开启和停止这类工作应该通过**基础设施即代码**（Infrastructure as Code，IaC）来实现自动化。最重要的是应该使用自动化来主动发现和响应安全威胁，这样运维团队也可以得到解放。此外，自动化还可以让团队将更多的时间投入到创新中。

对于面向 Web 的应用程序，可以使用机器学习在异常影响系统之前提前检测。如果有人将服务器暴露在 HTTP 80 端口，你可以将其作为一个安全问题自动上报。你甚至可以将整个基础设施自动化，并作为一键式解决方案进行多次重新部署。自动化还有助于避免人为错误，因为即便一个人重复地做同样的工作，也可能出现人为错误。如今，自动化已经是IT 运维的必备利器。

10.1.2　进行增量和可逆的变更

运维优化是一个持续的过程，需要不断努力，找出差距并加以改进。实现卓越运维需要经历一个过程。在运维的过程中，工作负载的各个部分总是需要进行变更，例如，服务器的操作系统经常需要更新安全补丁，应用程序使用的各种软件也总是需要版本升级。此外，为了满足新的合规要求，有时也需要对系统进行变更。

工作负载设计时应允许对所有系统组件进行定期更新，这样系统就可以从最新和最重要的更新中受益。应将变更流程自动化，这样就可以通过频繁应用小步变更来避免同时进行多个变更所导致的重大影响。任何变更都应该是可逆的，以便在出现问题时系统能恢复正常工作状态。增量变更有助于进行全面测试，并提高整个系统的可靠性。将变更管理自动化，以避免人为错误并提高效率。

10.1.3 预测并响应故障

预防故障对于实现卓越运维至关重要。故障是必然会发生的，所以尽可能提前识别故障更为关键。在架构设计过程中，要对故障进行预测，确保进行容错设计，这样就不会发生真正的故障。应假设一切都可能在任何时候出现故障，并为之准备好备份计划。应定期进行预演，找出潜在的故障原因，并尝试移除任何可能在系统运行期间导致故障的资源或缓解其可能造成的影响。

根据 SLA 来创建测试场景，其中可能包括系统恢复时间目标（RTO）和恢复点目标（RPO）。测试这些场景，并确保能理解测试的结果。在类生产环境中进行故障模拟，能够使团队做好应对任何事件的准备。测试故障处理程序，确保它能有效地解决问题，打造一支熟悉故障处理并充满自信的团队。

10.1.4 从错误中学习并改进

当系统发生故障时，应该从错误中吸取教训，找出问题所在，确保相同的故障不会再次发生。你应该预备好应对方案，以防故障重复发生。改进的方法之一是进行**根因分析**（Root Cause Analysis，RCA）。

在 RCA 过程中，需要召集团队，并采用"五问"（5Why）法来分析故障。每问一个"为什么"，就离问题的根源更进一步，在问完后续的"为什么"后，就能定位到问题的根源。等找到真实的原因，就可以准备相应的解决方案，对故障资源进行相应调整，并将现成的解决方案更新到运维手册。

工作负载随着时间的推移而变化，因此需要确保运维流程也得到了相应的更新。定期验证和测试所有方法，并确保团队熟悉最新的更新，以便执行它们。

10.1.5 持续更新运维手册

通常，团队很容易忽视文档更新，从而导致运维手册过期。运维手册提供了一系列的操作指南，以解决由外部或内部事件而产生的问题。缺少文档会使运维工作依赖于具体的人，这样的话，就可能会因为团队人员的流动而产生风险。一定要建立相应的流程，让系统运维不依赖具体的人，而且要记录运维流程的所有环节。

运维手册应该包括定义好的 RTO/RPO、延迟和性能等方面的 SLA。系统管理员应该在运维手册中维护启动、停止、打补丁和更新系统的步骤。运维团队的职责应包括系统测试和结果验证，以及事件处理流程的维护。

运维手册中需要记录所有以前的事件和团队成员为解决这些事件所采取的行动，这样有利于新的团队成员在系统运维时快速解决类似事件。通过脚本自动化运维手册，以便在新的变更发布时自动更新。

在团队进行系统变更以及每次构建后，都应该为文档自动添加注解。你可以使用这些注解来将运维操作自动化，而且注解对代码来说也很易读。业务优先级和客户需求都在不断变化，打造能够持续演进的运维体系至关重要。

10.2 卓越运维的技术选型

运维团队需要制定过程和步骤来处理运维事件并验证其采取的行动的有效性，也需要了解业务需求以提供有效的支持，还需要收集系统和业务指标以衡量业务成果的实现情况。

运维过程可以分为三个阶段：规划阶段、执行阶段和改进阶段。我们来探讨一下在每个阶段可以用到的技术。

10.2.1 卓越运维的规划阶段

卓越运维流程的第一步是定义运维优先级，以专注于高度影响业务的领域。这些领域可能是实现自动化、精简监控、随着工作负载的变化提升团队技能，以及提高总体工作负载性能。有一些工具和服务可以通过扫描日志和系统活动来爬取系统信息。它们通过执行一组核心检查对系统环境提出优化建议，并帮助明确优先级。

在理解优先级之后，需要对运维工作进行设计，这需要充分了解工作负载，以设计和构建足以支撑它们的流程。工作负载的设计应该包括如何实施、部署、更新和运维。整个工作负载可以看作由各种应用程序组件、基础设施组件、安全、数据治理和自动化运维共同组成。

设计运维时，请参考以下最佳实践：

❏ 使用脚本自动化运维手册，以减少人为错误，因为人为错误会增加运维负担。
❏ 根据定义好的（资源标识）标准（例如环境、版本、应用程序所有者和角色），使用资源标识机制来执行各种操作。
❏ 将事件响应流程自动化，以便在发生故障的情况下，系统不需要太多人为干预即可开始自我修复。
❏ 使用各种工具和功能来自动管理服务器实例和整个系统。
❏ 在实例上创建脚本，以便在服务器启动时自动安装必需的软件和安全补丁。这些脚本也称为引导脚本。

完成运维的设计后，要建立一套检查清单，用于检查运维工作是否都已就绪。这些检查清单应该非常全面以确保在系统上线后即可提供良好的运维支持，其中包括日志和监控、沟通计划、告警机制、团队技能、团队支持章程、供应商支持机制等。对于卓越运维的规划，以下两方面需要相应的工具来进行准备：

❏ IT 资产管理。
❏ 配置管理。

我们来进一步探讨这些方面，了解可用的工具和流程。

1. IT 资产管理

卓越运维的规划需要跟踪 IT 库存资产的使用。这些资产包括基础设施硬件，如物理服务器、网络设备、存储设备、终端用户设备等。此外，还需要跟踪软件许可证、运营数据、法律合同、合规要求等。IT 资产包括企业执行业务活动所需的任何系统、硬件或相关信息。

跟踪 IT 资产有助于组织对运维支持和规划的战略和战术进行决策。然而在大型组织中，IT 资产的管理可能是一项非常艰巨的任务。运维团队可以使用各种 IT 资产管理（IT Asset Management，ITAM）工具来管理资产。这些工具中最流行的是 SolarWinds、Freshservice、ServiceDesk Plus、Asset Panda、PagerDuty、Jira Service Desk 等。

IT 管理不仅限于跟踪 IT 资产，还包括持续监控和收集资产数据，以优化资产的使用方法和运营成本。ITAM 提供端到端的可视化和快速应用补丁和升级的能力，使组织更加敏捷。图 10-1 展示了 IT 资产生命周期管理（IT Asset Lifecycle Management，ITALM）。

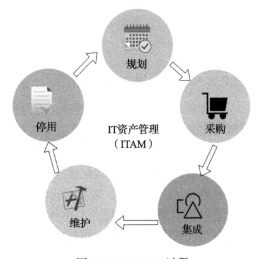

图 10-1   ITALM 过程

如图 10-1 所示，ITALM 过程包括以下阶段：

- **规划**：资产生命周期始于规划，这是更具战略意义的重点，可以确定对整个 IT 资产的需求和采购方法。它包括成本效益分析和总体成本评估。
- **采购**：在采购阶段，组织会根据规划来采购资产。当然，也可能决定根据需要开发一些自有的资产，例如，用于日志记录和监控的内部软件。
- **集成**：在集成阶段，资产会被安装在环境中。集成工作包括对资产的运维和相关支持，以及对用户访问权限的定义，例如，安装日志代理以从所有服务器收集日志并将其展示在集中式的仪表盘上，将监控仪表盘指标的权限只开放给 IT 运维团队。
- **维护**：在维护阶段，IT 运维团队会跟踪资产，并根据资产的生命周期进行升级或迁移，例如，应用软件供应商提供的安全补丁。另一个示例是跟踪许可软件的使用寿命，例如，随着旧操作系统的使用寿命到期，将 Windows 2008 迁移到 Windows 2016。
- **停用**：在停用阶段，运维团队将处置报废资产。例如，如果旧数据库服务器的使用寿命即将到期，团队将对其进行升级，并将所需的用户和支持迁移到新服务器。

　　ITAM 能够帮助组织遵守 ISO 19770 合规性要求，包括软件采购、部署、升级和支持。ITAM 提供了更好的数据安全性，并有助于改善软件合规性，还可以在业务单元（例如运维、财务和营销团队）与一线员工之间建立更好的沟通环境。

2. 配置管理

　　配置管理通过维护配置项（Configuration Item，CI）来管理和提供 IT 服务。CI 会由配置管理数据库（Configuration Management Database，CMDB）来跟踪。CMDB 存储和管理系统组件的记录及其属性（例如类型、所有者、版本以及与其他组件的依赖性）。CMDB 还会跟踪服务器是物理的还是虚拟的，是否安装了操作系统及其版本组件（Windows 2012 或 Red Hat Enterprise Linux（RHEL）7.0），服务器的所有者（支持、营销或人力资源部门），以及是否对其他服务器（如用于订单管理的服务器）有依赖等。

　　配置管理与资产管理不同。资产管理的范围要大得多。它管理资产从规划到停用的整个生命周期，而 CMDB 是资产管理的一个组成部分，它存储资产的配置记录。如图 10-2 所示，配置管理着眼于资产管理的集成和维护部分。

　　如图 10-2 所示，配置管理会处理资产管理的部署、安装和支持环节。配置管理工具可以提供随时可用的资产配置信息，帮助运维团队减少停机时间。

　　实施有效的变更管理有助于我们理解环境中变更所带来的影响。最受欢迎的配置管理工具有 Chef、Puppet、Ansible、Bamboo 等（详见第 12 章）。

　　如果工作负载位于 Amazon Web Services（AWS）、Azure 或 Google Cloud Platform（GCP）等公有云中，那么 IT 管理将变得更加容易。云供应商提供了内置工具，可以在统一的地方实现对 IT 库存和配置的跟踪和管理。例如，AWS 提供诸如 AWS Config 之类的服务，该服务可以跟踪作为 AWS 工作负载的一部分而运行的所有 IT 资产；也提供诸如 AWS Trusted Advisor 之类的服务，可以根据成本、性能和安全性提供工作负载管理的建议。

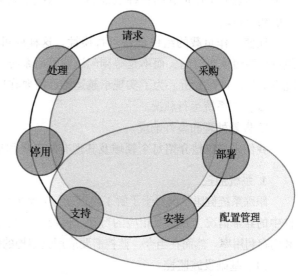

图 10-2　IT 资产生命周期管理与配置管理

　　企业可以建立一个框架，例如搭建信息技术基础设施库（Information Technology Infrastructure Library，ITIL），它实现了信息技术服务管理（Information Technology Service Management，ITSM）的最佳实践，ITIL 提供了有关如何实施 ITSM 的示范。

　　资产管理和配置管理是 ITIL 框架的一部分，与卓越运维息息相关。ITSM 可以帮助企业进行日常的 IT 运维。你可以访问其管理机构 AXELOS 的网站（https://www.axelos.com/ best-practice-solutions/itil）来了解更多关于 ITIL 的信息。AXELOS 提供 ITIL 认证，以培养 IT 服务管理过程中所需要的技能。现在你已经了解了卓越运维的规划阶段，我们接下来继续探讨卓越运维的执行阶段。

10.2.2 卓越运维的执行阶段

卓越运维的关键在于主动监控和快速响应，这样在发生故障时系统才能够快速恢复。可以通过了解工作负载的运行健康状况来识别故障何时发生以及响应措施何时生效，应借助一些具备度量和仪表盘功能的工具来了解工作负载的健康状态，还应该将日志数据发送到集中存储区，并定义指标以建立基准。

通过定义和了解工作负载的内容，可以对运维问题进行快速而准确的响应。应使用工具来自动响应工作负载的各种运维事件，这些工具可以让你自动响应运维事件，并根据告警采取相应行动。

应使工作负载的组件具备可替换性，这样就可以将发生故障的组件替换为正常运转的组件以缩短恢复时间，而不是等到问题修复后系统才能恢复。然后，在不影响生产环境的情况下对故障进行分析。为了实现卓越运维，需要在以下领域使用一些适当的工具：

❑ 监控系统运行状况。

❑ 告警处理和事件响应。

我们来详细地介绍每个领域及其现有的工具和流程。

1. 系统监控

跟踪系统健康状况对于了解工作负载行为至关重要。运维团队通过系统监控来记录系统组件中的异常情况，并采取相应的行动。传统上，监控仅限于在基础设施层跟踪服务器的 CPU 和内存利用率。然而在当今，监控需要应用到架构的每一层。以下是需要监控的重要组件。

（1）基础设施监控

基础设施监控是必不可少的，也是最流行的监控形式。基础设施包括托管应用程序所需的组件。这些组件都很关键，如存储设备、服务器、网络流量、负载均衡器等。基础设施监控可能包括以下指标：

❑ **CPU 利用率**：服务器在给定时间内所使用的 CPU 的百分比。

❑ **内存利用率**：服务器在给定时间内所使用的内存（RAM）的百分比。

❑ **网络利用率**：网络数据包在给定时间内的入站 / 出站情况。

❑ **磁盘利用率**：磁盘读 / 写吞吐量和每秒输入输出量（IOPS）。

❑ **负载均衡器**：给定时间内的请求次数。

还有更多可用的指标，企业需要根据自己的监控需求来定制监控指标。图 10-3 显示了一个网络流量监控仪表盘示例。

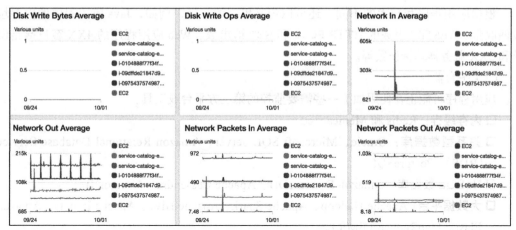

图 10-3　基础设施监控仪表盘

可以看到，系统仪表盘显示了一天内的峰值，其中不同的服务器使用不同的颜色编码。运维团队可以深入研究每个图形和相关资源以获得更细粒度的信息。

（2）应用程序监控

有时，基础设施都是正常的，但应用程序可能会由于代码中的某些错误或第三方软件的缺陷而出现问题。你可能会应用一些供应商提供的操作系统安全补丁，从而导致应用程序出现问题。应用程序监控可能包括如下指标：

❑ **端点**：给定时间段内的请求次数。

❑ **响应时间**：完成请求的平均响应时间。

❑ **节流**：系统容量超限时能处理的有效请求数。

❑ **错误**：应用程序在响应请求时抛出错误。

图 10-4 展示了一个应用程序端点监控仪表盘的示例。

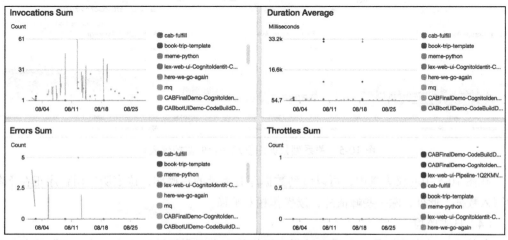

图 10-4　应用程序监控仪表盘

根据应用程序和技术的不同，还可以定义更多的指标，例如，Java 应用程序的内存垃圾回收量、RESTful 服务的 HTTP POST 和 GET 请求数、Web 应用程序的 4XX 客户端错误数和 5XX 服务器端错误数等。

（3）平台监控

应用程序可能正在使用如下一些需要监控的第三方平台或工具：

- ❑ **内存缓存**：Redis 和 Memcached。
- ❑ **关系型数据库**：Oracle、Microsoft SQL Server、Amazon Relational Database Service（RDS）、PostgreSQL。
- ❑ **NoSQL 数据库**：Amazon DynamoDB、Apache Cassandra、MongoDB。
- ❑ **大数据平台**：Apache Hadoop、Apache Spark、Apache Hive、Apache Impala、Amazon Elastic MapReduce（EMR）。
- ❑ **容器**：Docker、Kubernetes、OpenShift。
- ❑ **BI 工具**：Tableau、MicroStrategy、Kibana、Amazon QuickSight。
- ❑ **消息系统**：MQSeries、Java 消息服务（Java Message Service，JMS）、RabbitMQ、简单队列服务（Simple Queue Service，SQS）。
- ❑ **搜索**：Elasticsearch、基于 Solr 搜索引擎的应用程序。

上述每种工具都有一组自己的指标，因此你需要对这些指标进行监控，以确保应用程序总体上是健康的。图 10-5 显示了一个关系型数据库管理平台的监控仪表盘。

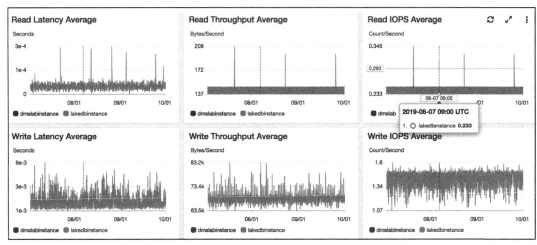

图 10-5　关系型数据库管理平台的监控仪表盘

在图 10-5 中的仪表盘中，可以看到数据库有大量的写操作，这表明应用程序正在不断地写入数据。此外，除一些峰值外，读操作相对平稳。

（4）日志监控

传统上，日志监控是一个手动过程，组织只有在遇到问题时才会"响应式"地分析日志。然而，随着竞争越来越激烈，用户的期望值越来越高，在用户注意到问题之前就迅速采取行动已经变得至关重要。基于主动监控的需要，你应该有能力将日志流转到一个集中的地方，并运行查询来监控和识别问题。

例如，如果某些产品页面抛出错误，你需要立即了解该错误，并在用户投诉前解决这个问题，否则将带来营收损失。在遭受网络攻击的情况下，你同样需要分析网络日志，并阻止可疑的 IP 地址。这些 IP 可能会发送数量异常的数据包，导致应用程序瘫痪。AWS CloudWatch、Logstash、Splunk、Google Stackdriver 等监控系统都提供了一个可以安装在应用服务器中的代理，该代理会将日志传输到一个集中式存储位置。你可以直接查询集中式日志存储，并针对异常情况设置告警。

图 10-6 展示了一个集中收集的网络日志示例。

Message
2019-02-05 20:08:14
2 789211807855 eni-0c7812c55522bd887 172.31.0.23 172.31.0.252 49232 1433 6 40 1860 1549397294 1549397893 ACCEPT OK
2 789211807855 eni-0c6918ddd57f2978f 104.248.247.78 172.31.0.202 33794 8088 6 1 40 1549397503 1549397563 REJECT OK
2 789211807855 eni-0c6918ddd57f2978f 78.128.112.98 172.31.0.202 58594 3393 6 1 40 1549397503 1549397563 REJECT OK
2 789211807855 eni-0c6918ddd57f2978f 172.104.121.206 172.31.0.202 38620 465 6 1 40 1549397503 1549397563 REJECT OK
2 789211807855 eni-0c6918ddd57f2978f 193.32.160.35 172.31.0.202 48479 40004 6 1 40 1549397503 1549397563 REJECT OK
2 789211807855 eni-0c6918ddd57f2978f 172.31.0.202 172.31.0.23 46346 1433 6 20 1280 1549398103 1549398103 ACCEPT OK
2 789211807855 eni-0c6918ddd57f2978f 172.31.0.23 172.31.0.202 1433 46346 6 20 820 1549397503 1549398103 ACCEPT OK
2 789211807855 eni-0c6918ddd57f2978f 172.31.0.202 172.31.0.23 44622 1433 6 20 1280 1549397503 1549398103 ACCEPT OK

图 10-6　集中存储的原始网络日志

你可以对这些日志进行查询，按照拒绝请求次数由多至少找出前 10 个源 IP 地址，如图 10-7 所示。

如图 10-7 中查询编辑器所示，你可以创建图表来显示结果，并且如果检测到的拒绝次数超过一定的阈值（比如 5000），就可以进行告警。

（5）安全监控

安全对任何应用程序都至关重要，在设计解决方案时就应该考虑安全监控。正如我们在第 8 章中讨论各种架构组件中的安全性时所了解到的，每一层都需要考虑安全性。你需要实施安全监控来对事件及时采取行动并做出响应。以下列出了重要组件需要应用监控的地方：

❑ **网络安全**：监控未经授权的端口开放、

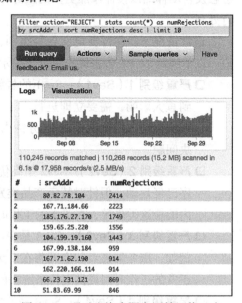

图 10-7　通过查询来洞察原始网络日志

可疑的 IP 地址和活动。

❑ **用户访问**：监控未经授权的用户访问和可疑的用户活动。

❑ **应用程序安全**：监控恶意软件或病毒攻击。

❑ **Web 安全**：监控分布式拒绝服务（DDoS）攻击、SQL 注入或跨网站脚本（XSS）。

❑ **服务器安全**：监控安全补丁的漏洞。

❑ **合规性**：监控合规性漏洞，如违反**支付卡产业联盟**（Payment Card Industry，PCI）对支付应用的合规性检查，或 HIPAA 对医疗保健应用的合规性检查。

❑ **数据安全**：监控未经授权的数据访问、数据脱敏和数据在静止和传输中的加密。

对于监控，可以使用各种第三方工具，如 Imperva、McAfee、Qualys、Palo Alto Networks、Sophos、Splunk、Sumo Logic、Symantec、Turbot 等。

在应用监控工具对系统的组件进行监控时，对监控系统本身的监控也是至关重要的。应确保对监控系统的主机进行监控。例如，如果将监控工具托管在 Amazon Elastic Compute Cloud（EC2）中，那么可以用 AWS CloudWatch 监控 EC2 的健康状况。

2. 告警处理和事件响应

监控是卓越运维执行阶段的一部分，另一部分涉及告警及相关行动。设置告警时，可以定义系统的阈值以及在何时需要发出告警。例如，如果服务器 CPU 利用率达到 70%，并且持续 5 分钟，那么监控工具就会记录下服务器 CPU 的高利用率，并向运维团队发出告警，让运维团队在系统崩溃之前采取行动，将 CPU 利用率降下来。

运维团队可以通过手动添加服务器来应对此事件。如果已经实施了自动化，那么告警会触发自动伸缩以按需添加更多的服务器，并且还会自动向运维团队发送通知，以便稍后进行处理。

通常情况下，你需要定义告警类别，运维团队会根据告警的严重程度来准备相应的响应。以下展示了一个告警优先级分类的示例：

❑ **严重级别 1（Sev1）**：Sev1 的告警最严重，需要优先解决。Sev1 问题只应当客户受到重大影响，需要立即进行人工干预时，才会发出告警。Sev1 告警可能是整个应用系统瘫痪。团队需要在 15 分钟内对这类告警做出响应，并且需要全天候的支持来解决问题。

❑ **严重级别 2（Sev2）**：Sev2 是高优先级的告警，可以在工作时间处理。例如，应用程序已经启动，但针对特定产品类别的评分和评论系统无法工作。团队需要在 24 小时内响应这类告警，在正常的工作时间提供支持来解决这个问题就可以了。

❑ **严重级别 3（Sev3）**：Sev3 是中等优先级的告警，可以在几天内的工作时间来处理，例如，服务器磁盘的空间将在 2 天内占满。团队需要在 72 小时内响应这类告警，在正常的工作时间提供支持来解决问题就可以了。

❑ **严重级别 4（Sev4）**：Sev4 是低优先级的告警，可以在一周内的工作时间处理，例如，安全套接层（SSL）证书将在 2 周内到期。团队需要在一周内响应这类告警，并且只需要在正常的工作时间提供支持来解决问题。

❑ **严重级别 5（Sev5）**：Sev5 属于通知，这里通常不需要上报，可以只是简单的信息，例如，发送部署完成的通知。由于只是为了提供信息，所以不需要响应。

每个组织可根据其应用程序需求来设置不同的告警严重级别。有些组织可能希望将严重程度设置为四级，而其他组织则可能设置为六级。此外，告警响应时间也可能不同。也许有些组织希望在 6 小时内全天候处理 Sev2 告警，而不是在工作时间才处理这些问题。

设置告警时，请确保标题和摘要简单明了。通常，告警会发送到移动设备（以短信形式）或寻呼机（以消息形式），并且其内容必须简单明了，以便立即采取措施。应确保在告警消息中包含适当的指标数据，例如 "Web-1 生产服务器中磁盘使用量已达 90%" 之类的信息，而不仅仅显示 "磁盘已满"。图 10-8 展示了一个告警仪表盘的示例。

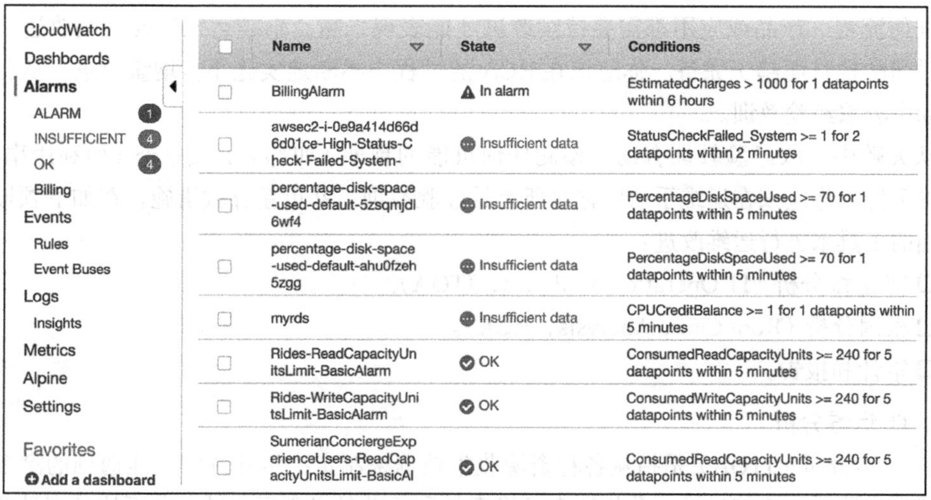

图 10-8　告警仪表盘

如图 10-8 中告警仪表盘所示，有一个处理中的告警，该告警在计费超过 1000 美元时触发。最下面的 3 个告警的状态是 "OK"，因为在监控过程中收集到的数据都在阈值之内。有 4 个告警显示的是 "Insufficient data"（数据不足），这意味着没有足够的数据来确定所监控的资源的状态。只有当告警能够收集足够数据并显示 "OK" 状态时，你才应该认为该告警是不存在问题的。

测试关键告警的事件响应情况至关重要，这样才可以确保你能够按照已定义的 SLA 进行响应。确保合理地设置阈值，以便有足够的空间来解决问题，此外，不要发送太多告警以免造成告警疲劳。确保一旦问题得到解决，就将告警复位，并准备好再次捕获告警事件。

这里的事件指任何对系统和客户造成负面影响的计划外中断。事件期间的第一反应应该是恢复系统和恢复客户体验。修复问题可以在系统恢复并开始运行后再进行。自动告警有助于主动发现事件，并将对用户的影响降到最低。如果整个系统瘫痪，则可以自动切换到灾备站点，而主系统可以在之后进行修复和恢复。例如，Netflix 使用 Simian Army（https://netflixtechblog.com/the-netflix-simian-army-16e57fbab116），它通过 Chaos Monkey 来测试系统可靠性。Chaos Monkey 会对生产服务器进行随机终止，以测试系统是否能在不影响终端用户的情况下应对灾难事件。同样，Netflix 还有其他工具（比如 Security Monkey、Latency Monkey 甚至是 Chaos Gorilla），可以从不同角度测试系统架构，其中 Chaos Gorilla 可以模拟整个可用区的中断。

监控和告警是实现卓越运维的重要组成部分。所有监控系统通常都集成了告警功能。全自动的告警和监控系统可以让运维团队提高维护系统健康的能力，能够更专业快速地采取行动，并在用户体验方面表现卓越。

10.2.3　卓越运维的改进阶段

任何流程、产品或应用都需要持续改进才能表现卓越。卓越运维需要持续改进，才能随着时间的推移而趋于完备。你应该在 RCA 的过程中不断地实施小步增量改进，从各种运维活动中吸取经验教训。

从失败中吸取经验教训有助于预测任何可能的预期（如部署）或意外（如利用率激增）的运维事件。你应该在运维手册中记录所有的经验教训，并更新补救措施。在如下领域，需要适当的工具来进行运维改进：

❑ IT 运维分析（IT Operation Analytics，ITOA）。

❑ 根因分析（Root Cause Analysis，RCA）。

❑ 审计和报告。

1. IT 运维分析

IT 运维分析（ITOA）是指从各种资源收集数据来制定决策并预测可能遇到的潜在问题的实践。为了改进卓越运维，分析所有运维事件和活动是必不可少的。分析故障有助于预测未来的事件，并使团队做好准备。应实现一种机制来收集运维事件、跨工作负载的各种活动和基础设施变更的日志，还应该跟踪记录活动的详细信息，并维护好活动历史记录，以便审计。

大型组织可能有数百个系统，会产生大量的数据，因此需要一种机制来提取和存储一段时间（如 90 天或 180 天）内的所有日志和事件数据，以便进行深入分析。ITOA 使用大数据架构来存储和分析来自各地的 TB 级数据。ITOA 有助于识别单一工具无法发现的问题，并能够帮助你确定各种系统之间的依赖关系，提供整体视图。

如图 10-9 所示，每个系统都有自己的监控工具，它们可以帮助你深入了解和维护各个系统组件。对于运维分析，你需要将这些监控数据提取到一个集中的地方。将所有运维数据收集在一处，可以让其成为唯一可信来源，你就可以在那里查询所需的数据并对其进行分析以获得有意义的洞见。

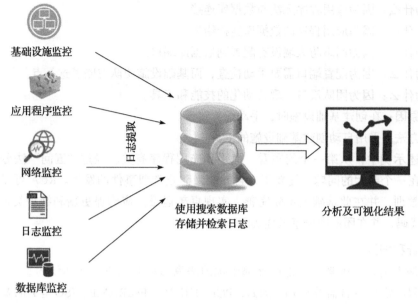

图 10-9　ITOA的大数据分析

　　要创建运维分析系统，可以使用可伸缩的大数据存储服务，如 Amazon Simple Storage Service（S3），也可以将数据存储在本地的 Hadoop 集群中。对于数据提取，可以在每台服务器中安装代理，它能够将所有监控数据发送到集中存储系统。你也可以使用 Amazon CloudWatch 代理从每台服务器收集数据，并将其存储在 S3 中。有一些第三方工具（如 ExtraHop 和 Splunk）同样可以帮助你从各种系统中提取数据。

　　数据收集到集中存储系统后，就可以进行转换，以便于搜索和分析。可以使用 Spark、MapReduce、AWS Glue 等大数据应用来实现数据的转换和清洗。为了实现数据的可视化，可以使用一些 BI 工具，如 Tableau、MicroStrategy、Amazon QuickSight 等。在这里，我们讨论的是通过构建一个提取、转换和加载（Extract-Transform-Load，ETL）数据的流水线来进行运维分析的过程。第 13 章将介绍更多细节，并进一步通过机器学习来对未来事件进行预测分析。

2. 根因分析

　　为了持续改进，防止同样问题的再次发生是至关重要的。如果能正确地发现问题，那么就可以制订并应用有效的解决方案。要想解决问题，关键在于要能够定位问题的根本原因。"五问"（5Why）法就是一个简单而有效的方法，可以帮你找出问题的根本原因。

　　使用"五问"法，需要召集团队对某一事件进行回顾，并通过连续提出五个问题来确定问题的根本原因。举个例子，假设数据没有显示在应用程序的监控仪表盘中。你可以问如下五个"为什么"来找到根本原因。

　　问题：应用程序的监控仪表盘不显示任何数据。

1）为什么：因为应用程序无法与数据库连接。

2）为什么：因为应用程序的数据库连接错误。

3）为什么：因为网络防火墙没有配置到数据库端口。

4）为什么：因为配置端口需要手动检查，而基础设施团队忽略了这一点。

5）为什么：因为团队没有实现自动化的技能和工具。

根本原因： 在创建基础设施时，手动配置错误。

解决方法： 采用自动创建基础设施的工具。

在上述示例中，从第一个问题看，似乎和应用程序有关。经过"五问"法分析后，发现其实存在一个更大的问题，需要引入自动化来防止类似事件的发生。RCA 可以帮助团队记录经验教训，并在此基础上不断完善，实现卓越运维。应确保更新和维护类似 Runbook 的自动化代码，并在团队中分享最佳实践。

3. 审计和报告

审计是识别系统中来自内部或外部干扰的恶意活动并提供预防建议的重要活动之一。如果应用程序需要符合监管机构（例如，PCI、HIPPA、FedRAMP、ISO 等）的要求，审计就变得尤为重要。大多数合规监管机构需要对系统进行定期审计，并验证系统的每项活动，以编写合规报告并颁发证书。

审计是预防和检测安全事件的关键。黑客可能会悄悄地潜入你的系统，并在无人察觉的情况下系统地窃取信息，而定期的安全审计可以发现隐藏的威胁。你还可能希望通过定期审计来确定资源是否在不需要时处于闲置状态，进而优化成本。此外，审计可以确定资源需求和可用容量，以便对其进行规划。

除了告警和监控，运维团队还需要通过审计来让系统免受任何侵害。IT 审计可以确保对 IT 资产和授权许可证的保护，并保证数据的完整性和足够的运维保障，从而实现组织目标。

审计步骤包括计划、准备、评估和报告。任何风险都需要在报告中进行突出强调，并需要采取后续行动以处理未决问题。为了实现卓越运维，团队可以进行内部审计，以确保所有系统都运行良好，并且具备适当的告警机制来检测事件。

10.3 在公有云中实现卓越运维

AWS、GCP、Azure 等公有云供应商提供了许多内置的功能和指南，以实现云上的卓越运维。云供应商提倡自动化，这是实现卓越运维最基本的要素之一。以 AWS 云为例，以下服务可以帮助实现卓越运维：

❑ **规划：** 卓越运维规划包括识别不足之处和提出相应建议，通过脚本进行自动化以及管理服务器机群的更新和补丁安装。以下 AWS 服务可在规划阶段为你提供帮助：

● AWS Trusted Advisor：AWS Trusted Advisor 根据预设的最佳实践来检查工作负

载，并提供实施建议。

- AWS CloudFormation：使用 AWS CloudFormation 可以将整个工作负载视为代码来进行管理，包括应用程序、基础设施、策略、治理和运维。
- AWS Systems Manager：AWS Systems Manager 提供了对云服务器进行批量打补丁、更新和整体维护的能力。

❑ **执行**：实施卓越运维最佳实践和自动化功能后，需要对系统进行持续监控，以便能够及时对事件进行响应。以下 AWS 服务有助于实现系统监控、告警和自动响应：

- Amazon CloudWatch：CloudWatch 提供了数百个内置指标来监控工作负载的操作并根据定义的阈值触发告警。它提供了一个集中式日志管理系统并能够触发事件的自动响应功能。
- AWS Lambda：AWS Lambda 可用于自动响应运维事件。

❑ **改进**：当系统出现故障后，需要确定它们的模式和根本原因，以便持续改进。应该遵循最佳实践来维护运维脚本的版本。以下 AWS 服务将帮助你识别系统的不足并进行改进：

- Amazon Elasticsearch：Elasticsearch 有助于从经验中学习。应使用 Elasticsearch 来分析日志数据，以深入了解问题，并尝试通过分析从经验中学习。
- AWS CodeCommit：将库、脚本和文档以代码的形式维护在中央仓库中，以便共享和学习。

AWS 提供了各种功能，让工作负载和运维操作作为代码来运行。这些功能有助于自动化运维操作和事件响应。借助 AWS，你可以轻松地替换出现故障的组件，并在不影响生产环境的情况下对发生故障的资源进行分析。

在 AWS 上，如 AWS CloudTrail 这样的工具可以将所有系统操作、工作负载活动以及基础设施的日志进行聚合，以创建活动历史记录。你可以使用 AWS 工具来查询和分析系统一段时间内的操作，并找出需要改进之处。在云上，由于所有资源都提供了 API 接口和 Web 界面，而且位于同一层级，所以对资源的发现非常容易。你还可以从云上监控本地工作负载。

卓越运维的实现是一个持续的过程。应该分析每一个故障，以改进系统运维。应理解应用程序负载的需求，将常规运维操作记录在运维手册中，在处理问题时应遵循规定步骤，实现自动化并建立监控和告警机制，这样，运维团队就能做好准备，应对任何事件。

10.4 小结

根据运维需求进行持续改进，并利用 RCA 从以往的事件中吸取经验教训，就可以实现卓越运维。你可以通过提高运维水平来实现业务的成功，此外，为应用程序构建快速响应式部署能够提高运维效率，遵循运维的最佳实践能够使工作负载表现卓越。

本章介绍了卓越运维的设计原则。这些原则倡导自动化运维、持续改进、增量变更、故障预测和响应准备。另外，还介绍了实现卓越运维的各个阶段以及相应的技术选型。对于规划阶段，介绍了 IT 资产管理，它可以跟踪 IT 资源的库存资产；还介绍了配置管理，它可以确定资产之间的依赖关系。

对于执行阶段，探讨了告警和监控，通过各种示例介绍了不同的监控类型，其中包括基础设施、应用程序、日志、安全和平台监控。此外，论述了告警的重要性，并介绍了如何定义告警的严重级别和与之对应的响应。

对于改进阶段，介绍了如何通过大数据流水线来进行 IT 运维分析，如何使用"五问"（5Why）法来执行 RCA，以及审计的重要性。审计可以使系统免受任何恶意行为和未被注意到的威胁的侵害。此外，还介绍了云上的卓越运维以及可用于 AWS 云上卓越运维的各种内置工具。

截至目前，我们已经介绍了性能、安全、可靠性和卓越运维方面的最佳实践。下一章将介绍成本优化方面的最佳实践，优化系统整体成本的各种工具和技术，以及如何利用云上的多种工具来管理 IT 支出。

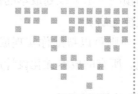

第 11 章 _Chapter 11_

成本考量

在服务客户的同时提高利润率是企业的首要目标之一。当项目启动时，成本是讨论的关键因素。是否升级应用和添加新的产品功能，很大程度上取决于能获得多少资金。产品的成本是每个人的责任，对成本的考量需要贯穿产品生命周期（从规划到产品上市）的每个阶段。本章将帮助你了解优化 IT 解决方案和运营成本的最佳实践。

成本优化是一个持续的过程，需要在不牺牲客户体验的前提下谨慎地管理。成本优化并不意味着降低成本，而是通过最大化投资回报率（ROI）来降低业务风险。在规划成本优化措施之前，需要了解客户的需求，并采取相应的行动。通常情况下，如果客户追求的是质量，那么他们会接受更高的价格。

本章将介绍解决方案成本优化的各种设计原则。在架构的各阶段和各组件中都需要考虑成本问题。此外，还将介绍如何选择正确的技术以确保各个层面的成本优化。

本章涵盖以下成本优化的最佳实践：

❑ 成本优化的设计原则。

❑ 成本优化的技术选型。

❑ 公有云上的成本优化。

本章结束时，你将了解在不影响业务敏捷性和成果的情况下优化成本的各项技术。你将学到多种成本监控方法以及如何通过技术治理来控制成本。

11.1　成本优化的设计原则

成本优化指在降低企业运营成本的同时，提高企业价值并降低风险的过程。你需要通过估算预算和预测支出来规划成本的优化方案。为了实现成本增益，你需要实施成本节约计划，并密切监控支出。

遵循某些原则可以帮助你实现成本优化。下面几节将讲述帮助优化成本的常见设计原则。你会发现，所有的成本优化设计原则都是密切相关、相辅相成的。

11.1.1 计算总拥有成本

通常情况下，组织往往会忽略**总拥有成本**（Total Cost of Ownership，TCO），并根据购买软件和服务的前期成本进行决策，前期成本又名**资本支出**（Capital Expenditure，CapEx）。虽然确定前期成本至关重要，但从长远来看，TCO 最为重要。TCO 包括 CapEx 和**运营支出**（Operational Expenditure，OpEx），涵盖了应用生命周期的方方面面。CapEx 成本包括企业为获取服务和软件而预先支付的费用，而 OpEx 则包括软件应用的运行、维护、培训和报废的费用。在计算长期的投资回报率时，应该考虑所有的相关成本，以便做出更具战略性的决策。

例如，当购买一台 24 小时不间断运行的冰箱时，你会考虑节能等级来将电费保持在更低的水平。你准备在前期支付更高费用购买价格更高的冰箱，因为你知道随着时间的推移，总成本会因为节省了电费而降低。

现在，我们以数据中心为例进行说明，它有一个前期的硬件购置成本，即 CapEx。然而，数据中心的建设需要额外的持续成本，即 OpEx，包括加热、冷却、机架维护、基础设施管理、安全防护等方面的支出。

对于典型案例，当购买和实现软件时，需要将图 11-1 所示的成本纳入考虑范围来计算 TCO。

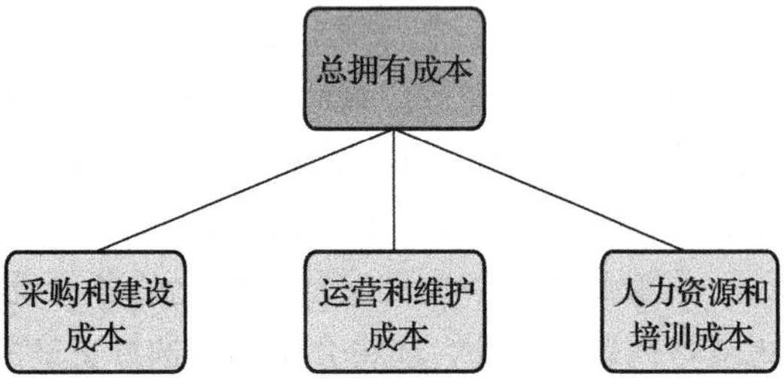

我们来进行详细的介绍。对于成品软件（如 Oracle 或 MS SQL 数据库），每个 TCO 分量都有以下常见的成本：

图 11-1 软件总拥有成本

- ❑ **采购和建设成本**：获取软件和部署软件需要的服务的前期成本，包括：
  - 软件购买费用，包括购买软件用户许可证的费用。
  - 硬件成本，包括用来部署软件所购买服务器和存储设备的费用。
  - 实施成本，包括为生产运行做好准备所投入的时间和精力而付出的费用。
  - 迁移费用，包括将数据转移到新系统的费用。
- ❑ **运营和维护成本**：为了让软件在服务业务用例时持续运行而持续支付的服务费用，包括：
  - 软件维护和支持费用。
  - 补丁和更新费用。

- 优化费用。
- 维护硬件服务器的数据中心成本。
- 安全防护费用。

❑ **人力资源和培训成本**：培训工作人员以便他们能够使用该软件进行业务活动的间接费用，包括：

- 招聘和培训应用管理工作人员的费用。
- 招聘和培训信息技术支持人员的费用。
- 聘请职能和技术顾问的费用。
- 开展培训和购买培训工具的费用。

在寻求解决方案时，存在多种选择（如订阅像 Salesforce CRM 这样的软件即服务（SaaS）产品）。SaaS 模式大多是基于订阅的，所以你需要确定是否能通过更多的使用次数来获得预期的投资回报率。你可以采取混合方式，选择云上的基础设施即服务（IaaS）来代替硬件投资，并安装成品软件。当然，如果成品软件不能满足需求，你也可以选择自己搭建。在任何情况下，你都应该计算 TCO，以便做出可以使投资回报率最大化的决策。我们来看预算和预测规划，它有助于控制 TCO 从而获得更高的 ROI。

11.1.2 规划预算和预测

每个企业都需要规划支出，计算投资回报率。规划预算可以为组织和团队在成本控制方面提供指导。组织应规划 1～5 年的长期预算，这有助于根据所需的资金来经营业务。这些预算再细化到各个项目和应用层面。在解决方案设计和开发过程中，团队需要考虑现有的预算，并做出相应的规划。预算有助于量化业务目标，预测则提供了对成果的估算结果。

从长远看，你可以将预算规划视为重要的战略规划，而预测则可以更多从战术层面提供估算，并决定业务方向。在应用开发和运营中，如果没有预算和预测，你可能很快就会失去对预算的控制，以至于超支。这两个术语很容易混淆，所以我们来了解一下预算和预测之间的区别（见表 11-1）。

表 11-1 预算和预测的区别

预算	预测
体现你想实现的业务目标的未来结果和现金流	体现业务的收入和现状
长期计划，例如 1～5 年的计划	月度或季度计划
根据业务驱动因素，调整的频率较低，可能一年一次	根据实际业务进展情况更频繁地更新
帮助决定业务方向，如根据实际成本与预算成本进行组织结构调整	有助于调整短期业务费用，如增加人员配置
通过比较计划成本与实际成本，帮助确定业绩	不是用于调整绩效，而是用于简化进度

预测信息可以帮助你立即采取行动，而预算可能会因为市场的变化而无法实现。如

图 11-2 所示，在完成日常设计和开发工作时，基于历史支出做出的预测可以促使你调整下个月的成本。

在图 11-2 中的账单和预测报告中，月预算是 3000 美元，而预测结果显示，到月底，你将会超支。在这里，预测可以帮助你采取行动，控制成本，使之不超过预算。下一节，我们来看通过管理需求和服务来提高成本效率的机制。

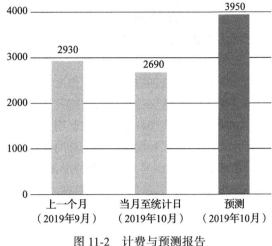

11.1.3 管理需求和服务目录

几乎每个组织都有一个集中的 IT 团队，它与内部业务团队（如各业务单元的应用开发团队和支持团队）合作。IT 团队管理着对 IT 基础设施的需求，其中

图 11-2 计费与预测报告

包括所有软件、硬件和管理应用托管服务的成本。通常情况下，业务团队对其使用的 IT 服务的成本驱动因素缺乏了解，例如，应用开发往往会过度配置开发或测试环境，产生额外的成本。

从组织的不同单元获得正确的规模和需求预测，有助于实现供需平衡。通过将所有需求整合在统一的地方，组织可以从规模经济中获益。你可能会实现较低的可变成本，因为大型合同可以实现较高的规模经济效益。将来自所有组织单元的需求汇总起来，能获得更低的采购价格。

组织可以采取以下两种方法中的一种来管理需求和服务：

❑ **需求管理**：为了在现有的 IT 环境中节省成本（在这些环境中，你可能会发现超支现象很普遍），可以采取需求导向的方法。它有助于在短期内提高成本效率，因为你没有引入很多新服务。你可以分析历史数据，了解催生需求的因素，并捕捉过度配置的案例。你应该在 IT 团队和业务团队之间建立一个流程，以简化 IT 服务的运营成本。

❑ **服务目录管理**：如果对新服务有需求，而又没有太多历史数据，那么可以采取服务导向的方法。在这种方法中，你需要了解哪些服务的需求最强烈，并为此创建一个目录。例如，如果开发团队需要一台 Linux 服务器并配备 MySQL 数据库来创建开发环境，那么 IT 团队可以创建服务目录，帮助开发团队获得所需的资源。以此类推，IT 团队也可以识别出最常见的一组服务，并详细记录每项服务的成本。

每一种方法都可以在短期和长期内显著节约成本。然而，这类转型带来了重大的挑战，因为你需要改变项目规划和审批流程。业务和财务团队需要对业务增长和 IT 能力增强之间的明确关系保持一致的理解。成本模型需要围绕最有效的方法建立，即将云产品、本地产品和成品软件结合起来。

11.1.4 跟踪支出

通过跟踪支出，你可以了解系统各自的成本，并为它们标记上系统或业务所有者。透明的支出数据有助于确定投资回报率和奖励业务负责人——那些能够优化资源和降低成本的负责人。它可以帮助你确认部门或项目每个月的成本是多少。

节约成本是大家共同的责任，你需要某种机制让每个人对节约成本负责。通常情况下，组织会引入**用量机制**或**计费机制**，以便让各组织单元分担成本责任。

在用量机制中，中心化的支出账户向各组织单元通报其支出情况，但不向其收取实际费用。在计费机制中，组织内的每个业务单元在总收款人账户下管理自己的预算。总账户每月根据各业务单元的 IT 资源消耗情况向其收取费用。

当组织开始控制成本时，最好先以用量机制为起点，随着组织模式的成熟，再转向计费机制。对于每个业务单元，应该通过设置提醒来建立支出意识，使团队在接近预测或预算的消耗量时得到提醒。你应该创建一种机制，通过将成本适当地分配给合适的业务举措来监控成本。让每个团队能够看到成本支出情况，建立成本支出问责制。成本跟踪可以帮助你了解团队运作情况。

每项工作的工作量都是不同的，你应该按照你的工作量制订适当的定价模式，从而最小化成本。建立机制，通过实施成本优化的最佳实践来确保业务目标的实现。你可以定义标签策略并采用**制衡**方法来避免过度支出。

11.1.5 持续成本优化

如果遵循了成本优化的最佳实践，那么你应该对现有活动的成本情况了如指掌。随着时间的推移，总有可能降低那些已经迁移和成熟的应用的成本。成本优化应该持续进行，直到识别省钱机会的成本超过你要节省的金额，在此之前，应该不断监控支出，寻找新的节约成本的方法。你还应该不断寻找可以去除闲置资源来节约成本的领域。

对于成本和性能达到平衡的架构而言，要确保采购的资源得到充分的利用，避免出现大量闲置的 IT 资源，例如服务器实例等。如果利用率指标出现偏差，成本呈现异常高或低的，将对组织的业务产生不利影响。

需要仔细考虑成本优化的应用级指标。例如，引入归档策略来控制数据存储容量。要优化数据库，应检查数据库部署需求是否合适，比如数据库的多地部署是否真的有必要，或者提供的每秒输入输出量（IOPS）是否满足数据库使用需求。要减少管理和运营费用，可以使用 SaaS 模式，它将帮助员工专注于应用和业务。

为了找出差距并应用必要的变更来节约成本，应该在项目生命周期中实施资源管理和变更控制流程。你的目标是帮助组织尽可能地设计出最优和成本效益最高的架构，不断寻找可能直接降低成本的新服务和功能。

11.2　成本优化的技术选型

为了获得竞争优势，保持快速增长，企业加大了对技术的投入。在经济不稳定的环境下，成本优化成为一项必不可少但又充满挑战的任务。很多企业为了降低采购流程、运营、供应商等方面的成本，投入了大量的时间进行研究。许多公司甚至将共享数据中心、呼叫中心和工作空间作为节约成本的方法。有时，组织会推迟升级，以避免购买新的昂贵的硬件。

如果组织能跨业务单元对整体信息技术架构进行更全面的研究，就可以节省更多的费用。改进现有架构可以为公司带来更多的机会和业务，即使这需要在预算上多做一些调整。我们来介绍可以通过迁移到云、简化架构、虚拟化和共享资源等技术节约成本并带来更多收益的重点领域。

11.2.1　降低架构复杂度

组织往往缺乏集中式 IT 架构，导致每个业务单元都试图建立一套的自己工具。缺乏整体控制导致大量重复系统和不一致数据的产生。各业务单元的 IT 举措是由其短期目标驱动的，并没有与组织的长期愿景（如整个组织的数字化转型）保持一致。此外，它还让这些系统的维护和升级变得更加复杂。采取简单的步骤来定义既定标准并避免重复，有助于节约成本。

从图 11-3 可以看到，在左侧的复杂架构中，业务单元各自负责自己的应用，没有统一的标准化，这就造成了重复的应用和大量的依赖。这种架构的成本和风险较高。任何新尝试都需要很长时间才能推向市场，容易失去竞争优势。标准流程可以提供一个全局视角，可以通过自动化来灵活构建敏捷的环境，这有助于降低总成本，显著提高投资回报率。

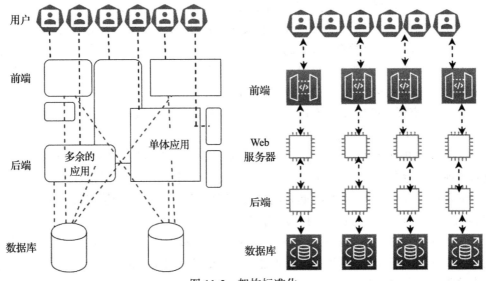

图 11-3　架构标准化

要降低架构复杂度，首先要消除重复——确定能在业务单元间重用的功能。在对现有架构进行差距分析的过程中，你会发现有很多代码、很多现有组件，甚至整个项目都可以在组织各部门间重用来支持业务需求。为了降低 IT 架构的复杂度，请考虑那些符合业务需求并满足所需投资回报率的开箱即用的解决方案。如果实在没有其他选择，也可以自行定制。

任何新的应用都需要有更易于访问的集成机制，以通过**面向服务的架构**（SOA）与现有系统交互。统一整个应用的用户界面设计，从中定义一套标准的 UI 包，使其可以在任何新的应用中复用。同样，其他模块也可以通过面向服务的设计得到复用。SOA 模式（见第 6 章）可以让软件的各个部分保持独立工作，同时还能使其相互通信，从而构建一个完整的系统。

在模块化的开发模式下，每个团队都可以开发新服务，为了避免重复，组织中其他团队可以重用已有的服务。例如，为了向访问电子商务网站的客户收取货款而开发的支付服务，可以用来向供应商管理系统中的供应商付款。作为架构师，你应该帮助团队设计面向服务的架构，让每个团队将架构组件作为可以独立开发的服务来处理。在微服务架构的帮助下，可以用模块化的方式来部署整个应用，如果某个组件不能正常工作，则可以在不影响整个应用的情况下对其进行调整。

一旦建立了集中式 IT 架构，采取模块化的方法有助于降低成本。向 IT 架构团队赋权，有助于让各组织单元保持与公司一致的愿景，让其他并行项目遵循整体战略。它还有助于在其他经常被忽视的关键服务（如法务、会计和人力资源）中提供一致性，这一点往往容易被忽视。

在 IT 架构团队的帮助下，你可以得到很好的反馈，并确保项目能满足业务诉求和具体需求。通过跨团队监督整体架构，如果发现任何重复的工作、项目、流程或系统与业务需求不一致，架构师可以提出改进建议。集中式架构会降低复杂度和技术债务，稳定性更高，质量也更高。集中式架构的中心思想是提高 IT 效率。下面，我们来了解一下如何提高 IT 效率。

11.2.2 提高 IT 效率

当今，每个公司都在使用和消耗 IT 资源。服务器、笔记本电脑、存储以及软件许可证消耗了大量成本。某些资源有时无法被充分利用，甚至会遗失、闲置或被错误地安装，从而消耗大量资金，许可证就是其中之一。集中的 IT 团队可以跟踪使用过的软件许可证并撤销额外的许可证，从而优化许可证成本，还可以通过与供应商协商批发折扣来节省成本。

为了提高 IT 效率，可以取消那些需要额外资金和资源的不合规项目。此外，你应该帮助团队重新制定策略，选择持续支持或终止那些多余的或和战略存在分歧的项目。优化成本可以考虑以下方法：

❑ 重新评估支出高且可能不符合企业愿景的项目。重塑那些价值高但不直接服务于 IT 战略的项目。

  ❑ 降低那些几乎没有业务价值的项目的优先级，即使它们与 IT 战略一致。

  ❑ 取消不符合 IT 战略且价值低的项目。

  ❑ 停用或退役闲置的应用。

  ❑ 对旧系统进行现代化改造，从而降低高昂的维护成本。

  ❑ 通过对现有应用的重复利用来避免重复项目。

  ❑ 尽可能整合数据，开发集成数据模型。第 13 章将介绍如何维护集中式数据湖。

  ❑ 对整个组织的供应商采购进行整合以节省 IT 支持和维护的成本。

  ❑ 整合执行同样任务的系统，例如支付和访问控制。

  ❑ 消除昂贵的、浪费的、超支的项目和支出。

  迁移到云可以有效地增加 IT 资源，降低成本。AWS 等公有云提供了一种按需付费的模式，让你可以只为使用的资源付费。例如，开发者桌面可以在非工作时间和周末关闭，这样能减少高达 70% 的工作空间成本。批处理系统只需要在处理作业时才启动，任务结束后可以立即关闭。它的工作原理就像你为了节省电费在不需要的时候关闭电器一样。

  自动化是一种提高整体 IT 效率的有效机制。自动化不仅有助于消除成本高昂的人力劳动，还可以减少执行日常工作的时间并消除错误。请尽可能地将 IT 活动自动化，例如，自动配置资源、运行监控作业和处理数据。

  在决定优化成本的同时，请确保正确权衡利弊以改善结果。举个例子，如果你要去一个主题公园，想玩很多有趣的游乐设施，那么你会愿意支付更高的费用，因为物有所值。如果为了吸引更多的顾客，厂商决定降低价格，减少有趣的游乐设施，那么你有可能会去另一个主题公园，因为你追求的是享受快乐时光。这时，竞争者将获得优势，吸引现有顾客，而厂商将失去业务。在这个例子中，降低成本会增加商业风险，并不是正确的成本优化方法。

  优化成本的目标应该是可衡量的，衡量标准应该同时关注业务产出和系统成本。量化措施可以帮助你了解增加产出和降低成本的影响。组织和团队层面的目标必须与应用的终端用户保持一致。组织层面的目标贯穿整个组织的业务单元，而团队层面的目标更多地与各个系统保持一致。确定目标可以确保系统在其生命周期内不断改进。例如，你可以设定一个目标，降低交易或订单所产生成本，每季度降低 10%，或者每 6 个月降低 15%。

11.2.3 实现标准化和架构治理

  组织需要制定策略来分析错位和过度消耗，降低复杂度，制订指南来挑选适当、有效的系统，并在需要的时候设计和实施流程管理。创建和实施这些指南将帮助企业建立标准的基础设施，减少重复项目并降低复杂度。

  为了实施治理，需要在整个组织中设置资源上限。通过基础设施即代码的方式管理服务目录，这样有助于确保团队不会由于过度配置资源而超出其分配量。应该建立某种机制来理解业务需求并迅速响应。在设置资源限制和定义更改资源限制的流程时，要同时考虑资源创建和回收。

在企业中，多个应用通常由不同的团队运营。从收入流来看，这些团队可以属于不同的业务单元。确定应用和业务单元或团队的资源成本的能力，可以推动资源被有效地利用，并有助于降低成本。你可以根据成本归属和团队、组织单元或部门的需求来分配资源。为了构建成本结构，你可以在账户结构化的同时给资源打上标签。

如图 11-4 的截图所示，你可以根据组织单元（Organization Unit，OU）——如人力资源（HR）和财务（Finance）——的结构为 OU 下的每个部门分配自己的账户。例如，人力资源部有单独的工资和营销账户，而财务部有单独的销售和营销账户。

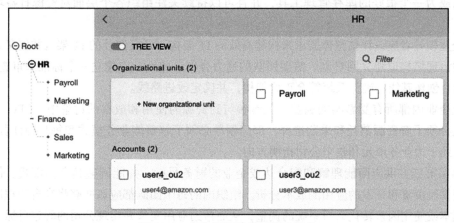

图 11-4　企业组织单元的账户结构

在图 11-4 的账户结构策略中，你可以在每个业务单元和部门层面控制成本。将计费机制应用到各个部门可以更详细地深化成本责任，这有助于优化成本。账户结构化有助于在整个组织中应用高标准的安全性和合规性。由于每个账户都关联到上级账户，通过整合整个组织的支出，可以以超高的资源需求从供应商那里赢得大力度的优惠政策。

如图 11-5 的截图所示，为了获得全面的成本可视性和资源整合，你可以在团队级别为每个配置的资源打上标签，从而提供更精细的控制。

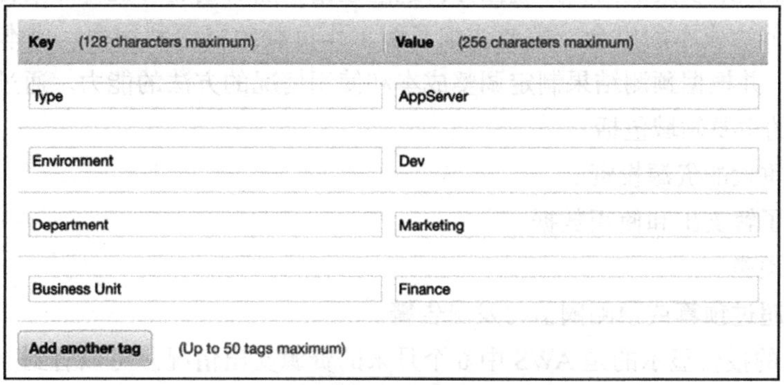

图 11-5　通过资源标签实现成本可视化

在图 11-5 中，可以看到标签策略，它说明该服务器用于应用部署，由开发团队使用。同时该服务器属于财务业务单元的市场部。通过这种方式，组织可以看到精细化的成本支出，团队在支出上也会更加节俭。但是，与部门和业务单元层面的计费机制相比，你可能希望在团队层面采用用量机制。

你可以定义适合自己的标签机制，为资源附加一个标签，比如资源名称和所有者名称。几乎每个公有云供应商都会默认提供标签功能。标签中可以嵌入服务器元数据，如 DNS 名称或主机名。标签不仅可以帮助你组织成本，还有助于设置资源上限、安全性和合规性，它还可以成为一个很好的库存管理工具，并且可以持续关注组织各个层面对资源日益增长的需求。

企业领导者应该评估整体需求来构建高效的 IT 架构。开发健壮的 IT 架构并定义跨职能团队的治理结构以建立问责制，需要团队的通力合作。此外，应建立一个标准来审查架构，为新项目创建基线，确保系统符合正确架构，并确定改进路线。

让企业内部所有受影响的利益相关者参与到资源的使用和成本的讨论中。CFO 和应用负责人必须了解资源消耗和采购选择。部门领导必须了解整体业务模式和每月的计费流程，这将有助于为业务单元和整个公司指明方向。

确保第三方供应商能理解和配合达成企业的财务目标，并能调整其合作模式。供应商应该提供所负责和开发的应用的成本分析。组织内的每个团队都应该能够将来自管理层的业务、成本或使用因素转化为对系统的调整，从而帮助应用实施并实现公司的既定目标。

11.2.4 成本监控和报告

精确的成本构成有助于确定业务单元和产品的盈利能力。成本跟踪可以帮助你将资源分配到正确的地方，提高投资回报率。了解成本驱动因素有助于控制业务支出。

为了优化成本，必须了解整个组织的支出模式。需要了解一段时间内 IT 成本支出的情况，以寻找节约成本的机会。可以采取必要的步骤来优化成本，并通过创建成本趋势的可视化视图来了解其影响，让该视图显示组织中各资源和部门的历史成本及预测情况。团队需要记录所有的数据点来收集数据，并监控分析这些数据，然后创建可视化的报告。

为了确定节约成本的机会，需要详细了解工作负载的资源利用率。成本优化取决于你预测未来支出，并根据预测结果制定调整成本和使用情况的方法的能力。通过数据可视化来实现节约成本的主要领域包括：

❑ 识别最重大的资源投资。
❑ 分析和了解支出和使用数据。
❑ 预算和预测。
❑ 当支出超过预算或预测阈值时发出告警。

图 11-6 中的报告显示的是 AWS 中 6 个月来的资源支出情况。可以看到，数据仓库服务 Amazon Redshift 在 11 月之前消耗的成本是最大的，且有上升的趋势。由于业务单元可以直

观地看到 10 月份的高成本，这就促使系统管理员对成本优化进行深入研究，他们发现了过度配置的资源。管理员在 11 月清理了额外的服务器实例，使数据仓库服务成本降低了 90%。

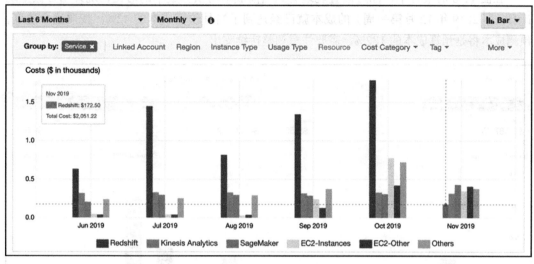

图 11-6　资源成本和使用报告

　　该报告帮助企业负责人了解成本模式，并采取被动的方式控制成本。被动的方式会造成隐性成本，在特定时期内无法做出决策，而预测可以帮助企业主动地提前做出决策。

　　图 11-7 的报告中，实心条显示的是日常成本支出，空心条显示的是预测支出。从报告中可以看出，未来几周成本可能会增加，这时可以采取行动以了解成本构成，从而控制成本。

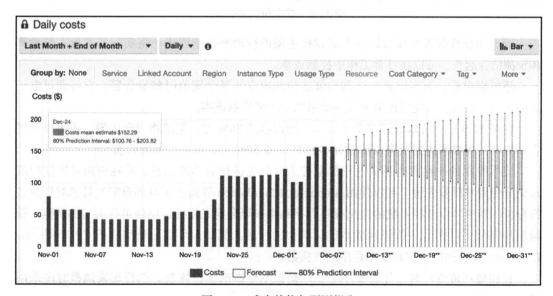

图 11-7　成本趋势与预测报告

根据预算监控成本，可以让你主动控制成本。当支出达到预算的某一阈值时（例如，50% 或 80%）触发告警，这有助于审查和调整持续成本。

在图 11-8 的报告中，你可以直观地看到当前成本与预算成本的对比，统计当月截至统计日（即 2019 年 12 月第一周）的成本就已经达到了当月预算成本的 42%。按照这个速度，预测成本将是预算成本的 182%，需要注意调整持续支出。

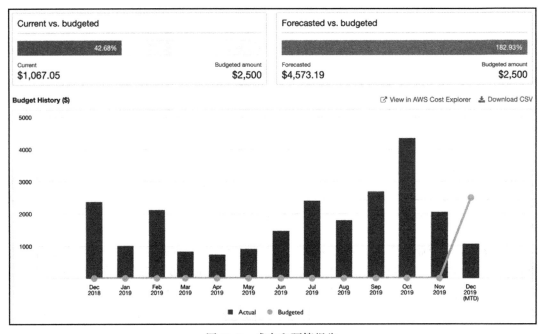

图 11-8　成本和预算报告

成本和预算报告可以帮助你采取积极主动的行动来控制成本。将实际成本投入与预算和预测结合起来，可以在日常工作中控制成本。

还可以设置，当实际成本达到预算或预测成本的某个阈值时触发告警。它将通过电子邮件或手机短信主动提醒相关人员主动采取行动来控制成本。

在图 11-9 中，可以看到当实际成本达到预算的 80% 时，系统将发送告警。还可以设置多个告警，当成本达到预算或预测成本的 50% 或 80% 时，就可以触发告警。

成本控制的一种方法是通过资源监控来对环境进行适当的调整，并在资源过度使用或未充分使用时触发告警。可以使用 Splunk 或 CloudWatch 等监控工具和自定义日志对资源进行分析，其中可以监控系统的应用程序内存利用率等自定义指标，以便进行适当的调整。资源利用率低可以作为一条识别成本优化机会的标准。例如，可以分析和监控 CPU 利用率、RAM 利用率、网络带宽和应用程序的连接数。

在调整环境规模时，你需要小心，以确保不会影响客户体验。执行规模调整时应采用以下最佳实践：

❑ 确保监控能反映终端用户的体验。选择正确的指标，例如，性能指标应该覆盖用户99% 的请求 – 响应时间，而不是参考平均响应时间。

❑ 选择恰当的监控周期，如每小时、每天或每周。例如，如果每天进行分析，你可能会忽视系统利用率在每周或每月的高峰周期，导致系统供应不足。

❑ 比较节约的成本与变更成本。例如，为了调整成本，可能需要执行额外的测试或申请额外的资源。这种成本效益分析将有助于资源分配。

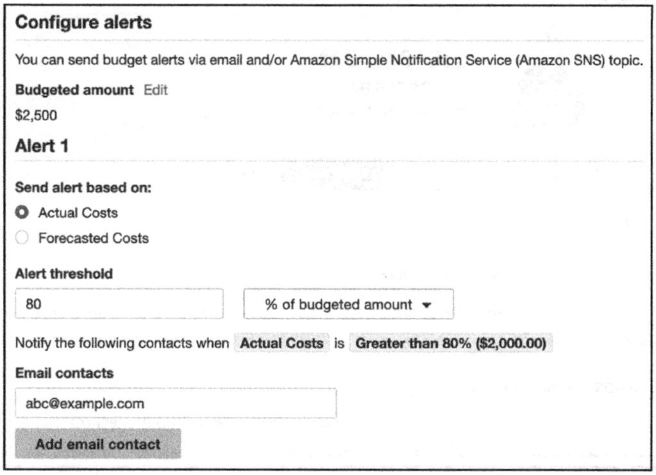

Configure alerts

You can send budget alerts via email and/or Amazon Simple Notification Service (Amazon SNS) topic.

Budgeted amount Edit
$2,500

Alert 1

Send alert based on:
◉ Actual Costs
○ Forecasted Costs

Alert threshold

| 80 | % of budgeted amount ▾ |

Notify the following contacts when **Actual Costs** is **Greater than 80% ($2,000.00)**

Email contacts

| abc@example.com |

Add email contact

图 11-9　实际成本的告警设置

根据业务需求来衡量应用程序的利用率，例如，预计到月底或旺季会有多少用户请求。识别利用率的差距并进行优化，可以让你节约成本。为此，请使用恰当的工具，涵盖从成本控制到系统利用率以及变更对客户体验的影响等各个维度，然后通过报表来了解成本变化对业务 ROI 的影响。

11.3　公有云上的成本优化

AWS、Microsoft Azure 和 GCP 等公有云以按需付费的模式提供了巨大的成本优化空间。公有云成本模式允许客户将资本支出变为可变支出，在消耗 IT 资源时支付 IT 资源的费用。得益于规模经济，运营费用通常较低。上云后随着时间的推移会得到持续降价的好处，将获得更高的成本效益。另一个优势是，可以通过 AWS 等云供应商获得额外的工具和功能，这将令企业更具敏捷性。

在定义云成本结构模型时，你需要转换思维模式，因为它与大多数企业遵循了几十年的传统成本结构有很大区别。在云上，你可以随时随地使用所有的基础设施，这需要更强的控制和监管力度。云提供了一些成本治理和规范化的工具。例如，在 AWS 中，你可以设置每个账户的服务限制，如开发团队能使用的服务器不能超过 10 台，生产环境可以拥有所需数量的服务器和数据库，并具备一定的缓冲空间。

在云上，所有的资源都与账户相关联，因此很容易在一个统一的地方跟踪 IT 资源库存，并监控其使用情况。除此之外，云供应商还提供了一些收集各种 IT 资源数据并提供建议的工具。如图 11-10 所示，AWS Trusted Advisor 会爬取账户中的所有资源，并根据资源利用率提供节约成本的建议。

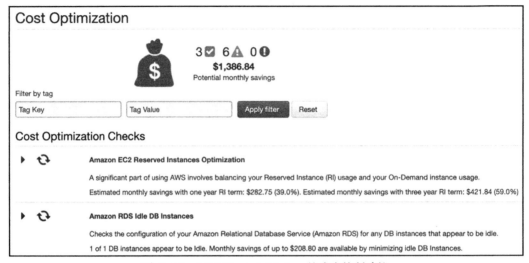

图 11-10   AWS Trusted Advisor 的成本控制建议

在图 11-10 中，Trusted Advisor 检测到应用服务器（EC2）保持着很高的利用率，于是建议通过预付 1 年的费用，购买一个备用实例，这样就可以节约 40% 的成本。在进一步的检查中发现了一个利用率不高的数据库（Amazon RDS），建议将其关闭以节省费用。

云平台可以为节约成本提供一个很好的价值主张。首先，你可以创建混合云，在本地数据中心和云之间建立连接。你可以将开发和测试服务器移动到云上，以确定成本结构和可能的成本优化点。一旦你在云上建立了成本治理机制，就能根据成本效益分析结果将更多工作负载迁移到云上。不过，你需要评估具体工作负载是否可以移动到云中，并确定迁移的策略（详见第 5 章）。

越来越多的公有云供应商提供托管服务，这消除了所有基础设施维护成本以及配置告警和监控的开销。托管服务可以随着服务采用率的提高而降低成本，从而降低总拥有成本。

11.4 小结

成本优化需要从项目启动就开始（概念验证到其实施和上线后的维护）持续投入精力，需要不断审查架构和成本节约的工作。

本章介绍了成本优化的设计原则。在做任何采购决定之前，应该考虑软件或硬件整个生命周期的总拥有成本。规划预算并跟踪预测有助于你在成本优化的道路上保持正确的方向。要始终跟踪支出，并在不影响用户体验或业务价值的情况下寻找可能的成本优化机会。

本章还介绍了成本优化的各种技术，其中包括通过简化企业架构来降低架构复杂度，并制定大家都能遵循的标准。建议识别闲置和重复的资源以避免浪费，并整合资源需求以协商批量采购价格。在整个组织中应用标准化以限制资源供应，并制定标准的架构。根据预算和预测来跟踪实际成本数据，可以帮助你采取前瞻性的行动。此外，也介绍了各种有助于控制成本的报告和告警，还探讨了云上的成本优化，这可以帮助你进一步获得价值。

自动化和敏捷性是提高资源效率的一些主要因素，而 DevOps 可以实现大量功能的自动化。下一章将介绍 DevOps 的构成和 DevOps 策略，以最自动化的方式高效部署工作负载。

Chapter 12 | 第 12 章

DevOps 和解决方案架构框架

在传统的环境中，开发团队和 IT 运维团队各自为政。开发团队从业务负责人那里收集需求并开发应用程序。系统管理员只负责运维和满足正常运行时间的要求。在开发生命周期中，这些团队通常不会有任何直接的沟通，彼此很少了解对方的流程和要求。

每个团队都有自己的一套工具、流程和方法，这样不仅非常多余，有时，它们之间还会产生冲突。例如，开发和**质量保证**（Quality Assurance，QA）团队可以在操作系统（OS）的特定补丁上测试构建。然而，运维团队会在生产环境中不同版本的操作系统上部署相同的构建，问题随之产生，交付也因此延迟。

DevOps 是一种方法论，强调通过促进开发人员和运营团队之间协作和协调来持续交付产品或服务。团队在开发、交付产品或服务的过程中，如果依赖多种应用程序、工具、技术、平台、数据库和设备，那么 DevOps 将是具有建设性的方法。

虽然还有其他与 DevOps 文化不同的方法，但都是为了实现共同的目标，即通过共享责任来提高运营效率，在最短的时间内交付产品或服务。DevOps 有助于在不影响质量、可靠性、稳定性、韧性或安全性的情况下完成交付。

本章涵盖以下 DevOps 的相关内容：

❑ DevOps 介绍。

❑ DevOps 的好处。

❑ DevOps 的构成。

❑ 在安全领域引入 DevOps。

❑ DevSecOps 与持续集成和持续交付（CI/CD）的结合。

❑ 实施持续交付战略。

□ 在 CI/CD 流水线中实施持续测试。

□ 使用 DevOps 工具搭建 CI/CD。

□ 实施 DevOps 最佳实践。

本章结束时，你将了解 DevOps 在应用程序部署、测试和安全方面的重要性。你将学到 DevOps 最佳实践，以及实现相关实践的不同工具和技术。

12.1　DevOps 介绍

在 DevOps（开发运维的简称）方法中，开发团队和运维团队在软件开发生命周期的构建和部署阶段协同工作，分担责任，并提供持续反馈。在整个构建阶段，软件构建会在类生产环境中被频繁地测试，这样有助于及早发现缺陷。

有时，你会发现软件应用程序的开发及运维由一个团队负责，工程师参与了整个应用程序生命周期中的工作，从开发、部署到运维。这样的团队需要掌握一系列的技能，而不限于单一技能。从项目启动到发布至生产环境，测试和安全团队也需要紧密地与运维、开发团队合作。

速度使组织能够快速解决客户需求并在竞争中保持领先。良好的 DevOps 实践鼓励软件开发工程师和专业运维人员更好地合作。这有助于更密切的合作和沟通，从而缩短产品**推向市场的时间**（Time To Market，TTM），让发布更加可靠，提高代码质量，使系统更易于维护。

开发人员可以从运维团队提供的反馈中获取信息，并制定测试和部署策略。系统管理员不必在生产环境中部署有缺陷或未经测试的软件，因为他们在构建阶段参与了软件的构建。由于软件开发和交付生命周期中的所有利益相关者都在协作，他们还可以评估他们计划在流程的每个环节中使用的工具，以验证设备之间的兼容性，同时确定该工具是否可以在团队之间共享。

DevOps 是文化和实践的结合。它要求组织改变其文化，打破产品开发和交付生命周期中所有团队之间的壁垒。DevOps 不仅仅涉及开发和运维，还涉及整个组织，包括管理层、业务 / 应用负责人、开发人员、QA 工程师、发布经理、运维团队和系统管理员。DevOps 作为首选的运维文化，越来越受欢迎，特别是对于那些涉及云计算或分布式计算的组织。

12.2　DevOps 的好处

DevOps 的目标是建立可重复、可靠、稳定、有韧性和安全的持续交付模式，这些特性可以提高运营效率。为了实现这一目标，团队必须协作并参与到开发和交付的过程中。所有技术团队成员都应该具备使用开发流水线所涉及的流程和工具的经验。成熟的 DevOps 流程能带来的好处如图 12-1 所示。

下面将详细介绍 DevOps 的这些好处：

□ **速度**：快速发布产品功能有助于
适应客户不断变化的业务需求，
扩大市场。DevOps 有助于企业
更快地取得成效。

□ **快速交付**：DevOps 通过流水线
来自动化完成从代码构建到代
码部署并发布到生产环境的端
到端过程，从而提高效率。快
速交付有助于更快地进行创新，
更快地修复错误和发布功能有
助于获得竞争优势。

□ **可靠性**：DevOps 提供了所有的
检查功能，以确保交付质量并快
速安全地更新应用程序。DevOps
实践（如 CI/CD）将自动化测试

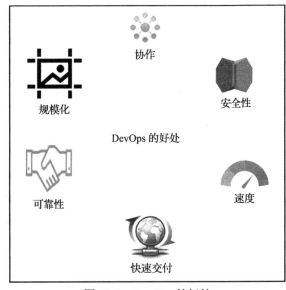

图 12-1　DevOps 的好处

和安全检查嵌入其中，为终端用户体验提供了保障。

□ **规模化**：DevOps 通过将各个环节自动化，帮助基础设施和应用程序实现按需伸缩。

□ **协作**：DevOps 建立了一种主人翁文化，使团队对自己的工作负责。运维和开发团队
在共享责任的模式下合作。团队间的协作流程得到了简化，从而提高了效率。

□ **安全性**：在敏捷环境中，频繁的变更需要严格的安全检查。DevOps 模式将安全性和
合规性的最佳实践自动化，并监控它们，通过自动化的方式纠正错误。

DevOps 消除了开发人员和运维团队之间的壁垒。DevOps 模式提高了开发团队的生产
力，优化了系统运维的可靠性。团队间紧密协作，有助于提高效率和改善质量。团队对其提
供的服务拥有完全的自主权，通常会超越传统的角色范围，并形成致力于以客户为中心解决
问题的思维模式。

12.3　DevOps 的组成部分

DevOps 的工具和自动化将开发及系统运维结合在一起。以下是 DevOps 实践的关键组
成部分：

□ 持续集成和持续交付（CI/CD）。

□ 持续监控和改进。

□ 基础设施即代码（IaC）。

□ 配置管理（CM）。

　　自动化是贯穿所有要素的最佳实践。自动化流程可以让你以快速、可靠以及可重复的方式有效地执行这些操作。自动化会涉及脚本、模板和其他工具。在蓬勃发展的 DevOps 环境中，基础设施是作为代码来管理的。自动化使 DevOps 团队能够快速配置和调试测试及生产环境。

12.3.1　CI/CD

　　在持续集成（CI）实践中，开发人员频繁地将代码提交到代码仓库并频繁地构建代码。每次构建都会通过自动化的单元测试和集成测试来进行验证。在持续交付（CD）实践中，代码变更被频繁地提交到代码库并进行构建。构建的代码被部署到测试环境中，并执行自动化测试（可能还有手动测试）。成功的构建需要通过测试并部署到预生产或生产环境。图 12-2 说明了 CI 与 CD 在软件开发生命周期中的影响。

　　如图 12-2 所示，CI 指的是软件开发生命周期中的构建和单元测试阶段。在代码仓库中提交的每次变更都会触发一次自动构建和测试。CD 是 CI 的延伸，它将 CI 产生的构建物进一步部署到生产环境。在 CI/CD 实践中，多名成员同时处理同一份代码。他们都必须使用最新的、可工作的构建来完成自己的工作。代码仓库维护着不同

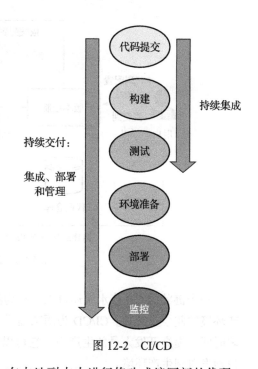

图 12-2　CI/CD

版本的代码供团队访问。你从代码库中查看代码，在本地副本中进行修改或编写新的代码，同时编译和测试代码，然后频繁地将代码提交回代码仓库。

　　CI 自动化了软件发布过程的大部分工作。它创建了自动化的流程来进行构建和测试，然后进行阶段性更新。然而，开发人员必须手动触发最后向生产环境部署的过程。CD 在 CI 的基础上进一步延伸，在构建阶段后将所有代码变更部署到测试环境或生产环境。如果正确实施了 CD，开发人员将始终拥有已通过测试并可部署的构建。

　　图 12-3 中的概念呈现了与应用程序自动化相关的所有内容，从代码提交到代码仓库，再到部署流水线。它展示了从构建到生产环境的端到端过程，开发人员将代码变更签入代码仓库，接着 CI 服务器会拉取代码。CI 服务器触发构建以创建带有新的应用程序二进制文件和相应依赖的部署包。这些新的二进制文件被部署到目标开发或测试环境中。同时，二进制文件也会被签入工件库中进行安全的版本控制存储。

　　在 CI/CD 中，软件开发生命周期的各个阶段（如代码构建、部署和测试）都是通过 DevOps 流水线自动完成的。部署和环境准备阶段的自动化需要使用 IaC 脚本完成。监控可以使用各种监控工具实现自动化。

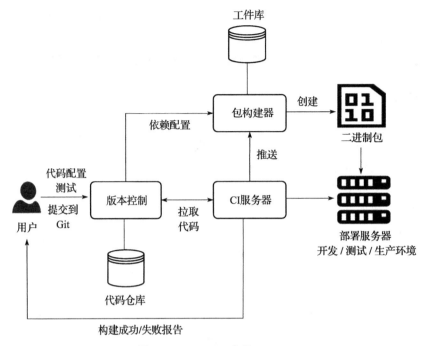

图 12-3　DevOps 中的 CI/CD

　　一个健壮的 CD 流水线还可以自动为测试和生产环境提供基础设施，并实现对测试和生产环境的监控及管理。CI/CD 为团队提供了诸多好处，例如通过节省代码的构建、测试和部署时间来提高开发人员的生产力。它可以帮助开发团队快速检测和修复 bug，并将新功能更快地发布到生产环境。

　　CD 意味着每个变更都满足部署到生产环境的条件，而不是开发人员提交的每一个变更都会部署到生产环境。当变更在类生产环境中被暂存和测试时，就会启动人工审批流程，并等待审批通过以完成在生产环境中的部署。因此，在持续交付实践中，是否部署到生产环境变成了一个商业决策，而且最终还是通过工具自动完成的。

12.3.2　持续监控和改进

　　持续监控有助于了解应用程序和基础设施的性能对客户的影响。你可以通过分析数据和日志来了解代码变更对用户的影响。现在，应用程序和基础设施需要全天候不间断服务并持续更新，主动监控变得必不可少，可以通过创建告警和执行实时分析来更主动地监控服务。

　　你可以跟踪各种指标来监控和改进 DevOps 实践。一些与 DevOps 相关的指标如下：

❑ **变更量**：开发的用户故事数量，新代码的行数，以及修复的 bug 数量。

❑ **部署频率**：团队部署应用程序的频率。这个指标一般应该保持稳定或呈现上升趋势。

- **从开发到部署的准备时间**：从开发周期开始到部署结束的时间，它可以用来识别发布周期中低效的步骤。
- **部署失败率**：失败部署（包括遭遇中断的部署）的百分比，应该较低。该指标应与变更量一起审查。如果变更量不高，但部署失败的次数较多，则应分析潜在的失败原因。
- **可用性**：追踪有多少发布导致的故障可能会违反 SLA。应用程序的平均停机时间是多少？
- **客户投诉量**：客户提交的投诉数量是衡量应用程序质量的一个指标。
- **用户增长带来的流量**：注册使用应用程序的新用户数量以及由此产生的流量增长，可以帮助你扩展基础设施来支撑工作负载的增长。

在将构建成果部署到生产环境后，持续监控应用程序的性能是不可或缺的。既然我们已经讨论了运行环境的自动化，那就让我们来探讨更多关于 IaC 的细节。

12.3.3　基础设施即代码

基础设施的置备、管理，甚至停用，需要消耗大量的人力资源。此外，反复尝试手动构建和修改环境可能会产生大量错误。不管是根据以往的经验还是记录完善的运维手册，人类犯错的可能性都只是统计学上的概率问题。

我们可以将创建完整环境的任务自动化。任务自动化有助于毫不费力地完成重复性任务，具有较高的价值。通过 IaC，我们可以以模板的形式定义基础设施。单个模板可能包含环境的一部分，也可能包含整个环境。更重要的是，模板可以重复使用，即可以一次又一次地创建相同的环境。

在 IaC 的实践中，基础设施是通过代码和 CI 来配置和管理的。IaC 模型可以帮助你与基础设施进行大规模的程序化交互，并允许你自动进行资源配置以避免人为错误。如此一来，你就可以像管理其他代码一样，使用基于代码的工具来处理基础设施。由于基础设施是通过代码来管理的，所以应用程序可以使用标准的方法进行部署，任何补丁和版本都可以重复更新，不会出现任何错误。Ansible、Terraform 和 AWS CloudFormation 是时下流行的基础设施即代码的脚本工具。

12.3.4　配置管理

配置管理是利用自动化来标准化整个基础设施和应用程序的资源配置的过程。配置管理工具（如 Chef、Puppet 和 Ansible）可以帮助你管理 IaC，并自动化大多数系统管理任务，包括置备、配置和管理 IT 资源。在开发、构建、测试和部署阶段实现资源配置的自动化和标准化，可以确保一致性并避免因错误配置而导致的失败。

配置管理还允许你在按下按钮时将相同的配置自动部署到数百个节点，这样一来就能提高运维效率。配置管理还能用来部署配置变更。

虽然可以使用注册表或数据库来存储系统配置设置，但配置管理应用除了存储之外还能让你控制版本。配置管理也是一种跟踪和审计配置变更的方式。如果有必要，你甚至可以维护多个版本的配置设置来支持不同版本的软件。

配置管理工具包括管理服务器节点的控制器。例如，Chef需要在它管理的每一台服务器上安装客户端代理程序，在控制器上安装Chef主程序。Puppet以类似的方式工作，也有一个中心服务器。但是，Ansible采用的是分散式的方式，不需要在服务器节点上安装代理软件。表12-1显示了几种流行的配置管理工具之间的粗略比较。

表 12-1　配置管理工具之间的比较

	Ansible	Puppet	Chef
运行机制	控制器通过安全外壳协议（SSH）将配置变更应用到服务器	Puppet主节点将变更同步到其他节点	Chef工作站从服务器查找变更并将其推送到其他节点
架构	任意服务器都能成为控制器	由Puppet主节点进行中心化控制	由Chef主节点进行中心化控制
脚本语言	YAML	基于Ruby的领域特定语言	Ruby
脚本术语	剧本和角色	清单和模块	配方和食谱
测试执行	有先后次序	无先后次序	有先后次序

配置管理工具为自动化提供了特定于领域的语言和一系列功能。其中有些工具有一定的学习曲线，团队必须花费时间来学习这些工具。

由于安全正在成为组织的重中之重，因此，在追求完全自动化的过程中安全是当务之急。为了避免人为错误，组织正在利用DevOps实施严格的安全实施和监控，俗称DevSecOps（详见12.4节）。

12.4　什么是 DevSecOps

我们现在比以往任何时候都更加注重安全。在很多情况下，安全是赢得客户关注的唯一途径。DevSecOps关注自动化安全和规模化安全实施。开发团队不断生成变更，DevOps团队则将变更发布到生产环境中（变更往往是面向客户的）。DevSecOps则需要在整个流程中确保应用程序的安全。

DevSecOps不是为了审计代码或CI/CD工件。组织应该实施DevSecOps来获得速度和敏捷性，但不牺牲对安全性的验证。自动化的威力在于提高产品功能发布的敏捷性，同时通过实施必要的措施以保持安全性。DevSecOps方法的结果是将安全内置，而不是事后补救。DevOps是为了提高效率以加快产品发布，而DevSecOps则是在不减慢产品发布周期的情况下验证所有构件。

要在企业中引入DevSecOps方法，首先要在整个开发环境中建立坚实的DevOps基础，因为安全是每个人的责任。为了让开发团队和安全团队建立协作，应该从一开始就将安全嵌入架构设计中。为了避免安全漏洞，请自动持续地进行安全测试，并将其构建到 CI/CD 流水线中。为了跟踪安全漏洞，应将监控范围扩大，通过实时监控设计与实际状态的漂移量将安全和合规性纳入其中。监控还应能实现告警、自动补救和删除不合规资源功能。

将一切都代码化是基本的要求，它开启了无限的可能性。DevSecOps 的目标是保持创新的步伐，它应该满足安全自动化的步调。可扩展的基础设施需要可扩展的安全措施，所以需要自动化的事件响应措施来实现持续的合规性和验证。

12.5　结合 DevSecOps 和 CI/CD

DevSecOps 实践需要嵌入 CI/CD 流水线的每一步。DevSecOps 通过管理分配给每个服务器的正确访问权限和角色，确保构建服务器（如 Jenkins）被加固，防止任何安全故障，从而确保 CI/CD 流水线的安全性。除此之外，我们还需要确保所有的工件都得到验证，代码分析也要到位。最好通过自动化的持续合规性验证和事件响应措施，为事件响应做好准备。

图 12-4 展示测试安全边界的多个阶段，以尽早发现安全性和政策的合规性问题。

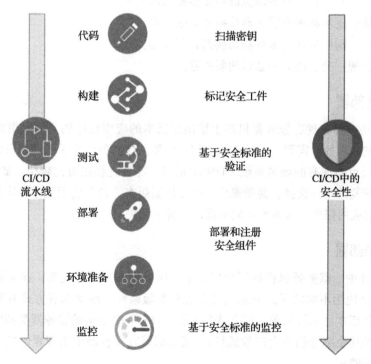

图 12-4　DevSecOps 和 CI/CD

如图 12-4 所示，你可以在每个集成点识别不同的问题：
❑ 在编码阶段，扫描所有代码，以确保没有密码或访问密钥被硬编码在代码中。

☐ 在构建阶段，标记所有安全工件，如加密密钥和访问令牌管理等。

☐ 在测试阶段，扫描配置，通过安全测试确保满足所有安全标准。

☐ 在部署和环境准备阶段，确保所有安全组件都已注册。执行校验，确保构建物没有被篡改。

☐ 在监控阶段，监控所有违反安全标准的情况，以自动化的方式执行持续审计和验证。

DevSecOps 和 CI/CD 使我们有信心根据企业安全策略对代码进行验证。它有助于避免在后续的部署中由于不同的安全配置而导致基础设施和应用程序的故障。DevSecOps 在不影响 DevOps 创新步伐的前提下，保持了敏捷性，确保了规模化的安全性。

12.6　实施 CD 策略

CD 提供了应用程序现有版本到新版本的无缝迁移。通过 CD 实现迁移的最流行的技术如下：

☐ **就地部署**：在当前服务器中更新应用程序。

☐ **滚动部署**：在现有的服务器机群中逐步推出新版本。

☐ **蓝绿部署**：逐步将现有服务器替换为新服务器。

☐ **红黑部署**：瞬间从现有服务器切换到新服务器。

☐ **不可变部署**：完全建立一套新的服务器。

12.6.1　就地部署

就地部署是一种在现有服务器机群上推出新版本的应用程序的方法。更新是在一次部署行动中完成的，因此，需要一定的停机时间。另外，这种更新几乎不需要任何基础设施的改变，也不需要更新现有的域名系统（DNS）记录。部署过程相对比较快。如果部署失败，重新部署将是恢复的唯一选择。简单来说，就是用新版本（v2）应用程序替换基础设施上现有版本（v1）的应用程序。就地更新成本低，部署速度快。

12.6.2　滚动部署

在滚动部署中，服务器机群被划分成小组，所以不需要同时更新。在部署过程中，同一服务器机群会使用不同的子组分别运行旧版和新版软件。滚动部署方式有助于实现零停机，因为如果新版本件部署失败，那么整个机群中只有一个子组的服务器受到影响，风险最小（因为机群的其余部分仍然会正常运行）。滚动部署方式有助于实现零停机，但是，部署时间比就地部署略长。

12.6.3　蓝绿部署

蓝绿部署背后的理念是，蓝色环境是现有的生产环境，承载着实时流量。同时，你还提供了一个绿色环境，除了运行新版的代码之外，它与蓝色环境完全相同。当需要部署时，将生产流量从蓝色环境路由到绿色环境。如果在绿色环境中遇到问题，可以通过将流量路由回先前的蓝色环境来实现回滚。DNS 切换和自动伸缩组交换是蓝绿部署中最常用的两种重新路由流量的方法。

使用自动伸缩策略，随着应用程序规模的扩大，你可以用托管新版本应用程序的实例逐渐替换现有的实例。这种方法最好用于发布较少、代码更改较少的情况。另一种方法是利用 DNS 路由在应用程序的不同版本之间执行复杂的负载均衡。

如图 12-5 所示，在创建托管新版本应用程序的生产环境后，可以使用 DNS 路由将一小部分流量转移到新环境。

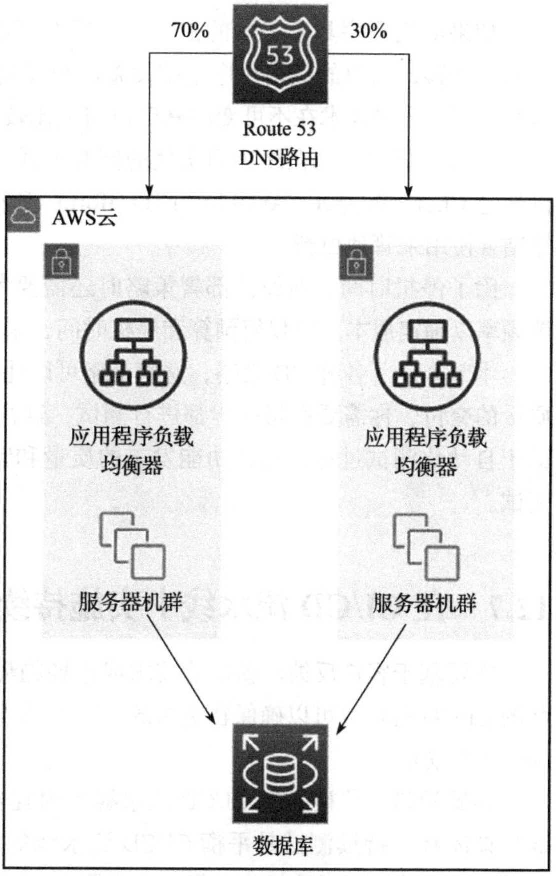

图 12-5　蓝绿部署通过 DNS 进行逐步切换

用一部分生产流量来测试绿色环境，即为**金丝雀分析**。如果环境在功能上有问题，你能马上判断出来，并在对用户造成重大影响之前将流量切换回来。若一切正常，请继续逐步转移流量，测试绿色环境处理负载的能力。持续监控绿色环境以检测问题，可以让你有机会将流量切换回来，从而限制爆炸半径。最后，当所有指标都正常后，停用蓝色环境，释放资源。

蓝绿部署有助于实现零停机，具有简单的回滚机制。你可以根据自己的需要定制部署的时间。

12.6.4　红黑部署

在红黑部署中，启动新版系统之前，首先要进行金丝雀测试。金丝雀测试用新版应用程序替换现有生产系统的 1% 左右，然后监控新版本是否会出现错误。如果金丝雀测试得以通过，系统就被认为可以部署了。

为了准备切换，新版系统与旧版系统需要同时运行。新系统的初始容量是通过检查当前在生产环境中运行的实例数量来手动设置的，并将此数量设置为新的自动伸缩组的期望容量。一旦新系统启动并运行，两个都是红色系统。当前版本是唯一接受流量的版本。

可以使用 DNS 服务将系统从现有版本切换到新版本。此时，旧版本被视为黑色，它仍在运行，但不接受任何流量。如果检测到新版本有问题，系统恢复也很简单，只要将 DNS 服务指向托管旧版系统的负载均衡器即可。

红黑部署也被称为**暗部署**，与蓝绿部署略有不同。在红黑部署中，DNS 会陡然从旧版本切换到新版本，而在蓝绿部署中，DNS 会逐渐增加流量到新版本。可以将蓝绿部署和暗部署结合起来使用，同时运行两个不同版本的软件。系统中存在两套不同的代码实现，但只有一套被激活，可以通过特性开关切换到另一套代码实现。此部署方式可用作 beta 测试，以利用这种方式明确地启用新功能。

12.6.5 不可变部署

如果应用程序具有未知的依赖项，那么可以简单选择不可变部署或一次性升级。随着时间的推移，老旧的应用程序基础设施已经反复打了无数个补丁，其升级变得越来越困难。这种类型的升级技术在不可变的基础设施上比较常见。

发布新版本时，在终止旧实例的同时上线一组新的服务器实例。对于一次性升级，可以通过 Chef、Puppet、Ansible 和 Terraform 等部署服务来克隆环境，或者将它们与自动伸缩结合使用来管理更新。

除了停机时间，在设计部署策略时还需要考虑成本。要考虑需要更换的实例数量和部署频率以确定成本。应权衡预算和停机时间，采取最适合的方法。

本节介绍了各种 CD 策略，这些策略可以让应用程序的发布更加高效省心。为了实现高质量的交付，你需要在每一步都进行测试，这往往需要花费大量的精力。DevOps 流水线有助于自动化测试过程，提高功能发布的质量和频率。接下来将介绍 CI/CD 流水线中的持续测试。

12.7　在 CI/CD 流水线中实施持续测试

想要基于客户反馈、新功能需求或市场趋势而不断变化业务场景，DevOps 是关键。健壮的 CI/CD 流水线可以确保在更短的时间内纳入更多的功能 / 客户反馈，并让客户可以更早地使用新功能。

频繁地检查代码并在 CI/CD 流水线中内置合理的测试策略，可以确保你能高质量地完成反馈闭环。持续测试是平衡 CI/CD 流水线的关键。虽然快速添加软件功能是一件好事，但需要通过持续测试确保功能保持高质量。

单元测试是测试策略中最大的一部分。它们通常在开发人员的机器上运行，速度最快、成本最低。一般的经验法则是将 70% 的测试工作纳入单元测试。在这个阶段发现的 bug 可以相对更快地修复，且复杂度更低。

单元测试通常由开发人员执行，一旦完成编码，就会被部署来进行集成和系统测试。这些测试需要自己的环境，有时还需要单独的测试团队，这使得测试过程的成本更高。一旦团队确定所有功能都能按预期工作，运维团队就需要运行性能和合规性测试。这些测试需要类生产环境，成本会更高。另外，**用户验收测试**（User Acceptance Testing，UAT）也需要类生产环境，这会产生更多的开销。

如图 12-6 所示，在**开发阶段**，开发人员进行单元测试，以测试代码变更或新功能。测试通常在编码完成后，在开发人员的机器上进行。同时建议对代码变更进行静态代码分析，对代码覆盖率、编码准则的遵守情况进行检查。没有依赖关系的小型单元测试运行得更快。因此，开发人员可以快速发现测试是否失败。

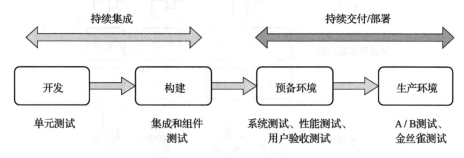

图 12-6　CI/CD 中的持续测试

构建阶段是测试组件以及不同组件之间集成的第一阶段。构建阶段也是测试开发人员提交的代码是否破坏了任何现有功能和进行回归测试的绝佳时机。

预备环境是生产环境的镜像。在这个阶段要进行端到端的系统测试（UI、后端逻辑和 API 都要进行广泛的测试）。性能测试则测试应用程序在特定工作负载下的性能，包括负载测试和压力测试。UAT 也在这个阶段进行，目的是为生产部署做好准备。合规性测试是为了测试行业特定的监管合规性。

在**生产阶段**，使用 A / B 测试或金丝雀分析等策略来测试新版本的应用程序。在 A/B 测试中，新版应用程序被部署到一小部分生产服务器上，并测试用户的反馈。根据用户对新版应用程序的接受程度，逐步将其部署到所有的生产服务器。

A/B 测试

在软件开发中，往往不清楚功能的哪种实现在实际中最为成功。有一个专门的计算机科学学科——**人机交互**（Human / Computer Interaction，HCI）——就是专门用来回答这个问题的。虽然 UI 专家有几条准则，可以帮助他们设计合适的界面，但通常情况下，最好的设计选择只能通过观察用户是否能使用该设计完成特定的任务来确定。

如图 12-7 所示，A / B 测试把两个或两个以上不同版本的功能交给不同的用户组，收集每个版本的使用情况的详细指标。UI 工程师通过检查这些数据来确定今后应该采用哪种实现。

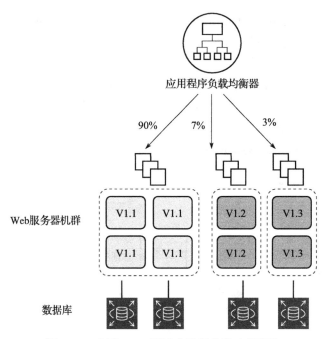

图 12-7　应用 A / B 测试来进行分组功能实验

启动多个不同版本的应用程序，每个版本都包含一个新功能的不同实现。可以用 DNS 路由将大部分流量发送到当前版本，同时也将一部分流量分发给运行新功能的系统版本。大多数 DNS 解析器都支持 DNS 轮询解析作为流量分发的有效方法。

负载和性能测试是另一个重要因素。对于基于 Java 的应用程序，可以使用 JMeter 通过建立 Java 数据库连接（Java Database Connectivity，JDBC）来对关系型数据库进行负载测试。对于 MongoDB，可以使用 Mongo-Perf，它可以在数据库上生成可重现的负载并记录响应时间，然后你可以测试使用数据库的组件和服务，同时也测试了数据库。

测量实例负载的一种常见方法是使用所谓的微基准测试。在微基准测试中，测量系统中的一个小的子组件（甚至是一段代码）的性能，然后尝试从测试结果中推断整体的性能数据。以服务器测试为例，你可以在一个新的实例类型上测试系统的某个部分，并将该测量结果与当前系统上相同部分的结果进行比较，当前系统使用的是不同类型的服务器和配置。

12.8　CI/CD 的 DevOps 工具

要建立 CI/CD 流水线，开发人员需要各种工具，包括代码编辑器、源代码仓库、构建服务器、部署工具以及编排整个 CI 流水线的工具。我们来探讨流行的 DevOps 开发工具的技术选择，包括云上工具和运行在本地环境的工具。

12.8.1　代码编辑器

DevOps 需要编写代码，你时常需要编写脚本来将环境自动化。你可以使用 ACE 编辑器或基于云的 AWS Cloud9 集成开发环境（Integrated Development Environment，IDE），你也可以在本地计算机上使用基于 Web 的代码编辑器，或在与连接的应用程序环境（如开发、测试和生产）本地服务器中安装代码编辑器，以便与应用程序环境进行交互。开发环境是存储项目文件和运行开发应用程序的工具的地方。你可以将这些文件保存在本地的实例或服务器上，或将远程代码仓库克隆到开发环境中。AWS Cloud9 IDE 是作为托管服务提供的云原生 IDE。

ACE 编辑器可以让你快速、轻松地编写代码。它是一个基于 Web 的代码编辑器，但提供的性能类似于流行的基于桌面的代码编辑器，如 Eclipse、Vim 和 Visual Studio Code（VSCode）等。它具有标准的 IDE 功能，如实时语法和匹配小括号高亮显示、自动缩进和补全、在选项卡之间切换、与版本控制工具集成，以及多个光标选择。它可以处理大文件，在有几十万行代码的文件中没有输入延迟。它内置支持所有流行编程语言以及调试工具，你也可以安装自己的工具。对于基于桌面的 IDE，VSCode 和 Eclipse 是可供 DevOps 工程师选择的其他流行的代码编辑器。

12.8.2　源代码管理

源代码仓库的选择也很多样。你可以架设、运行和管理自己的 Git 服务器，并全权负责，也可以选择使用托管服务，如 GitHub 或 Bitbucket。如果你正在寻找云解决方案，而 AWS CodeCommit 可以提供安全、高度可伸缩、可管理的源代码控制系统，你可以在这里托管私人 Git 仓库。

你需要为代码仓库建立认证和授权机制，以进行访问控制，授权团队成员读取或写入代码。你可以在传输和存储的过程中对数据加密。当将代码推送到代码仓库（git push）时，对数据进行加密，然后将其存储。当从代码仓库中拉取数据（git pull）时，解密数据，然后将数据返回。用户必须是经过认证的用户，具有对代码仓库的适当访问权限。数据在传输过程中可以通过基于 HTTPS 或 SSH 协议的加密网络连接进行加密传输。

12.8.3　CI 服务器

CI 服务器也被称为构建服务器。由于团队要处理多个分支，将各分支变更合并回主干就变得很复杂。在这种情况下，CI 起到了关键作用。CI 服务器提供了"钩子"，当代码提交到仓库时，该事件会触发构建。几乎每个版本控制系统中都有"钩子"，它表示在指定的必要动作发生时会触发自定义脚本。钩子既可以在客户端运行，也可以在服务器端运行。

拉取请求是开发人员在将其编写的代码合并到通用代码分支之前通知彼此和审查彼此工作的一种常见方式。CI 服务器提供了一个 Web 界面，用于在将代码变更添加到最终项目之前，对其进行审查。如果变更存在问题，可以拒绝开发人员的合并请求，让其按照组织的编码要求进行调整。

如图 12-8 所示，服务器端钩子与 CI 服务器结合使用，可以提高集成的速度。

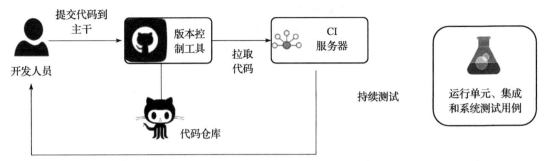

图 12-8　CI 的自动化

如图 12-8 所示，使用 `post-receive`，你可以指导新的分支在 CI 服务器上触发测试，以验证新的构建是否正确集成，所有单元是否正确运行。开发人员会收到测试失败的通知，然后知道只有在问题被解决后，才能将他们的分支与主干合并。开发人员可以从分支进行构建，在分支测试更改，并在决定是否将其合并到主干之前，了解变更是否正确。

运行集成和单元测试会大大减小分支合并到主干的阻力。自定义钩子也被客户用来触发对合并后的主干代码的测试，并阻止无法通过测试的合并。集成也最好使用 CI 服务器完成。

Jenkins 是构建 CI 服务器的最受欢迎的工具。但是，你必须自己维护服务器的安全和补丁更新。对于原生的云上工具和托管服务，可以使用托管的代码构建服务，如 AWS CodeBuild，它不需要对服务器进行管理，并以按需付费的模式大大降低了成本。服务可根据你的需求进行扩展。团队被授权专注于推送代码，并让服务构建所有的工件。

如图 12-9 所示，你可以将 Jenkins 集群托管在 AWS EC2 服务器的机群中，并根据构建负载自动伸缩。

Jenkins 主节点在过载的情况下，会将构建分派到**从属节点**实例。当负载降低时，Jenkins 主节点会自动终止从属实例。

CI 服务器通过开发团队各成员之间的协作，帮助你从源代码仓库中构建正确版本的代码，代码部署则帮助团队为测试做好准备并发布供终端用户使用。接下来将详细介绍代码部署。

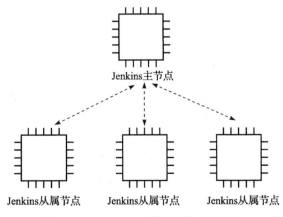

图 12-9　Jenkins CI 服务器的自动伸缩

12.8.4 代码部署

一旦构建完成，你就可以使用 Jenkins 服务器进行部署，或者选择云原生的 AWS CodeDeploy 托管服务。你也可以使用其他流行的工具（如 Chef 或 Puppet）来创建部署脚本。指定部署配置的选项有：

❑ **一次一个**：每次只会在部署组中的一个实例上安装新的部署。如果在给定实例上的部署失败，部署脚本将停止部署并返回一个错误响应，详细说明成功和失败安装的数量。

❑ **一次一半**：向部署组中一半的实例安装新部署。如果一半实例成功安装了新部署，则部署成功。对于生产、测试环境来说，"一次一半"依然是一个很好的选择，让一半的实例更新到新的版本，而另一半的实例仍然可以使用旧的版本。

❑ **全部**：每个实例在下一次轮询部署服务时都会安装最新的可用版本。此选项最适合用于开发和测试部署，因为它有可能在部署组中的每个实例上安装无法正常工作的部署内容。

❑ **自定义**：使用此命令可以创建自定义部署配置，指定部署组中在给定时间内必须存在的健康主机的数量。该选项比"一次一个"更加灵活。它允许在一个或两个已经损坏或配置不当的实例上出现部署失败的可能性。

图 12-10 说明了部署期间的生命周期事件。

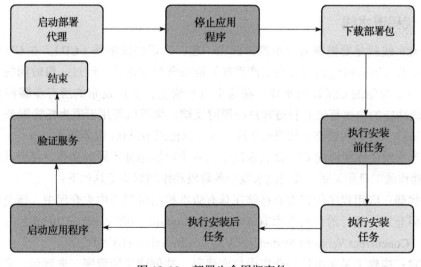

图 12-10 部署生命周期事件

部署代理通过一系列步骤来执行部署，这些步骤称为生命周期事件。在图 12-10 中，浅色框中显示的步骤可由人工干预控制。深色框的步骤是自动的，由部署代理控制。每个步骤的细节如下：

❑ **停止应用程序**：为了触发部署，首选要做的是停止应用服务器，以便在复制文件时停止流量。软件应用服务器包括 Tomcat、JBoss、WebSphere 等。

❑ **下载部署包**：应用服务器停止后，部署代理开始从工件仓库（如 JFrog Artifactory）下载提前构建好的部署包。该仓库存储了应用程序二进制文件，可用于应用程序新版本发布前的部署和测试。

❑ **执行安装前任务**：部署代理执行预安装步骤，如创建当前版本的备份以及通过脚本进行所需的配置更新。

❑ **执行安装任务**：部署代理启动应用程序的安装程序。例如，运行 Ant 或 Maven 脚本来安装 Java 应用程序。

❑ **执行安装后任务**：应用程序安装完成后，部署代理会触发此步骤，更新安装后的配置（如本地内存设置和日志参数）等。

❑ **启动应用程序**：代理服务器启动应用程序，并通知运维团队成功或失败情况。

❑ **验证服务**：验证步骤在其他一切工作完成后启动，让你有机会对应用程序进行完整性检查，包括执行自动完整性测试和集成测试等步骤，以验证新版本应用程序是否已正确安装。当测试通过时，代理会向团队发送通知。

我们已经介绍了各种代码部署策略和步骤。然而，要建立自动化 CI/CD 流水线，还需要将所有 DevOps 步骤拼接起来。接下来将介绍更多关于代码流水线的知识，它可以帮助你建立端到端的 CI/CD 流水线。

12.8.5　代码流水线

代码流水线就是要把所有的东西协调在一起，实现持续部署（CD）。在 CD 中，整个软件发布过程（包括构建和部署到生产发布）是完全自动化的。经过一段时间的实验，你可以建立一个成熟的 CI/CD 流水线，在这个流水线上，生产发布的所有步骤都是自动化的，能实现功能的快速部署并获得客户的即时反馈。你可以使用云原生托管服务（如 AWS CodePipeline）来协调构建整个代码流水线，也可以使用 Jenkins 服务器。

代码流水线使你能够向 CI/CD 流水线中的各个阶段添加不同的动作。每个动作都可以与执行该动作的工具相关联。代码流水线中各阶段动作和对应工具如下：

❑ **源代码**：应用程序代码需要存储在具有版本控制机制的中央仓库中，该仓库称为源代码仓库。流行的代码仓库有 AWS CodeCommit、Bitbucket、GitHub、并发版本系统（Concurrent Versions System，CVS）、Subversion（SVN）等。

❑ **构建**：构建工具从源代码仓库中拉取代码，并创建应用程序二进制包。常用的构建工具有 AWS CodeBuild、Jenkins、Solano CI 等。构建完成后，可以将二进制文件存储在 JFrog 等工件仓库中。

❑ **部署**：部署工具可以帮助你在服务器中部署应用程序的二进制文件。流行的部署工具有 AWS Elastic Beanstalk、AWS CodeDeploy、Chef、Puppet、Jenkins 等。

- ❏ **测试**：自动测试工具可以帮助你完成并进行部署后的验证。常用的测试验证工具有 Jenkins、BlazeMeter、Ghost Inspector 等。
- ❏ **执行**：你可以使用基于事件的脚本来执行备份和告警任务。任何脚本语言（如 shell 脚本、PowerShell 和 Python）都可以用来执行各种自定义活动。
- ❏ **审批**：审批是 CD 的一个重要步骤。你可以通过自动的电子邮件触发器要求手动审批，也可以通过工具自动审批。

本节介绍了用来管理**软件开发生命周期**（Software Development Life Cycle，SDLC）的 DevOps 的各种工具，如代码编辑器、代码仓库以及构建、测试和部署工具。截至目前，你已经了解了 SDLC 各阶段的各种 DevOps 技术。接下来将介绍 DevOps 的最佳实践和反模式。

12.9　实施 DevOps 最佳实践

在构建 CI/CD 流水线时，请根据需要创建一个项目并将团队成员添加到其中。项目仪表盘将部署流水线的代码流可视化了出来，可以监控构建，触发告警，并跟踪应用程序活动。图 12-11 展示了一条清晰的 DevOps 流水线。

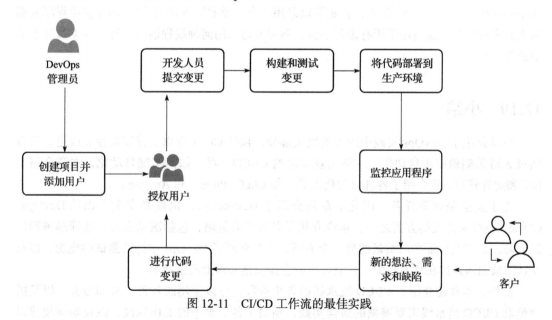

图 12-11　CI/CD 工作流的最佳实践

设计流水线时要考虑以下几点：

- ❏ **定义阶段**：可以有开发、集成、系统、用户验收和生产阶段。有些组织还包括开发、alpha、beta 和发布阶段。
- ❏ **每个阶段的测试类型**：每个阶段可以有多种类型的测试，如单元测试、集成测试、系统测试、UAT、冒烟测试、负载测试和生产阶段的 A/B 测试。

❑ **测试的顺序**：测试用例可以并行运行，也可以按顺序进行。

❑ **监控和报告**：监控系统缺陷和故障，并在故障发生时发送通知。

❑ **基础设施置备**：提供每个阶段的基础设施。

❑ **回滚**：定义回滚策略，以便在需要时回滚到以前的版本。

如果系统中存在可以避免的人工环节，会拖慢你的交付进程。所以，使用 CD 来自动化这些环节能加速你的交付进程。

另一种常见的反模式是在代码中保存构建的配置值，甚至让开发人员在构建过程中使用不同的工具，这会导致开发人员之间的构建的不一致。排查为什么特定的构建在一个环境中可以正常工作，而在其他环境中却无法正常工作，这需要花费大量的时间和精力。为了克服这个问题，最好将构建配置从代码中分离出来。将这些配置外置到工具中，可以使它们在不同的构建之间保持一致，实现更好的自动化，并使构建过程能够更快地规模化。不采用 CD 实践可能会导致你在发布的最后一刻，比如在半夜，还要匆忙地修复构建物。让 CD 流程支持"快速失败"，以减少在最后一刻发生意外的可能性。

现在，大多数应用程序都以 Web 应用程序的形式构建，并充分利用了云平台的优势。为了将架构最佳实践应用到程序开发的每一步，可以遵循"十二要素"方法论。正如其官网（https://12factor.net/）所推荐的，企业可以采用"十二要素"方法论进行 Web 应用程序的端到端开发和交付。这适用于所有编码平台，不用考虑采用何种编程语言。每个要素贯穿于本书的各章节。

12.10 小结

本章介绍了 DevOps 实践中的关键组成部分，包括 CI、CD 以及持续监控和改进。只有通过无时无刻地应用自动化，才能实现敏捷的 CI/CD。对于如何实现自动化，本章介绍了 IaC 和配置管理，还介绍了各种自动化工具，如 Chef、Puppet 和 Ansible。

由于安全是首要任务，因此本章还介绍了 DevSecOps，也就是安全方面的 DevOps。CD 是 DevOps 的关键方面之一，本章介绍了各种部署策略，包括滚动部署、蓝绿部署和红黑部署。测试是保证产品质量的另一个方面，本章介绍了 DevOps 中持续测试的概念，以及 A/B 测试如何通过在真实环境中获取客户的直接反馈来帮助改进产品。

此外，本章还介绍了 CI/CD 流水线的各个阶段，可以使用的各种工具和服务，以及搭建健壮 CI/CD 流水线需要遵循的最佳实践，阐明了各个服务的工作原理，以及如何集成以构建复杂解决方案。

至此，我们已经介绍了解决方案架构的各个方面，因为每个组织都有大量的数据，需要花很多精力去了解其数据。下一章将介绍如何收集、处理和使用数据，以获得更深入的洞见。

数据工程和机器学习

在互联网和数字化时代，世界各地都在以飞快的速度产生大量的数据。如何从这些海量数据中快速获得洞见是一个挑战。我们需要不断创新以摄取、存储和处理这些数据，从而产生业务成果。

随着云技术、移动技术和社交技术的融合，基因组学和生命科学等众多领域正在以越来越快的速度发展。通过挖掘数据来获得更多的洞见呈现出巨大的价值。流处理系统与批处理系统的一个根本区别是能否处理无限数据。现代流处理系统需要以低延迟的方式处理高速且流入速率可变的数据，并持续产生结果。

大数据的概念不仅仅包含数据的收集和分析。对于组织来说，数据的实际价值是它可以用来回答问题，并为组织创造竞争优势。并非所有的大数据解决方案都必须以可视化结果为终点。许多解决方案——如机器学习（Machine Learning，ML）和预测分析，将这些答案以编程的方式反馈到其他软件或应用程序，这些软件或应用程序从答案中提取信息，并按照设计的方式进行响应。

与大多数事情一样，越快获得结果，就需要越高的成本，大数据也不例外。有些答案可能不是立即需要的，因此，解决方案的延迟和吞吐量可以灵活地放宽到数小时内完成。其他的响应（例如在预测分析或机器学习领域）可能需要在数据可用时尽快完成。

本章涵盖以下处理、管理大数据和机器学习的需求的主题：

❑ 什么是大数据架构。

❑ 大数据架构设计。

❑ 数据摄取。

❑ 数据存储。

❑ 数据处理和分析。

❑ 数据可视化。

❑ 物联网（IoT）。

❑ 什么是机器学习。

❑ 数据科学和机器学习。

❑ 机器学习模型过拟合与欠拟合的比较。

❑ 有监督和无监督的机器学习模型。

本章结束时，你将了解如何设计大数据和分析架构。你将学到大数据流水线的不同步骤，包括数据摄取、存储、处理和可视化。你还将学到机器学习和模型评估技术的基础知识。

13.1 什么是大数据架构

随着越来越多数据的积累，管理和迁移数据及其底层大数据基础设施变得越来越困难，收集到的海量数据也可能会造成问题。云供应商的兴起促进了将应用程序移动到数据的能力。众多的数据源导致了数据量、数据生成速度和数据种类的增长。常见的由计算机生成的数据源如下：

❑ **应用服务器日志**：应用程序和游戏日志。

❑ **点击流日志**：用户点击和浏览网站记录。

❑ **传感器数据**：天气、水、风能和智能电网。

❑ **图像和视频**：交通和监控摄像头。

计算机生成的数据涵盖了从半结构化的日志数据到非结构化的二进制数据。这些数据源产生的数据能通过模式匹配或相关性分析为用户提供建议，尤其是在社交网络和在线游戏方面。你还可以使用计算机生成的数据来跟踪应用程序或服务的行为，如博客、评论、电子邮件、图片和品牌认知。

人造数据包括电子邮件搜索记录、自然语言处理数据、对产品或企业的情感分析数据，以及产品推荐数据。社交图谱分析可以根据你的朋友圈生成产品推荐，推送你可能会感兴趣的工作，甚至根据朋友圈中的生日、纪念日等进行提醒。

在数据架构中，数据流水线一般以数据为起点，以洞见为终点。如何从起点到终点，取决于一系列的因素。图 13-1 展示了一个数据架构下的数据流水线。

如图 13-1 所示，大数据流水线的标准工作流程包括以下步骤：

1）通过合适的工具收集数据（摄取）。

2）持久化存储数据。

3）数据处理或分析。从存储中获取数据，对其进行操作，然后将处理后的数据再次存储。

4）数据被其他处理/分析工具使用，或者被同一工具再次处理，从数据中获得进一步的结果。

5）为了使结果对业务用户有用，使用商业智能（BI）工具将结果可视化，或者将结果输入机器学习算法中进行预测。

6）一旦将合理的结果呈现给用户，这就为他们提供了对数据的洞见，然后他们可以采用这些数据进行进一步的业务决策。

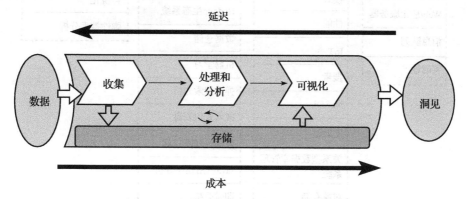

图 13-1 大数据架构设计中的数据流水线

你在流水线中部署的工具决定了获得结果的时间，也就是从数据被创建到能从中获得洞见之间的延迟。在考虑延迟的同时，设计数据架构的最佳方法是确定如何平衡吞吐量与成本，因为更高的性能和随之而来的低延迟通常会导致更高的成本。

13.2 大数据处理流水线设计

许多大数据架构所犯的关键性错误之一是，试图用一个工具包办数据流水线的多个阶段的数据处理。用一个服务器机群来端到端地处理从数据存储、转换到数据可视化的整个流水线可能是最简单，但它也是最容易发生故障的。这种紧耦合的大数据架构通常不能根据你的需求提供吞吐量和成本的最佳平衡。

建议数据架构师对流水线进行解耦，特别是将存储和处理分为多个阶段，这样做有很多好处，包括提高容错能力。例如，如果在第二轮处理中出了问题，或者专门用于处理该任务的硬件出现故障，不必从流水线的起点重新开始，系统可以从第二个存储阶段恢复。将存储与各个处理层解耦，使你有能力对多个数据存储进行读写。

图 13-2 说明了设计大数据架构流水线时需要考虑的各种工具和流程。

为大数据架构进行工具选型时，应该考虑以下几点：

❑ 数据结构。
❑ 最大可接受的延迟。
❑ 最低可接受的吞吐量。
❑ 系统终端用户的典型访问模式。

图 13-2 大数据架构设计中的工具与流程

数据结构会影响数据处理工具以及存储位置的选择。数据的顺序及要存储和检索的数据对象的大小也是必不可少要考虑的因素。获得结果的时间取决于解决方案如何权衡延迟、吞吐量和成本。

用户访问模式是另一个需要考虑的重要因素。有些作业需要定期快速连接许多相关的表，有些作业则需要每天或按更低频率使用存储的数据。有些作业需要比较来自各种数据源的数据，而有些作业只需要从一个非结构化表中提取数据。了解终端用户最常使用数据的方式将有助于确定大数据架构的广度和深度。接下来，我们将更加深入地探讨大数据架构中的每个流程和涉及的工具。

13.3 数据摄取

数据摄取是指数据传输和存储前的数据收集过程。数据来源众多。数据主要摄取自数据库、流、日志和文件。其中，数据库是最主要的数据来源。这些数据库通常包括上游核心事务系统，应用程序的数据主要保存在这里。数据库有关系型和非关系型两种类型，有多种技术可以用来从中提取数据。

流是时间序列数据的无限序列，如来自网站或物联网设备的点击流数据，通常会发布到托管的 API 中。日志由应用程序、服务和操作系统产生。数据湖是可以存储所有这些数据以便进行集中分析的好地方。文件或来自自建的文件系统，或通过 FTP 或者 API 从第三方数据源获得。如图 13-3 所示，应该根据不同的数据类型和数据收集方式来确定理想的摄取方案。

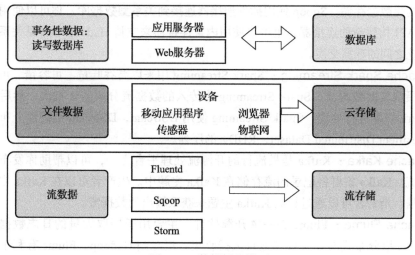

图 13-3　数据摄取类型

如图 13-3 所示，事务性数据必须能够快速存储和检索。终端用户需要快速、直接地访问数据，这使应用服务器和 Web 服务器成为理想的摄取方式。出于同样的原因，NoSQL 和**关系型数据库管理系统**（RDBMS）等通常是这类流程的最佳解决方案。

通过单个文件传输的数据通常从连接的设备中摄取。与事务性数据相比，很多文件数据不需要快速存储和检索。对于文件数据，其传输往往是单向的，数据由多个资源产生，并被摄取到单个对象或文件存储中，供以后使用。

流数据（如点击流日志）应通过合适的解决方案（如 Apache Kafka 或 Fluentd）来摄取。最初，这些日志被存储在 Kafka 等流存储解决方案中，因此它们可以实现实时处理和分析。长期存储这类日志最好采用低成本的解决方案，如对象存储。

流存储将收集系统（生产者）与处理系统（消费者）解耦，为传入的数据提供了一个持久化的缓冲区。数据可以被处理，你可以根据需求以一定的速率泵送数据。

13.3.1　数据摄取的技术选型

流行的数据摄取和传输的开源工具如下：

❑ Apache DistCp：DistCp 代表分布式拷贝（Distributed Copy），是 Hadoop 生态系统的一部分。DistCp 工具用于在集群内或集群间复制大型数据。DistCp 利用 MapReduce 自带的并行处理分发能力实现数据的高效快速复制。它将目录和文件分发到映射任务中，将文件分区从源端复制到目标端。DistCp 还可以跨集群进行错误处理、恢复和报告。

❑ Apache Sqoop：Sqoop 也来自 Hadoop 生态系统项目，它帮助在 Hadoop 和 RDBMS 等关系型数据存储之间传输数据。Sqoop 允许你将数据从结构化数据存储导入 Hadoop 分布式文件系统（Hadoop Distributed File System，HDFS），并将数据从 HDFS 导出到结构化数据存储。Sqoop 使用插件连接器连接到关系型数据库。你可以使用 Sqoop 扩展 API 构建新的连接器，也可以使用内置连接器来支持 Hadoop 和常见关系型数据库系统之间的数据交换。

❑ **Apache Spark Streaming**：Spark Streaming 用来以高吞吐量、可容错、可伸缩的方式摄取实时数据流。Spark Streaming 将传入的数据流分成若干批次，然后再发送给 Spark 引擎进行处理。Spark Streaming 使用 DStream，DStream 是韧性分布式数据集（Resilient Distributed Dataset，RDD）的序列。

❑ **Apache Kafka**：Kafka 是最流行的开源流处理平台之一，可以帮助你发布和订阅数据流。Kafka 集群将记录的流存储在 Kafka 主题中。生产者可以在 Kafka 主题中发布数据，消费者可以通过订阅 Kafka 主题来获取输出的数据流。

❑ **Apache Flume**：Flume 是一款开源软件，主要用于摄取大量的日志数据。Apache Flume 以分布式的方式可靠地将数据收集、汇总到 Hadoop。Flume 有利于流数据的摄取，并可以进行分析。

❑ **Apache Flink**：Flink 是另一个流数据和批数据处理的开源平台。Flink 包括一个流数据流引擎，可以处理有界和无界的数据流。有界数据流有确定的开端和结尾，而无界数据流有开端但没结尾。Flink 也可以在其数据流引擎上进行批处理，并且支持批处理优化。

还有更多的流处理开源项目，如 Apache Storm 和 Apache Samza，可以提供可靠的处理无界数据流的手段。

13.3.2 数据摄取上云

AWS 等公有云供应商提供了一系列大数据服务，用于大规模地存储和处理数据。以下服务可以将数据迁移到 AWS 云并充分利用云供应商提供的可伸缩性：

❑ **AWS Direct Connect**：AWS Direct Connect 在 AWS 云和数据中心之间提供速度高达 10Gbit/s 的私有连接。专用网络连接可减少网络延迟，提高带宽吞吐量。与数据必须跃过多个路由器的互联网连接相比，它提供了更可靠的网络速度。Direct Connect 可以在你或 Direct Connect 合作伙伴管理的路由器（取决于你是否与 AWS Direct Connect 的某个点同地协作）与 AWS 机房中的路由器之间建立交叉连接。服务提供了公共和私有的**虚拟接口**（Virtual Interface，VIF）。你可以使用私有 VIF 直接访问在 AWS 上的虚拟私有云（VPC）内运行的资源，使用公共 VIF 访问 AWS S3 等服务的公共端点。

❑ **AWS Snowball**：如果你想将大量数据（如数百 TB 或 PB 的数据）传输到云上，通过互联网传输可能需要数年时间。AWS Snowball 提供了一个防篡改的 80TB 存储设备，可以传输大量数据。它类似于可以插入本地数据存储服务器的大容量硬盘，可以加载所有数据，并将其运送到 AWS。AWS 会把你的数据放在云存储的指定位置。

AWS Snowball 还提供其他服务，比如 Snowball Edge，它在配备计算能力的同时，还配备了 100TB 的存储空间，可以从远程位置（比如在游轮上或者石油钻井）处理数据。它就像一个小型的数据中心，你可以在这里加载数据，并利用内置的计算功能进行一些分析。设备一上线，数据就可以加载到云上。如果你有 PB 级的数据，那么可以使用 Snowmobile，它是一个 45 英尺①长的物理集装箱，可以一次性将 100PB 的数据从数据中心传输到 AWS 云。

❑ **Amazon Kinesis**：Amazon Kinesis 提供了三种功能。首先，它是一个用来存储原始数据流的地方，以便你对记录进行任何下游处理。其次，为了方便将这些记录传输到常见的分析环境（如 Amazon S3、Elasticsearch、Redshift 和 Splunk），它提供了 Amazon Kinesis Firehose 服务。Firehose 会自动缓冲流中的所有记录，并根据可配置的时间或数据大小阈值（或以先达到的为准），以单个文件或一组记录的形式将数据发送到目标位置。最后，如果你希望对流中的记录进行一些基于时间窗口的分析，请使用 Kinesis Analytics。Kinesis Analytics 允许你将多个流中的数据汇合在一起，并根据配置的时间窗口对记录执行 SQL 操作。随后，输出可以流向下游流处理流水线，因此你可以构建完整的无服务的流流水线。

❑ **AWS 数据迁移服务（DMS）**：AWS DMS（Data Migration Service）可以轻松安全地将数据库和数据仓库迁移或复制到 AWS。在 DMS 中，你可以创建一个数据迁移任务，该任务将通过源端点连接到本地数据，并使用 AWS 提供的存储（如 RDS 和 Amazon S3）作为目标端点。DMS 支持完整的数据转储和正在进行的变更数据捕获（Change Data Capture，CDC）。DMS 还支持同构（MySQL 到 MySQL）和异构（MySQL 到 Amazon-Aurora）数据库迁移。

AWS 还提供了很多其他工具，如 AWS Data Sync 用于从本地持续传输文件到 AWS，AWS Transfer for SFTP 用于从 SFTP 服务器安全地摄取数据。在摄取数据的过程中，需要将数据放到合适的存储中，以满足业务需求。接下来将介绍选择正确存储的技巧和可供选择的存储。

13.4　数据存储

在为大数据环境搭建存储时，最常见的错误之一是使用单一解决方案（通常采用 RDBMS）应对所有的数据存储需求。可用的工具有很多，但没有哪个工具能解决所有问题。单一的解决方案不一定能满足所有需求，适合当下环境的最佳解决方案可能需要组合各种存储方案，从而能更好地平衡延迟和成本。理想的存储解决方案是使用合适的工具来完成相应的作业。数据存储的选择取决于多种因素：

❑ **数据是什么结构**：它是否遵循特定的规范模式，就像 Apache Web 日志（日志通常没有很好的结构，因此不适合关系型数据库）一样，是否具有标准化的数据协议和约定

───────
① 1 英尺 = 0.3048 米。——编辑注

的接口？它是完全随意的二进制数据吗？就像图像、音频、视频和 PDF 文档那样？它是具有通用结构的半结构化数据，但是不同记录具有潜在的高可变性，就像 JSON 或 CSV 那样？

☐ **新数据需要在多久后能被查询到（温度）**：是随着新记录的流入而实时决策的场景（比如，营销经理根据转化率做出调整，或者网站根据用户行为相似度做出产品推荐）吗？还是按每日、每周或每月批量处理的场景（比如模型训练、制作财务报表或产品性能报告）？或是介于两者之间的场景（比如用户联络邮件，它不需要实时响应，但可以在用户动作和触点之间有几分钟甚至几个小时的缓冲期）？

☐ **摄取数据的大小**：是随着数据的到来而逐条地摄入数据（例如，来自 REST API 的 JSON 数据最多时只有几 KB）？还是大批量的记录（比如系统集成和第三方数据源）一次性到达？或者是介于两者之间（比如将几个小批量的点击流数据聚合在一起进行更高效的处理）？

☐ **数据总量及其增长速度**：是打算存储 GB 和 TB 级，还是 PB 级甚至是 EB（exabytes）级的数据？特定的分析用例需要多少数据量？大部分查询是否只需要特定的滚动时间窗口？是否需要某种机制来查询整个历史数据集？

☐ **在任意特定位置存储和查询数据的成本是多少**：当涉及任意计算环境时，我们通常需要在性能、韧性和成本之间做出平衡。若存储能提供更好的性能和韧性，那它的成本往往也更高。你可能希望对 PB 级的数据进行快速查询，这正是 Redshift 可以提供的，但为了满足成本要求，你可能决定用 Athena 来查询 Parquet 压缩格式的 TB 级数据。

最后，你会对数据执行什么类型的分析查询？它是否会用固定的指标来绘制仪表盘？它是否会参与由各种业务维度驱动的大范围数字聚合？它是否用于诊断，利用字符串标记进行全文搜索和模式分析？图 13-4 综合给出了与数据及其存储选型相关的多个因素。

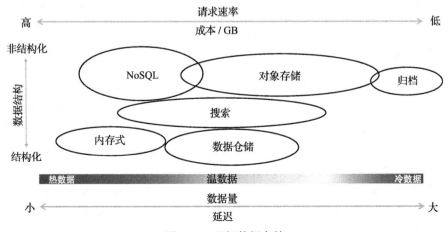

图 13-4　理解数据存储

确定了数据的所有特性并了解了数据结构后，就可以评估数据存储需要使用哪种解决方案。

数据存储的可选技术

正如我们讨论的那样，单一工具无法面面俱到。需要为作业选择恰当的工具，而数据湖可以让你建立高度可配置的大数据架构来满足特定需求。业务问题的范围太广、太深、太复杂，一种工具无法解决所有问题，在大数据和分析领域尤其如此。

例如，热数据需要在内存中存储和处理，因此适合用缓存或内存数据库（如 Redis 或 SAP Hana）。AWS 提供了 ElastiCache 服务，可生成托管的 Redis 或 Memcached 环境。NoSQL 数据库是面向高速但小规模记录（例如，用户会话信息或物联网数据）的理想选择。NoSQL 数据库对于内容管理也很有用，可以存储数据目录。

1. 结构化数据存储

结构化数据存储已经存在了几十年，是人们最熟悉的数据存储技术。大多数事务型数据库（如 Oracle、MySQL、SQL Server 和 PostgreSQL）都是行式数据库，因为要处理来自软件应用程序的频繁数据写入。企业经常将事务型数据库同时用于报表，在这种情况下，需要频繁读取数据，但数据写入频率要低得多。随着数据读取的需求越来越强，有更多的创新进入了结构化数据存储的查询领域，比如列式文件格式的创新，它有助于提高数据读取性能，满足分析需求。

基于行的格式将数据以行的形式存储在文件中。基于行的写入方式是将数据写入磁盘的最快方式，但它不一定能最快地读取，因为你必须跳过很多不相关的数据。基于列的格式将所有的列值一起存储在文件中。这样会带来更好的压缩效果，因为相同的数据类型现在被归为一组。通常，它还能提供更好的读取性能，因为你可以跳过不需要的列。

我们来看结构化数据存储的常见选择。例如，你需要从订单表中查询某个月的销售总数，但该表有 50 列。在基于行的架构中，查询时会扫描整个表的 50 个列，但在列式架构中，查询时只会扫描订单销售列，因而提高了数据查询性能。我们再来详细介绍关系型数据库，重点介绍事务数据和数据仓库处理数据分析的需求。

（1）关系型数据库

RDBMS 比较适合**在线事务处理**（OLTP）应用。流行的关系型数据库有 Oracle、MSSQL、MariaDB、PostgreSQL 等。其中一些传统数据库已经存在了几十年。许多应用，包括电子商务、银行业务和酒店预订，都是由关系型数据库支持的。关系型数据库非常擅长处理表之间需要复杂联合查询的事务数据。从事务数据的需求来看，关系型数据库应该坚持原子性、一致性、隔离性、持久性原则，具体如下：

❑ **原子性**：事务将从头到尾完全执行，一旦出现错误，整个事务将会回滚。

　　❑ **一致性**：一旦事务完成，所有的数据都要提交到数据库中。

　　❑ **隔离性**：要求多个事务能在隔离的情况下同时运行，互不干扰。

　　❑ **持久性**：在任何中断（如网络或电源故障）的情况下，事务应该能够恢复到最后已知的状态。

通常情况下，关系型数据库的数据会被转存到数据仓库中，用于报表和聚合。

（2）数据仓库

数据仓库更适合**在线分析处理**（OLAP）应用。数据仓库提供了对海量结构化数据的快速聚合功能。虽然这些技术（如 Amazon Redshift、Netezza 和 Teradata）旨在快速执行复杂的聚合查询，但它们并没有针对大量并发写入进行过优化。所以，数据需要分批加载，使得仓库无法在热数据上提供实时洞察。

现代数据仓库使用列式存储来提升查询性能，例如 Amazon Redshift、Snowflake 和 Google Big Query。得益于列式存储，这些数据仓库提供了非常快的查询速度，提高了 I/O 效率。除此之外，Amazon Redshift 等数据仓库系统还通过在多个节点上并行查询以及**大规模并行处理**（MPP）来提高查询性能。

数据仓库是中央存储库，可以存储来自一个或多个数据库的累积数据。它们存储当前和历史数据，用于创建业务数据的分析报告。虽然，数据仓库集中存储来自多个系统的数据，但它们不能被视为数据湖。数据仓库只能处理结构化的关系型数据，而数据湖则可以同时处理结构化的关系型数据和非结构化的数据，如 JSON、日志和 CSV 数据。

Amazon Redshift 等数据仓库解决方案可以处理 PB 级的数据，并提供解耦的计算和存储功能，以节省成本。除了列式存储外，Redshift 还使用数据编码、数据分布和区域映射来提高查询性能。比较传统的基于行的数据仓库解决方案包括 Netezza、Teradata 和 Greenplum。

2. NoSQL 数据库

NoSQL 数据库（如 Dynamo DB、Cassandra 和 Mongo DB）可以解决在关系型数据库中经常遇到的伸缩和性能挑战。顾名思义，NoSQL 表示非关系型数据库。NoSQL 数据库储存的数据没有明确结构机制连接不同表中的数据（没有连接、外键，也不具备范式）。

NoSQL 运用了多种数据模型，包括列式、键值、搜索、文档和图模型。NoSQL 数据库提供可伸缩的性能、具有高可用性和韧性。NoSQL 通常没有严格的数据库模式，每条记录都可以有任意数量的列（属性），这意味着某一行可以有 4 列，而同一个表中的另一行可以有 10 列。分区键用于检索包含相关属性的值或文档。NoSQL 数据库是高度分布式的，可以复制。NoSQL 数据库非常耐用，高可用的同时不会出现性能问题。

SQL 数据库已经存在了几十年，大多数人可能已经非常熟悉关系型数据库。我们来看 SQL 数据库和 NoSQL 数据库之间的一些重大区别（见表 13-1）。

表 13-1 SQL 数据库和 NoSQL 数据库的区别

项目	SQL 数据库	NoSQL 数据库
数据模型	在 SQL 数据库中，关系模型将数据规范化为包含行和列的表。模式包括表、列的数量、表之间的关系、索引和其他数据库元素	NoSQL 数据库不强制要求模式。通常用分区键从列集中检索值。它存储半结构化数据，如 JSON、XML 或其他文档（如数据目录和文件索引）
事务	基于 SQL 的传统 RDBMS 支持并符合 ACID 的事务性特点	为了实现水平伸缩，保持数据模型的灵活性，NoSQL 数据库可能会牺牲一部分传统 RDBMS 的 ACID 特点
性能	基于 SQL 的 RDBMS 会在存储昂贵的情况下优化存储，尽量减少对磁盘的占用。对于传统 RDBMS 来说，性能主要取决于磁盘。为了实现性能查询优化，需要创建索引和修改表结构	对于 NoSQL 来说，性能取决于底层硬件集群的大小、网络延迟以及应用程序如何调用数据库
伸缩	对基于 SQL 的 RDBMS 数据库来说，用高配置的硬件进行垂直伸缩是最容易的。此外，还可以让关系表跨分布式系统，如执行数据分片	NoSQL 数据库可以使用低成本硬件的分布式集群来提高吞吐量而不影响延迟，从而实现水平伸缩

根据数据特点，市面上有各种类别的 NoSQL 数据存储来解决特定的问题。我们来看 NoSQL 数据库的类型。

3. NoSQL 数据库类型

NoSQL 数据库的主要类型如下：

❑ **列式数据库**：Apache Cassandra 和 Apache HBase 是流行的列式数据库。列式数据存储有助于在查询数据时扫描某一列，而不是扫描整行。如果物品表有 10 列 100 万行，而你想查询库存中某一物品的数量，那么列式数据库只会将查询应用于物品数量列，不需要扫描整个表。

❑ **文档数据库**：最流行的文档数据库有 MongoDB、Couchbase、MarkLogic、Dynamo DB 和 Cassandra。可以使用文档数据库来存储 JSON 和 XML 格式的半结构化数据。

❑ **图数据库**：流行的图数据库包括 Amazon Neptune、JanusGraph、TinkerPop、Neo4j、OrientDB、GraphDB 和 Spark 上的 GraphX。图数据库存储顶点和顶点之间的链接（称为边）。图可以建立在关系型和非关系型数据库上。

❑ **内存式键值存储**：最流行的内存式键值存储是 Redis 和 Memcached。它们将数据存储在内存中，用于数据读取频率高的场景。应用程序的查询首先会转到内存数据库，如果数据在缓存中可用，则不会冲击主数据库。内存数据库很适合存储用户会话信息，这些数据会导致复杂的查询和频繁的请求数据，如用户资料。

NoSQL 有很多用例，但要建立数据搜索服务，需要对所有数据建立索引。

4. 搜索数据存储

Elasticsearch 是大数据场景（如点击流和日志分析）最受欢迎的搜索引擎之一。搜索引擎能很好地支持对具有任意数量的属性（包括字符串令牌）的温数据进行临时查询。Elasticsearch非常流行。一般的二进制或对象存储适用于非结构化、不可索引和其他没有专业工具能理解其格式的数据。

Amazon Elasticsearch Service 管理 Elasticsearch 集群，并提供 API 访问。它还提供了 Kibana 作为可视化工具，对 Elasticsearch 集群中的存储的索引数据进行搜索。AWS 管理集群的容量、伸缩和补丁，省去了运维开销。日志搜索和分析是常见的大数据应用场景，Elasticsearch 可以帮助你分析来自网站、服务器、物联网传感器的日志数据。Elasticsearch被大量的行业应用使用，如银行、游戏、营销、应用监控、广告技术、欺诈检测、推荐和物联网等。

5. 非结构化数据存储

当你有非结构化数据存储的需求时，Hadoop 似乎是一个完美的选择，因为它是可扩展、可伸缩的，而且非常灵活。它可以运行在消费级设备上，拥有庞大的工具生态，而且运行起来似乎很划算。Hadoop 采用主节点和子节点模式，数据分布在多个子节点，由主节点协调作业，对数据进行查询运算。Hadoop 系统依托于大规模并行处理（MPP），这使得它可以快速地对各种类型的数据进行查询，无论是结构化数据还是非结构化数据。

在创建 Hadoop 集群时，从服务器上创建的每个子节点都会附带一个称为本地 Hadoop分布式文件系统（HDFS）的磁盘存储块。你可以使用常见的处理框架（如 Hive、Ping和 Spark）对存储数据进行查询。但是，本地磁盘上的数据只在相关实例的生命期内持久化。

如果使用 Hadoop 的存储层（即 HDFS）来存储数据，那么存储与计算将耦合在一起。增加存储空间意味着必须增加更多的机器，这也会提高计算能力。为了获得最大的灵活性和最佳成本效益，需要将计算和存储分开，并将两者独立伸缩。总的来说，对象存储更适合数据湖，以经济高效的方式存储各种数据。基于云计算的数据湖在对象存储的支持下，可以灵活地将计算和存储解耦。

6. 数据湖

数据湖是结构化和非结构化数据的集中存储库。数据湖正在成为在集中存储中存储和分析大量数据的一种流行方式。它按原样存储数据，使用开源文件格式来实现直接分析。由于数据可以按当前格式原样存储，因此不需要将数据转换为预定义的模式，从而提高了数据摄取的速度。如图 13-5 所示，数据湖是企业中所有数据的单一真实来源。

数据湖的好处如下：

❏ **从各种来源摄取数据**：数据湖可以让你在一个集中的位置存储和分析来自各种来源（如关系型、非关系型数据库以及流）的数据，以产生单一的真实来源。它解答了一些问题，例如，为什么数据分布在多个地方？单一真实来源在哪里？

❏ **采集并高效存储数据**：数据湖可以摄取任何类型的数据，包括半结构化和非结构化数据，不需要任何模式。这就回答了如何从各种来源、各种格式的数据中快速摄取数据，并高效地进行大规模存储的问题。

❑ **随着产生的数据量不断扩展**：数据湖允许你将存储层和计算层分开，对每个组件分别伸缩。这就回答了如何随着产生的数据量进行伸缩的问题。

❑ **将分析方法应用于不同来源的数据**：通过数据湖，你可以在读取时确定数据模式，并对从不同资源收集的数据创建集中的数据目录。这使你能够随时、快速地对数据进行分析。这回答了是否能将多种分析和处理框架应用于相同的数据的问题。

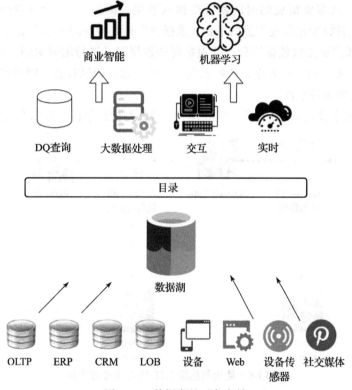

图 13-5　数据湖的对象存储

你需要为数据湖提供一个能无限伸缩的数据存储解决方案。将处理和存储解耦会带来巨大的好处，包括能够使用各种工具处理和分析相同的数据。虽然这可能需要一个额外的步骤将数据加载到对应工具中，但使用 Amazon S3 作为中央数据存储比传统存储方案有更多的好处。

数据湖还有其他好处。它能让你的架构永不过时。假设 12 个月后，可能会有你想要使用的新技术。因为数据已经存在于数据湖，你可以以最小的开销将这种新技术插入工作流程中。通过在大数据处理流水线中构建模块化系统，将 AWS S3 等通用对象存储作为主干，当特定模块不再适用或有更好的工具时，可以自如地替换。

13.5 数据处理和分析

数据分析是对数据进行摄取、转换和可视化的过程，用来发掘对业务决策有用的洞见。在过去的十年中，越来越多的数据被收集，客户希望从数据中获得更有价值的洞见。他们还希望能在最短的时间内（甚至实时地）获得这种洞见。他们希望有更多的临时查询以便回答更多的业务问题。为了回答这些问题，客户需要更强大、更高效的系统。

批处理通常涉及查询大量的冷数据。在批处理中，可能需要几个小时才能获得业务问题的答案。例如，你可能会使用批处理在月底生成账单报告。实时的流处理通常涉及查询少量的热数据，只需要很短的时间就可以得到答案。例如，基于 MapReduce 的系统（如 Hadoop）就是支持批处理作业类型的平台。数据仓库是支持查询引擎类型的平台。

流数据处理需要摄取数据序列，并根据每条数据记录进行增量更新。通常，它们摄取连续产生的数据流，如计量数据、监控数据、审计日志、调试日志、网站点击流以及设备、人员和商品的位置跟踪事件。

图 13-6 展示了使用 AWS 云技术栈处理、转换并可视化数据的数据湖流水线。

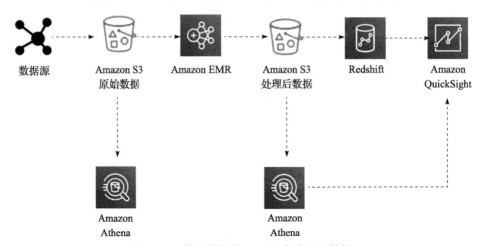

图 13-6　使用数据湖 ETL 流水线处理数据

在这里，ETL 流水线使用 Amazon Athena 对存储在 Amazon S3 中的数据进行临时查询。从各种数据源（例如，Web 应用服务器）摄取的数据会生成日志文件，并持久保存在 S3。然后，这些文件将被 Amazon Elastic MapReduce（EMR）转换和清洗成产生洞见所需的形式并加载到 Amazon S3。

用 COPY 命令将这些转换后的文件加载到 Amazon Redshift，并使用 Amazon QuickSight 进行可视化。使用 Amazon Athena，你可以在数据存储时直接从 Amazon S3 中查询，也可以在数据转换后查询（从聚合后的数据集）。你可以在 Amazon QuickSight 中对数据进行可视化，也可以在不改变现有数据流程的情况下轻松查询这些文件。

我们来看一些流行的数据处理工具。

数据处理和分析的技术选型

以下是一些最流行的可以帮助你对海量数据进行转换和处理的数据处理技术：

❑ **Apache Hadoop** 使用分布式处理架构，将任务分发到服务器集群上进行处理。分发到集群服务器上的每一项任务都可以在任意一台服务器上运行或重新运行。集群服务器通常使用 HDFS 将数据存储到本地进行处理。在 Hadoop 框架中，Hadoop 将大的作业分割成离散的任务，并行处理。它能在数量庞大的 Hadoop 集群中实现大规模的伸缩性。它还设计了容错功能，每个工作节点都会定期向主节点报告自己的状态，主节点可以将工作负载从没有积极响应的集群重新分配出去。Hadoop 最常用的框架有 Hive、Presto、Pig 和 Spark。

❑ **Apache Spark** 是一个内存处理框架。Apache Spark 是一个大规模并行处理系统，它有不同的执行器，可以将 Spark 作业拆分，并行执行任务。为了提高作业的并行度，可以在集群中增加节点。Spark 支持批处理、交互式和流式数据源。Spark 在作业执行过程中的所有阶段都使用有向无环图（Directed Acyclic Graph，DAG）。DAG 可以跟踪作业过程中数据的转换或数据沿袭情况，并将 DataFrames 存储在内存中，有效地最小化 I/O。Spark 还具有分区感知功能，以避免网络密集型的数据改组。

❑ **Hadoop 用户体验**（Hadoop User Experience，HUE）使你能够通过基于浏览器的用户界面而不是命令行在集群上进行查询并运行脚本。HUE 在用户界面中提供了最常见的 Hadoop 组件。它可以基于浏览器查看和跟踪 Hadoop 操作。多个用户可以登录 HUE 的门户访问集群，管理员可以手动或通过 LDAP、PAM、SPNEGO、OpenID、OAuth 和 SAML2 认证管理访问。HUE 允许你实时查看日志，并提供一个元存储管理器来操作 Hive 元存储内容。

❑ **Pig** 通常用于处理大量的原始数据，然后再以结构化格式（SQL 表）存储。Pig 适用于 ETL 操作，如数据验证、数据加载、数据转换，以及以多种格式组合来自多个来源的数据。除了 ETL，Pig 还支持关系操作，如嵌套数据、连接和分组。Pig 脚本可以使用非结构化和半结构化数据（如 Web 服务器日志或点击流日志）作为输入。相比之下，Hive 总是要求输入数据满足一定模式。Pig 的 Latin 脚本包含关于如何过滤、分组和连接数据的指令，但 Pig 并不打算成为一种查询语言。Hive 更适合查询数据。Pig 脚本根据 Pig Latin 语言的指令，编译并运行以转换数据。

❑ **Hive** 是一个开源的数据仓库和查询包，运行在 Hadoop 集群之上。SQL 是一项非常常见的技能，它可以帮助团队轻松过渡到大数据世界。Hive 使用了一种类似于 SQL 的语言，叫作 Hive Query 语言（Hive Query Language，HQL），这使得在 Hadoop 系统中查询和处理数据变得非常容易。Hive 抽象了用 Java 等编码语言编写程序来执行分析作业的复杂性。

❑ **Presto** 是一个类似 Hive 的查询引擎，但它的速度更快。它支持 ANSI SQL 标准，该标准很容易学习，也是最流行的技能集。Presto 支持复杂的查询、连接和聚合功能。

与 Hive 或 MapReduce 不同，Presto 在内存中执行查询，减少了延迟，提高了查询性能。在选择 Presto 的服务器容量时需要小心，因为它需要有足够的内存。内存溢出时，Presto 作业将重新启动。

❑ HBase 是作为开源 Hadoop 项目的一部分开发的 NoSQL 数据库。HBase 运行在 HDFS 上，为 Hadoop 生态系统提供非关系型数据库。HBase 有助于将大量数据压缩并以列式格式存储。同时，它还提供了快速查找功能，因为其中很大一部分数据被缓存在内存中，集群实例存储也同时在使用。

❑ Apache Zeppelin 是一个建立在 Hadoop 系统之上的用于数据分析的基于 Web 的编辑器，又被称为 Zeppelin Notebook。它的后台语言使用了解释器的概念，允许任何语言接入 Zeppelin。Apache Zeppelin 包括一些基本的图表和透视图。它非常灵活，任何语言后台的任何输出结果都可以被识别和可视化。

❑ Ganglia 是一个 Hadoop 集群监控工具。但是，你需要在启动时在集群上安装 Ganglia。Ganglia UI 运行在主节点上，你可以通过 SSH 访问主节点。Ganglia 是一个开源项目，旨在监控集群而不影响其性能。Ganglia 可以帮助检查集群中各个服务器的性能以及集群整体的性能。

❑ JupyterHub 是一个多用户的 Jupyter Notebook。Jupyter Notebook 是数据科学家进行数据工程和 ML 的最流行的工具之一。JupyterHub 服务器为每个用户提供基于 Web 的 Jupyter Notebook IDE。多个用户可以同时使用他们的 Jupyter Notebook 来编写和执行代码，从而进行探索性数据分析。

❑ Amazon Athena 是一个交互式查询服务，它使用标准 ANSI SQL 语法在 Amazon S3 对象存储上运行查询。Amazon Athena 建立在 Presto 之上，并扩展了作为托管服务的临时查询功能。Amazon Athena 元数据存储与 Hive 元数据存储的工作方式相同，因此你可以在 Amazon Athena 中使用与 Hive 元数据存储相同的 DDL 语句。Athena 是一个无服务器的托管服务，这意味着所有的基础设施和软件运维都由 AWS 负责，你可以直接在 Athena 的基于 Web 的编辑器中执行查询。

❑ Amazon Elastic MapReduce（EMR）本质上是云上的 Hadoop。你可以使用 EMR 来发挥 Hadoop 框架与 AWS 云的强大功能。EMR 支持所有最流行的开源框架，包括 Apache Spark、Hive、Pig、Presto、Impala、HBase 等。EMR 提供了解耦的计算和存储，这意味着不必让大型的 Hadoop 集群持续运转，你可以执行数据转换并将结果加载到持久化的 Amazon S3 存储中，然后关闭服务器。EMR 提供了自动伸缩功能，为你节省了安装和更新服务器的各种软件的管理开销。

❑ AWS Glue 是一个托管的 ETL 服务，它有助于实现数据处理、登记和机器学习转换以查找重复记录。AWS Glue 数据目录与 Hive 数据目录兼容，并在各种数据源（包括关系型数据库、NoSQL 和文件）间提供集中的元数据存储库。AWS Glue 建立在 Spark 集群之上，并将 ETL 作为一项托管服务提供。AWS Glue 可为常见的用例生成

PySpark 和 Scala 代码，因此不需要从头开始编写 ETL 代码。Glue 作业授权功能可处理作业中的任何错误，并提供日志以了解底层权限或数据格式问题。Glue 提供了工作流，通过简单的拖放功能帮助你建立自动化的数据流水线。

　　数据分析和处理是一个庞大的主题，值得单独写一本书。本节概括地介绍了数据处理的流行工具。还有更多的专有和开源工具可供选择。作为解决方案架构师，你需要了解市场上的各种工具，以便针对组织的用例选择恰当的工具。

　　为了获得数据洞见，业务分析师可以通过报表和仪表盘执行针对性的查询和分析。下一节将介绍数据可视化。

13.6　数据可视化

　　数据洞见用来解答重要的业务问题，例如，来自用户的收入，各地区的利润或不同渠道的广告投放效果等。大数据流水线从不同数据源收集了大量的数据。然而，公司很难了解每个地区的库存、盈利能力和虚假账户费用的增长信息。一些为满足合规要求不断收集的数据也可以产生业务价值。

　　BI 工具的两个重大挑战是实施成本和实施解决方案所需的时间。我们来看一些数据可视化技术。

数据可视化的技术选型

　　数据可视化平台可以帮助你根据业务需求准备数据可视化的报告，流行的数据可视化平台有：

- ❑ Amazon QuickSight 是一个基于云的 BI 工具，用于企业级数据可视化。它自带各种预设好的可视化图形，如线图、饼图、树状图、热图、直方图等。Amazon QuickSight 拥有一个超快、可并行的内存计算引擎（Super-fast, Parallel, In-memory Calculation Engine, SPICE），能够快速渲染可视化视图。它还可以执行数据准备任务，如重命名和删除字段，更改数据类型，将计算结果设置为新字段。QuickSight 还提供了基于机器学习的可视化洞见和其他基于机器学习的功能，如自动预测。
- ❑ Kibana 是一个开源的数据可视化工具，用于流数据可视化和日志探索。Kibana 可以和 Elasticsearch 深度集成，Elasticsearch 更是将其作为默认选项，在其上提供数据搜索服务。与其他 BI 工具一样，Kibana 也提供了常见的可视化图，如直方图、饼图和热图，同时还提供了内置的地理空间支持。
- ❑ Tableau 是最流行的 BI 工具之一，用于数据可视化。它使用了可视化查询引擎，这是一个专门用于分析大数据的引擎，其速度比传统查询更快。Tableau 提供了拖放用户界面，并且能够混合来自多个数据源的数据。
- ❑ Spotfire 采用内存计算，响应速度更快，可以分析来自各种资源的海量数据集。它提

供了将数据绘制到地图上并在 Twitter 上分享的功能。Spotfire 有建议功能，可以自
动检查数据，并就如何最好地将其可视化提出建议。

- Jaspersoft 可以实现自助式报告和分析。它也提供拖放式报表设计器。
- PowerBI 是 Microsoft 提供的一个流行的 BI 工具。它提供了包括多种可视化选择的
  自助式分析功能。

对于解决方案架构师来说，数据可视化是一个必要且庞大的课题。作为解决方案架构
师，你需要了解各种可用的工具，并根据业务中数据可视化的需求做出正确的选择。本节对
流行的数据可视化工具进行了概述。

随着互联网连接的增加，到处都充斥着具有少量内存和计算能力较小的小型设备。这
些设备连接着各种物理实体，需要从数以百万计的连接设备中收集和分析数据。例如，可以
利用从各种传感器收集的天气数据来为风能产业和农业预测天气。物联网作为小型互联设备
的全球网络，正在不断增长，我们来介绍一些关于物联网的细节。

13.7　理解物联网

物联网（IoT）是指由拥有 IP 地址并连接到互联网的物理设备所组成的网络生态系统。
IoT 设备的数量在快速增长，正确利用 IoT 设备的复杂度也在同步上升。IoT 可以帮助企业
执行各种任务，如预测性维护、监控联网的建筑和城市系统、能源效率监控以及保障生产设
施的安全等。你需要从 IoT 传感器中通过流式或其他存储方式摄取数据，并对这些数据进行
分析，快速提供分析结果。

这些是物联网设备架构面临的一些关键挑战。你需要确保设备的安全和有序管理。
云供应商有托管服务产品，可以实现对数百万设备的伸缩。我们来看些 AWS 物联网产
品，来了解物联网系统的工作情况。因为物联网解决方案可能是错综复杂的，所以你需要
消除在业务中实施物联网的复杂性，并帮助客户将任意数量的设备安全地连接到中央服
务器。

AWS 云有助于处理和响应设备数据，以及随时读取和设置设备状态。AWS 提供的基础
设施可以根据需要进行伸缩，因此企业可以深入了解某 IoT 数据，构建 IoT 应用程序和服
务，更好地服务于客户，并帮助企业全方位地利用 IoT。图 13-7 展示了 AWS IoT 的组件。

物联网各组件以及它们之间的连接方式说明如下：

- IoT Greengrass：AWS Greengrass 被安装在边缘设备上，帮助向 AWS 云发送 IoT 消息。
- IoT 设备开发工具包（SDK）：AWS IoT 设备 SDK 可以帮助你将 IoT 设备连接到应
  用程序。IoT 设备 SDK 提供了 API 来完成设备到应用程序的连接和认证。它还可以
  帮助你使用 MQTT 协议或 HTTP 在设备和 AWS IoT 云服务之间交换消息。IoT 设备
  SDK 支持 C、Arduino 和 JavaScript 语言。
- 认证和授权：AWS IoT 能帮助设备和应用程序建立可靠的加密认证机制，只有授权

设备才能与应用程序交换数据。AWS IoT 使用 SigV4 和 X.509 等证书作为认证机制。
你可以通过添加证书为所有连接的设备附加认证信息，并进行远程授权。

☐ **IoT 消息代理**：消息代理支持 MQTT 协议和 HTTP，并在物联网设备和云服务（如
AWS IoT 规则引擎、设备影子）之间建立安全通信。

☐ **IoT 规则引擎**：IoT 规则引擎可以帮助架设托管的数据流水线，用于 IoT 数据处理和
分析。规则引擎对 IoT 数据执行流式分析，并将数据传输到其他 AWS 存储服务（如
Amazon S3、DynamoDB、Elasticsearch 等）。

☐ **设备影子服务**：设备影子服务可以帮助你在设备因远程地区网络连接丢失而离线时，
保持设备的状态。一旦设备上线，它就可以从设备影子中恢复状态。任何连接到设
备的应用程序都可以使用 RESTful API 从影子中读取数据，从而继续工作。

☐ **设备注册表**：设备注册表能帮助你识别 IoT 设备，管理百万级规模的设备。注册表
存储设备元数据，如版本、制造商和读取方式（例如，温度传感器是在以华氏度还是
摄氏度的方式读取温度）等。

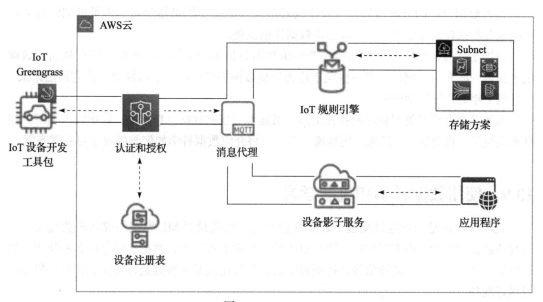

图 13-7　AWS IoT

截至目前，我们已经介绍了各种业务分析服务，这些服务旨在回答关于历史事件的问
题。但企业也需要找到未来事件发生的可能性，这就需要使用机器学习（ML）来完成。让
我们来了解更多关于 ML 的细节。

13.8　什么是机器学习

假设你的公司想为新玩具的上市向潜在客群发送营销优惠，你需要设计一个系统来识

别营销活动的目标客群。客群可能是数以百万计的用户，你需要对他们进行预测分析，而 ML 可以帮助你解决这一复杂问题。

ML 就是利用技术手段根据历史数据来发现趋势、模式，并计算数学预测模型。ML 可以帮助解决以下复杂问题：

- □ 当你可能不知道如何创建复杂的代码规则来做决定时。例如，如果你想从图像和语音中识别人们的情绪，但无法通过简单的方法编写实现逻辑。
- □ 当你需要人类的专业知识分析大量的数据来进行决策，但数据量太大，人类无法高效完成时。例如，虽然人类可以检测垃圾邮件，但数据量太大，人工快速完成不切实际。
- □ 当你需要根据个人数据调整和个性化用户行为让相关信息动态有效时。例如个性化的产品推荐或网站个性化。
- □ 当有很多任务和很多可用数据，但你无法快速跟踪信息来做出有规则的决策时。例如，欺诈检测和自然语言处理。

人类根据自己的分析结果和经验来处理数据预测。使用机器学习，你可以训练计算机根据现有数据提供专业知识，并根据新数据作出预测。

机器学习背后的主要思想是将一个训练数据集提供给机器学习算法，让它从新的数据集中预测一些东西，例如，将一些股市趋势历史数据提供给机器学习模型，让它预测未来 6 个月到 1 年的市场波动情况。

前面几节介绍了处理数据的各种工具。机器学习也和数据息息相关，你能输入训练的数据质量越好，得到的预测结果就越准确。下一节将介绍数据科学如何与机器学习并驾齐驱。

13.9　使用数据科学和机器学习

机器学习就是与数据打交道。训练数据和标签的质量对 ML 模型的成功至关重要。高质量的数据能让 ML 模型更准确，预测更正确。在现实世界中，数据往往存在多种问题，如缺失值、噪声、偏差、离群值等。数据科学的部分作用就是对数据进行清洗，让它为机器学习做好准备。

要进行数据准备，首先要了解业务问题。数据科学家通常非常渴望直接沉浸到数据里，开始编写模型，产生洞见。然而，如果对业务问题没有清晰的理解，那么获得的任何洞见都有可能无法解决问题。在迷失在数据中之前，先明确用户故事和业务目标更加重要。在切实理解业务问题之后，你可以开始缩小机器学习问题类别的范围，并确定机器学习是否适合解决特定业务问题。

数据科学包括数据收集、分析、预处理和特征工程。探索数据为我们提供了必要的信息，如数据质量和清洁度、数据中有趣的模式，以及开始建模后可能的前进路径。

如图 13-8 所示，数据预处理和创建 ML 模型是相互关联的，数据准备将严重影响模型，而选择的模型反过来影响需要准备的数据类型。找到正确的平衡点需要高速迭代（不断试错），这是一门艺术。

如图 13-8 所示，机器学习工作流程包括以下阶段：

❑ **预处理**：在这个阶段，数据科学家对数据进行预处理，并将其划分为训练、验证和测试数据集。ML 模型使用训练数据集进行训练，并使用验证数据集进行评估。一旦模型就绪，就可以使用测试数据集来测试它。考虑到数据量和业务用例，一般需要将数据划分为训练集、测试集和验证集，可以将 70% 的数据用于训练，10% 用于验证，20% 用于测试。

特征是数据集的独立属性，它可能影响也可能不影响结果。特征工程是为了找到正确的特征，它可以帮助提高模型的准确性。标签是你的目标结果，它取决于特征选择。为了选择正确的特征，你可以采取降维的方式从数据中过滤和提取最有效的特征。

❑ **学习**：在学习阶段，要根据业务用例和数据选择合适的机器学习算法。学习阶段是机器学习流程中的核心，会在训练数据集上训练 ML 模型。为了获得精准的模型，你需要对各种超参数进行实验，并进行模型选择。

❑ **评估**：一旦 ML 模型在学习阶段得到训练，就要用已知的数据集来评估其准确性。使用预处理阶段保留的验证数据集来评估模型。如果模型预测精度没有达到可分辨验证数据确定的异常的程度，则需要根据评估结果对模型进行必要的调整。

❑ **预测**：预测也被称为推理。在这个阶段，部署模型并进行预测。这些预测可以实时进行，也可以按批次进行。

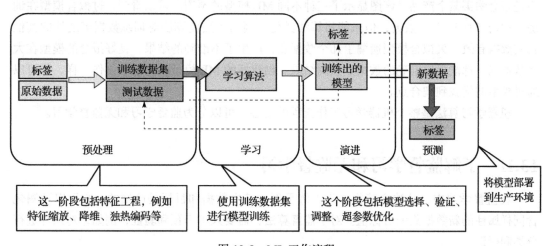

图 13-8　ML 工作流程

根据数据输入，通常情况下，机器学习模型可能会有过拟合或欠拟合的问题，你必须考虑到这些问题才能得到正确的结果。

13.10 评估机器学习模型：过拟合与欠拟合

当模型过拟合时，它将无法泛化。当模型在训练集上表现良好，但在测试集上表现不佳时，就可以确定模型过度拟合。这通常表明模型对于训练数据量来说过于灵活，这种灵活性使它除了能够记住数据外，还记住了噪声。过拟合对应的是高方差，训练数据的微小变化会导致结果的巨大差异。

当模型欠拟合时，模型无法捕获训练数据集中的基本模式。通常情况下，欠拟合表明模型太简单或解释变量太少。欠拟合的模型灵活度不够，无法对真实模式进行建模，对应的是高偏差，这表明结果在某个区域显示出系统性的拟合不足。

图 13-9 说明了过拟合与欠拟合的明显区别，与它们对应的是拟合良好的模型。

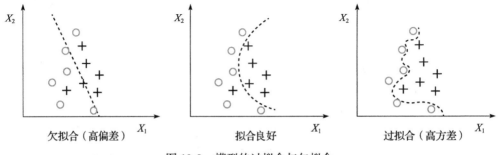

图 13-9　模型的过拟合与欠拟合

在图 13-9 中，ML 模型正试图在两个数据点类别之间进行分类。ML 模型正试图确定客户是否会购买某个产品。该图显示了三种不同 ML 模型的预测。可以看到，过拟合模型在训练中遍历了所有的 ○ 数据，但未能将算法泛化，因而无法使算法对训练数据集之外的其他真实数据有效。欠拟合模型遗漏了几个数据点，产生了不准确的结果。良好拟合的模型在大多数情况下都能提供准确的数据点预测结果。创建好的 ML 模型就像艺术创作一样，你可以通过模型调优找到契合点。

机器学习算法是整个机器学习工作流程的核心，可以分为监督学习和无监督学习。

13.11　了解监督学习和无监督学习

在监督学习中，算法会获得一组训练示例，其中数据和目标是已知的。它可以预测包含同样属性的新数据集的目标值。对于监督算法，需要人工干预和验证，例如，对照片进行分类和标记。

在无监督学习中，算法会得到大量数据，它必须找到数据之间的模式和关系。它可以从数据集中得出推论。在无监督学习中，不需要人工干预，例如，它根据上下文对文档进行自动分类。它解决的问题是，当训练示例无法提供正确的结果时，算法必须通过聚类找到数据中的模式。

强化学习则是另一类机器学习，在强化学习中，你不告诉算法什么动作是正确的，而是在每个动作后给它一个奖励或惩罚，例如，学习如何踢足球。

用于监督学习的流行 ML 算法类型如下：

- ❏ **线性回归**：我们以房价为例来解释线性回归。假设我们从市场上收集了大批房价及房屋面积数据，绘制成二维图。现在我们尝试寻找一条最贴合这些数据点的线，并用它来预测另一面积的房子的价格。
- ❏ **逻辑回归**：根据输入估计某种事物属于某个类别（正类或负类）的概率。
- ❏ **神经网络**：在神经网络中，ML 模型就像人类的大脑一样，一层层的节点相互连接。每个节点都是一个多元线性函数，具有单变量非线性变换。神经网络可以表示任何非线性函数，解决难以解释的问题，如图像识别。神经网络的训练成本高，但预测速度快。
- ❏ **K − 近邻算法**：它选择了 k 个邻居。找到与你要分类的新观测值的 k 个最邻近的实例，如果这 k 个实例多数属于某个类，就把该新观测值分类为这个类。例如，你想把你的数据归类为 5 个簇，所以 k 值将是 5。
- ❏ **支持向量机**（Support Vector Machine，SVM）：支持向量是研究领域的一种流行方法，但在工业界不那么流行。SVM 将边际距离最大化，即决策边界（超平面）和支持向量（最接近边界的训练示例）之间的距离。SVM 不具有内存效率，因为它存储支持向量，而支持向量随着训练数据的大小而增长。
- ❏ **决策树**：在决策树中，节点根据特征进行拆分，使父节点与其拆分的节点之间具有最显著的信息增益（Information Gain，IG）。决策树易于解释且灵活，不需要很多特征变换。
- ❏ **随机森林和集成方法**：随机森林是一种集成方法，可以对多个模型进行训练，将它们的结果通过多数投票或平均的方式整合起来。随机森林是一组决策树。每棵树从不同的随机样本中学习。从原始特征集中随机选择特征应用到每棵树上。随机森林通过为每棵树随机选择训练数据集和特征子集增加了多样性，通过平均机制减少了方差。

K 均值聚类使用无监督学习来寻找数据模式。K 均值通过最小化到最近的聚类中心的距离之和迭代地将数据划分成 k 个聚类。它首先将每个实例分配给最近的中心，然后根据分配的实例重新计算每个中心。k 的值必须由用户指定。

Zeppelin 和 Jupyter 是数据工程师进行数据发现、清洗、改进、标注以及为 ML 模型训练做准备的最常见的环境。Spark 提供了 Spark 机器学习库，包含很多常见的高级评估算法（如回归、页面排名、K 均值等）的实现。

对于利用神经网络的算法，数据科学家会使用 TensorFlow 和 MxNet 等框架，或者 Keras、Gluon 或 PyTorch 等更高级别的抽象。这些框架和常用算法可以在 Amazon SageMaker 服务中找到，该服务提供了一个完整的 ML 模型开发、训练和托管的环境。

数据科学家利用托管的 Jupyter 环境进行数据准备，通过一些配置建立模型训练集群，然后开始训练工作。完成后，他们可以一键部署模型，通过 HTTP 提供推理服务。现在的 ML 模型开发几乎都是在 HDFS 中的文件上进行的，因此直接查询 Amazon S3 数据湖是这些活动的不二之选。

机器学习是一个非常广泛的主题，值得通过一整本书来详细了解。本节仅介绍了机器学习模型的概述。

13.12 小结

本章介绍了大数据架构和大数据流水线设计的组件，还介绍了数据摄取以及可用于收集批量数据和流数据的各种技术。在如何存储当今产生的海量数据方面，云逐渐占据了核心地位，因此本章也介绍了 AWS 云生态系统中可用于数据摄取的各种服务。

在处理大数据时，数据存储是核心关注点之一。本章介绍了各种数据存储，包括结构化数据和非结构化数据、NoSQL 和数据仓库，以及与每种数据存储相关的技术。此外，还介绍了数据湖架构及其好处。

一旦收集并存储好了数据，就需要进行数据转换，从而深入了解这些数据，并将业务需求可视化。本章介绍了数据处理架构及其可选技术，以根据数据需求选择开源和基于云的数据处理工具。这些工具可以帮助你根据数据特点和组织需求来可视化数据并获得洞见。

现在，有数以百万计的小型设备连接到了互联网，统称为物联网。本章介绍了云上可用的收集、处理和分析物联网数据以产生有意义的洞见的各种组件，也介绍了机器学习的工作流程，其中包括数据预处理、建模、评估和预测。此外，还介绍了监督学习和非监督学习，简单给出了各种流行的机器学习算法和可用的机器学习框架。

随着时间的推移，企业往往会积累技术债务，许多遗留应用程序都放在数据中心，增加了成本，消耗了资源。下一章将介绍遗留应用程序的改造和现代化，遗留系统所面临的挑战，以及遗留系统现代化的相关技术。

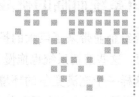

遗留系统架构设计

遗留系统是指在数据中心部署了几十年的应用程序，这些应用程序没有经过很多修改。在快速变化的技术环境中，这些系统会过时且难以维护。遗留系统的界定不是只看它们的年代，有时还要看它们的底层架构和技术是否导致它们无法满足不断增长的业务需求。

通常，大型企业使用遗留系统来处理重要的日常业务。这些遗留系统遍布医疗、金融、运输和供应链等行业。公司不得不花费巨资来维护和支持这些系统，使得遗留系统的架构需求长久存在。对遗留系统进行重新设计和现代化改造，可以帮助组织变得更加敏捷和创新，还可以优化成本和业绩。

本章将介绍遗留系统面临的挑战和问题，以及重新构建它们所用到的技术。重写复杂的遗留系统可能会有让业务中断的风险，因此本章将介绍如何重构遗留系统或考虑将其迁移到更灵活的基础设施。

本章涵盖以下主题：

- 遗留系统面临的挑战。
- 遗留系统现代化改造策略。
- 遗留系统现代化改造技术。
- 遗留系统的云迁移策略。

本章结束时，你将了解遗留系统面临的各种挑战和对其进行现代化改造的驱动因素。你将学到遗留系统现代化改造的各种策略和技术。由于公有云成为许多组织的首选策略，因此本章还将介绍遗留系统的云迁移。

14.1 遗留系统面临的挑战

遗留系统给企业带来了巨大的挑战。一方面,有些关键系统已经支撑了企业数十年之久;另一方面,这些遗留系统也拖慢了企业创新的步伐。

在当今这样一个充满竞争的环境里,终端用户正在寻求最现代、拥有最先进技术的应用。最新的功能通常只出现在最新的软件中,企业难以在遗留系统中加入这些功能来为终端用户提供好的体验。图 14-1 展示了遗留系统给企业带来的巨大挑战。

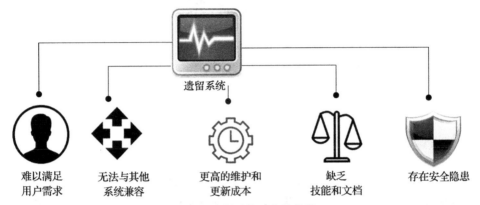

图 14-1 遗留系统面临的挑战

如图 14-1 所示,遗留系统所带来的巨大挑战如下:

❑ 难以满足用户需求。

❑ 更高的维护和更新成本。

❑ 技能和文档的缺失。

❑ 存在安全隐患。

❑ 无法与其他系统兼容。

在深入研究解决方案之前,最好先了解清楚问题。接下来,我们进一步探讨遗留系统面临的挑战,以便更好地理解这些问题。

14.1.1 难以满足用户需求

以客户为中心是业务成功的关键,无法赶上最新的技术趋势将给业务带来巨大的伤害。以诺基亚手机业务为例,它曾经引领过世界手机市场。在智能手机进入市场的时候,诺基亚仍然坚持使用传统的系统,这导致它几乎破产。柯达(摄像机行业最大的企业之一)也有着相似的故事。柯达无法进行数字创新,也就无法将这方面创新纳入系统,这导致其在 2012 年破产。这样的例子还有很多,很多大型企业由于没有进行遗留系统现代化改造和创新,最终导致其无法生存。

在当前技术日新月异、竞争激烈的环境下,用户有着非常高的要求。企业必须根据用户的条件作出应变,因为他们有多种需求。随着技术的发展,用户也会随之而动,开始使用最新、最流行的应用。如果你的竞争对手根据用户需求提供了新的功能,它们就可以抢先一步。

对于拥有内部用户群的企业应用来说,老旧的系统也会带来挑战。建立在大型机上的旧系统大多使用命令行,在数字时代,命令行对用户并不友好,而新一代的员工则要求使用更友好的系统来执行他们的日常任务。然而,你可能会面临来自管理层的巨大阻力,管理层可能已经使用遗留系统几十年了,并且已经习惯了。

14.1.2 维护和更新费用较高

由于遗留系统已经建立并运行了几十年,它们可能看起来耗费比较少。但随着时间的推移,总拥有成本会更高,因为老旧系统的维护和更新通常更昂贵。通常情况下,这些更新并不是开箱即用的,而且需要大量的人工变通方法来维护系统。大多数遗留系统并不能很好地自动化,因此需要更多的人力工作。

遗留系统中有大量的专有软件,让许可费大大增加。除此之外,老旧的软件不再得到供应商的支持,在软件生命周期外购买额外的支持可能会非常昂贵。而另一方面,现代系统大多采用开源技术,使成本降低。遗留系统造成的运营中断可能需要更多的时间才能恢复,导致耗费更高的运维费用。具有维护遗留系统(如 DB2、COBOL、Fortran、Delphi、Perl等)技能的人员很难找到,这会大大增加招聘成本和系统风险。

遗留系统也给代码维护带来了巨大的挑战。未使用的代码给系统平添了不必要的维护成本和复杂度。遗留应用程序已经运行了几十年,随着时间的推移,在没有整理代码的情况下,许多新的变更被容纳进来,产生了大量的技术债。由于未知的影响和依赖,任何偿还技术债的举措都可能是危险的。因此,组织被迫投资维护多余的代码和系统,以免所做重大变更破坏系统。

然而,由于未知的依赖和停机风险,对遗留系统进行现代化改造可能代价高昂。在决定进行现代化改造时,需要仔细做好**成本效益分析**(Cost-Benefit Analysis,CBA),同时确定投资回报率(ROI)。由于利益相关者看不到现代化改造的直接效益,因此获取遗留系统现代化改造的资金会面临很大的挑战。

14.1.3 缺乏技能和文档

遗留技术(如大型机)有多个相互依赖的复杂组件。这些组件通常都是昂贵的专用服务器,而且不容易得到,所以很难自己培训这些技能。企业很难留住应用开发人员,而雇用具备旧技术和旧操作系统实践经验的人则难上加难。

通常情况下,遗留系统有 20 年或更久的历史,而拥有这些技能的大部分技术人员已经退休。此外,这些系统没有适当的文档来记录这些年的工作。当老员工与新员工轮换时,有可能流失大量的知识。由于缺乏知识和未知的依赖,变更系统的风险更高。由于系统的复杂性和技能的短缺，任何微小的功能需求都难以被满足。

大数据、机器学习、物联网（IoT）等前沿技术大多围绕着新的技术平台而构建。由于新技术没有与遗留系统进行很好的整合，如果组织不能充分使用新兴技术，就可能会输给竞争对手。现代系统有助于将组织打造成一个创新的公司，大多数新一代员工都想在这样的公司工作，他们没有兴趣与遗留系统打交道。组织还需要将更大的开支放在遗留技术的开发和培训上。

通常情况下，自动化有助于通过减少人力来降低成本。如今有很多工具可以实现现代化系统的自动化——例如 DevOps 流水线、自动化的代码审查和测试，遗留系统可能无法利用这些工具，从而产生额外的成本。

14.1.4 存在安全风险

对于任何组织和系统来说，安全都是重中之重。由于缺乏供应商的支持，在旧操作系统（如 Windows XP 或 Windows 2008）上运行的遗留系统更容易受到安全问题的影响。软件供应商会不断确定新的安全威胁，并发布补丁，让客户在最新的软件版本中应用补丁来保障安全。任何被供应商宣布为寿终正寝（End of Life，EOL）的旧版软件都不会得到新的安全补丁，这使得运行在旧版软件上的应用暴露在各种安全威胁之下。

对于遗留应用的系统健康检查往往被忽略，这使得它们更容易成为安全攻击的目标。技能上的差距使得难以提供持续的支持和帮助，这意味着系统运行于不安全的环境。仅仅一个漏洞就会导致很高的风险，使你的应用程序、数据库和关键信息暴露在攻击者面前。

除了安全漏洞外，出于合规原因，遗留应用也很难维护。合规条款会随着时间的推移不断变化，为了遵守当地的治理和合规性要求，必须修改遗留系统。

例如，新的欧盟通用数据保护条例（General Data Protection Regulation，GDPR）要求每个系统都必须提供某些功能，让用户可以请求删除其数据。虽然现代系统可以以自动和自助服务的方式提供这些功能，但在传统系统中，这种操作可能需要手动执行，并且变得更加复杂。遵循合规要求会导致更多的运维成本和耗时。

14.1.5 无法兼容其他系统

除了终端用户，每个系统还需要与其他 IT 系统集成。这些系统可能来自不同部门、客户、合作伙伴或供应商。各系统需要以标准格式交换数据，而格式标准会随着时间的推移而不断发展。几乎每隔几年，文件和数据格式标准就会发生变化，以提高数据交换效率，而为了适应这种变化，大多数系统都需要调整。难以改变的遗留系统如果坚持使用旧的格式，可能会导致系统无法兼容，你的供应商和合作伙伴可能不想使用这样的系统。无法适应标准会导致企业采用复杂的变通方案，降低生产力，从而让企业承担更大的风险。

为简单的业务需求增加变通方法，可能会使系统更加复杂。现代系统建立在面向服务的架构上，通过独立添加新的服务，更容易适应新的需求。旧的系统往往建立在单体架构上，添加任何新功能都意味着要重建和测试整个系统。

现代架构是面向 API 的，可以轻松地与其他系统集成，以减轻繁重的工作。例如，某些出租车预订应用使用谷歌地图进行全球定位系统（Global Positioning System，GPS）导航，或者使用 Facebook 和 Twitter 进行用户认证。由于缺乏 API，这些集成在遗留系统中变得更加困难，必须使用复杂的定制代码。

随着上游依赖系统的负载增加，遗留系统可能面临伸缩问题。通常，遗留系统建立在单体架构上，并依赖于硬件。对于单体系统来说，可伸缩性是一个很大的挑战，因为依赖于硬件，它不能进行水平伸缩，而垂直伸缩又受系统最大容量的限制。将单体应用拆分为微服务，可以解决伸缩挑战，有助于应对需求的变化。

除了软件维护，遗留系统所使用的硬件基础设施也十分昂贵，因为它们需要运行在某个特定的版本上。遗留系统还会将重复的数据和相似的功能分散到多个数据库中。由于单体架构的特性，整合难度大，也难以利用云基础设施的灵活性来节约成本。我们来看遗留系统现代化改造方法。

14.2　遗留系统现代化改造策略

通常，遗留系统被排除在整体企业数字化战略之外，只有当出现问题时才会采取措施。采取被动的方式会损害企业整体系统的现代化改造进程和效益。

如果遗留系统存在严重的业务挑战（如安全性和合规性问题），或者无法解决业务需求，那么可以采取"**大爆炸**"方法。所谓"**大爆炸**"方法是你可以从头开始建立一个新系统，直接替换旧系统。这种方法风险较大，但可以减轻遗留系统的影响，解决业务需求无法被满足的问题。

你可以采取的另一种方法是**分阶段**的方法，即一次升级一个模块，保持新旧系统同时运行。分阶段的方法风险较小，但需要的时间更长，而且可能会更昂贵，因为需要同时维护两个环境，并需要额外的网络带宽和基础设施。

无论采取哪种方式，只要完成遗留系统现代化改造，就能从中获得各种好处。我们来看遗留系统现代化改造的一些好处。

14.2.1　系统现代化改造的好处

通过解决日益增长的遗留系统现代化改造需求来创建未来的数字化战略，可以有很多好处，如图 14-2 所示。

应用现代化改造的显著优势如下：

❑ **客户满意度**：使用最新技术可以带来更好的用户界面（User Interface，UI）和全渠道体验。你不需要构建不同形态的 UI，一次构建就能让它在笔记本电脑、平板电脑和智能手机等设备上部署。快速而流畅的 UI 可以带来更好的客户体验和业务增长。

□ **与时俱进的业务战略**：现代化改造的应用能让你更加敏捷，具备创新能力。团队可以舒适地适应业务的变化需求，并与新技术一起发展。

□ **在竞争中保持领先**：用户总是在寻找最新的东西，并倾向于使用新的应用来获得更好的体验。现代化改造将最新的趋势纳入，可以帮助你在竞争中保持领先。例如，语音已广泛地集成到应用中，人脸检测可以用来增强安全性。只有当应用采用最新技术时，这些才有可能实现。

□ **高可靠性和好性能**：每个新版本的软件 API 和操作系统都试图解决和改善性能问题。使用最新的软件和硬件可以帮助你实现更好的性能、可伸缩性和高可用性。应用的现代化改造可以帮助你减少运维中断，提高安全性。

□ **使用前沿技术的能力**：遗留系统使你无法从数据中获得洞见，而洞见可以帮助你显著地提升业务。通过更新数据库并创建数据湖，你可以分析大数据和机器学习，以获得各种洞见。当人们有机会使用新技术时，会让你更容易留住员工。

□ **节省成本**：总的来说，任何现代化改造都可以通过减少运维，提供更自然的升级来节省成本。利用开源软件可以降低许可成本，硬件的灵活性有助于采用云支付模式（按需付费模式），自动化有助于减少日常工作所需的人力资源，提高整体效率。

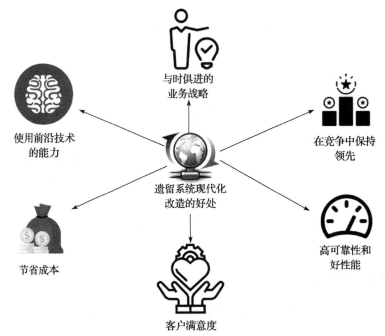

图 14-2　遗留系统现代化改造的好处

诚然，遗留系统现代化改造有很多好处，但整个过程可能非常复杂，需要付出很多努力。为了采取正确的方法，需要对遗留系统进行仔细的评估。接下来，我们来探讨遗留系统的评估技术。

14.2.2　遗留系统的评估

一个组织可能存在多个遗留系统，有数万至数百万行代码。在现代化改造方法中，遗留系统需要与业务战略和初始投资成本保持一致。同时，也有可能会重新利用其中的部分功能，或者完全从头开始编写，但首先要进行评估，更好地了解整个系统。

在进行评估时，解决方案架构师需要关注以下几方面：

- **技术评估**：作为解决方案架构师，你需要了解现有系统所使用的技术栈。如果当前使用的技术已经完全过时，并且缺乏供应商的支持，那么可能需要对其进行完全替换。如果该项技术有更新的版本，那么可以考虑升级。较新的版本通常支持向后兼容，所需的改动不大。
- **架构评估**：为了让架构能够与时俱进，你需要对它有整体的了解。可能会出现这样的情况：你决定在技术上进行小幅升级，但整体架构是单体的，无法伸缩。你应该从可伸缩性、可用性、性能和安全性等方面审视架构。你可能会发现需要对架构进行重大的变更，才能让系统满足业务需求。
- **代码和依赖性评估**：遗留系统通常有几十万行代码，处于单体环境中。各种模块之间相互牵扯，使得系统非常复杂。某个模块中看似没有使用的代码如果没有经过仔细调查就被删除可能会影响到其他模块。这些代码可能是几十年前写的，很久没有进行定期重构和审查了。即使技术和架构看起来不错，也需要确定代码是否可升级、可维护。我们还需要了解是否需要进行与 UI 相关的升级，让用户获得更好的体验。

作为解决方案架构师，你要确定各模块和代码文件的依赖关系。模块可能会紧密耦合，你需要定义一种方法，在对整体架构进行现代化改造时，进行同步升级。

14.2.3　现代化改造方案

对于利益相关者来说，应用程序的现代化改造可能无法获得直接的经济收益。因此，你需要选择最具成本效益的方法，并更快地交付成果。图 14-3 显示了现代化改造的方法。

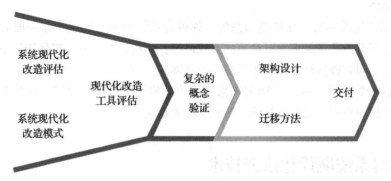

图 14-3　遗留系统现代化改造方法

在对系统进行评估后，你需要了解现有架构模式及其局限性。根据你的技术栈，你需要评估迁移工具。例如，你可以选择使用仿真器进行大型机迁移，如果将应用程序重新托管到 VMware，则使用 vCenter。你可以选择各种现代化改造方法，并启动**概念验证**（Proof Of Concept，POC）来识别其中的差距。现代化改造方法如下：

- ❏ **架构驱动现代化改造**：架构驱动方法需要实现最大的敏捷性。通常，架构调整会采用与语言无关和与平台无关的面向服务的架构模式，这为开发团队提供了更多创新的灵活性。如果评估后确定要采取重大架构变更，你可能会选择这种方法。先开始实现最关键的功能，并建立 POC 来确定差距和所需的努力。根据系统的情况，采取微服务的方式能获得可伸缩性，确保与其他系统更好地集成。

- ❏ **系统重建**：解决方案架构师需要深入了解遗留系统，并实施逆向工程，建立新的现代化应用。你需要确保所选的技术能帮助你创建与时俱进的系统。如果遗留系统过于复杂，需要规划长期项目，你可能需要采取这种方法。先从应用现代化改造开始，分阶段进行，最后升级数据库来完成新旧切换。你需要建立一种机制，让遗留模块和升级模块同时存在，并能以混合方式进行通信。

- ❏ **迁移和增强**：如果现有系统运行得比较好，但存在硬件和成本限制，那么可以采取迁移和小范围的增强方法。例如，你可以使用 Lift and Shift 将工作负载到云上，以提高基础设施的可用性，优化成本。除此之外，云供应商还扩展了一些开箱即用的工具，帮助你更频繁地进行更改，并获得更高程度的自动化。迁移可以帮助你以较少的代价实现应用程序现代化改造，让系统能够与时俱进。然而，Lift and Shift 的方式有其局限性，可能不适合所有工作负载。

14.2.4 文档和支持

为使新系统长期可持续发展，顺畅地迁移到新系统，请确保准备适当的文档和支持。记录代码标准，让每个人都可以遵循，这有助于保持新系统的健康。将架构文档作为工件，并让其随着技术趋势的变化而不断更新。让系统保持最新版，将确保你不会再次陷入遗留系统模块化的局面。

准备全面的运维手册来支持新旧系统。你可能希望旧系统继续工作一段时间，直到新系统能够适应所有的业务需求并以期望的方式运行。更新运维手册，确保知识不会因为员工的流失而流失，同时确保整个知识库不以人为载体。

跟踪系统依赖性可以帮助你确定未来变化的影响。准备培训内容，针对新系统对员工进行培训，确保他们在系统发生故障时能够支持新系统。

14.3 遗留系统现代化改造技术

根据对现有应用的分析，你可以采取不同的方法来升级遗留系统。最直接的方法是迁移和重新托管，在这种情况下，你不需要对现有的系统做很多改变。然而，简单的迁移可能无法解决长期问题或产生效益。你可以采取更复杂的方法，例如，如果系统无法再满足业务需求，就可以重新架构或重新设计整个应用。图 14-4 说明了各种方法的代价和影响。

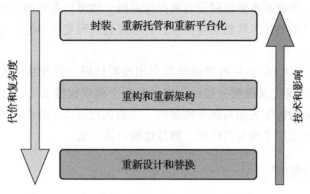

图 14-4　遗留系统现代化改造技术

我们来详细介绍图 14-4 所示的各种现代化改造技术。

14.3.1　封装、重新托管和重新平台化

封装是最简单的方法，如果系统对业务很关键，并且需要与运行采用最新技术的其他应用进行通信，那么你可能会想采取这种方法。在封装方法中，你需要围绕遗留系统构建 API 封装器，这将允许其他业务应用与遗留应用通信。使用 API 封装器是一种常见的方法，你可以将应用迁移到云上，但需要将遗留应用保留在本地数据中心，以便在后期进行现代化改造。如果遗留代码写得很好，维护得很好，你可以选择封装方法，但是，无法从先进技术和硬件灵活性中获益。

重新托管也是最直接的方法之一，通过此方法，你可以将应用迁移到另一个硬件供应商，如云上，而不需要对代码进行任何更改。与封装一样，由于供应商合同的原因，重新托管方案可以节省一些成本，但可能无法让你享受先进技术和硬件灵活性的好处。当组织需要快速脱离现有合同时，往往会采取这种方式。例如，你可以在第一阶段迈向云，在第二阶段进行遗留系统现代化改造。

重新平台化可能会比重新托管更加复杂，并能直接发挥新操作系统优势。当服务器即将寿终正寝（EOL），供应商不再提供支持和必要的安全补丁更新时，组织通常会选择这种方法。例如，如果 Windows Server 2008 即将被淘汰，你可能希望将操作系统升级到 Windows 2012 或 2016。你需要使用新的操作系统重建二进制文件，并进行测试，以确保一切正常工作，但代码不会有很大变化。同样，与重新托管一样，重新平台化可能无法让你享受先进技术的好处。但是，它会让你获得供应商的持续支持。

虽然前面三种方法是最简单的方法，但它们带来的好处有限。我们接着来看能使你充分发挥系统现代化改造优势的方法。

14.3.2 重构和重新架构

在重构方法中，你可以重构代码来适应新系统。在重构时，整体架构不会变化，只是升级代码使其更适合最新版本的编程语言和操作系统。你可以重构部分代码来实现自动化或增强部分功能。如果当前技术依然适应，并且能够通过代码变化来适应业务需求，那么你可能会想采取这种方法。

在重新架构方法中，你会尽可能地重新利用现有代码来改变系统架构。例如，你可能想从现有的单体架构演进成微服务架构。通过为每个模块构建 RESTful 端点，将模块逐个转换，最终将整体架构转化为面向服务的架构。重新架构可以帮助你实现所需的可伸缩性和可靠性，但是，由于重用了现有的代码，整体性能可能一般。

14.3.3 重新设计和替换

重新设计最复杂，但能获得最大的效益。如果遗留系统已经完全过时，完全无法适应业务需求，则可以选择这种方法。重新设计时，你需要在保持整体范围不变的情况下，从头开始构建整个系统。图 14-5 是遗留大型机系统迁移到 AWS 云的情况。

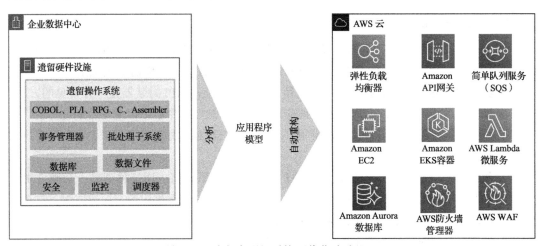

图 14-5　遗留大型机系统现代化改造上云

图 14-5 中，传统的大型机系统被重新架构和重构为云服务来完成对遗留系统的现代化改造。构建云原生应用有助于在可伸缩性、性能、可靠性和成本等方面充分利用云服务。它可以帮助团队在系统中适应快速变化的技术，从而更加敏捷和创新。

重新设计遗留系统是一项长期的工作，需要付出大量的努力和更高的成本。在开始大规模的现代化改造之前，作为解决方案架构师，你应该仔细分析是否有任何软件即服务（SaaS）产品或商业成品软件（Commercially Available Off-the-Shelf, COTS）能以相对较低的成本满足业务需求。在进行重新设计之前，必须先进行重新设计与购买的成本效益分析（CBA）。

有时，用新的第三方软件替换现有的旧系统会更好。例如，组织的客户关系管理（CRM）

系统运行了十多年，已经无法伸缩和提供所需的功能。你可以订阅 SaaS 产品（如 Salesforce CRM）来取代遗留系统。SaaS 产品是基于订阅的，并按用户许可证收费，所以如果用户数量较少，它们可以是很好的选择。对于拥有数千名用户的庞大企业来说，选择自建系统可能成本效益更高。在选择 SaaS 产品时，你应该通过成本效益分析来了解投资回报率。

14.4　遗留系统的云迁移策略

随着云越来越流行，越来越多的组织正在尝试将遗留系统迁移到云上以完成现代化改造。各种云迁移技术请参见第 5 章。云让系统在保持低成本的同时具备可伸缩性，并让系统在保持应用安全的同时达到理想的性能、高可用性和可靠性。

AWS 等云供应商提供了许多开箱即用的服务，可以帮助你实现系统的现代化改造。例如，你可以采取无服务器的方式，使用 AWS Lambda 函数和 Amazon API 网关构建微服务，并使用 Amazon DynamoDB 作为后端数据库。我们在 14.2 节讨论了遗留系统现代化改造的各种策略，以及在云迁移背景下的所有应用。图 14-6 所示的流程将帮助你决定是否使用云迁移来实现遗留系统现代化。

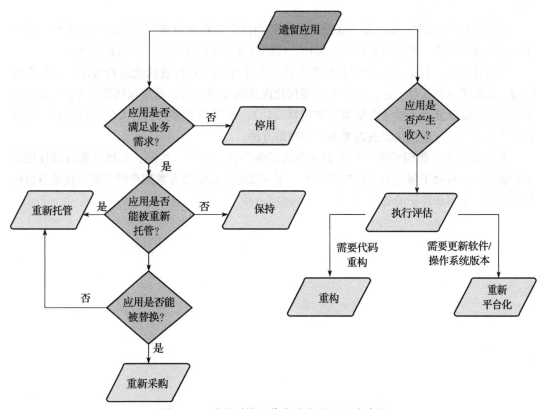

图 14-6　遗留系统现代化改造的云迁移路径

如图 14-6 所示,如果应用仍然被企业广泛使用,并且正在产生收入,你可能希望继续以最小的改动来进行现代化。在这种情况下,可以将应用重构到云上,如果服务器即将停产,也可以将其重新平台化到云上。

如果不想对现有应用进行任何改动来维持业务,但依然想整体迁移到云上以节省和优化成本,那么就将遗留应用重新托管到云上。如果遗留应用是可以替换的,那么可以重新采购云原生 SaaS 产品,然后将遗留应用停用。有时,存在过多业务依赖,并且由于兼容性而无法迁移到云上,你会希望将遗留系统保留在本地数据中心。

你应该分析总拥有成本(TCO),了解云迁移的优势。建议在开展整体项目之前,先挑选遗留系统中最复杂的模块,构建 POC 来确保整个系统与云的兼容性。详尽的 POC 会涵盖关键业务场景,它将帮助你识别差距,显著降低迁移风险。

14.5 小结

本章介绍了遗留系统面临的各种挑战,为什么必须实施遗留系统现代化改造,以及将应用升级采用最新技术组织可以获得的好处。系统现代化改造可能是一项复杂且充满风险的任务,但通常是值得的。

从升级中得到的结果取决于你投入的投资和精力。在确定现代化改造方法之前,必须彻底了解遗留系统。你需要从技术、架构、代码等各个维度评估和了解目标系统。

完成评估后,便要确定现代化改造方法。本章介绍了各种现代化改造方法,包括架构驱动、系统重建和迁移。还介绍了系统现代化改造的多项技术,其中包括简单方法(封装和重新托管)以及复杂方法(重新架构和重新设计)。云服务能够提供巨大的价值主张,本章介绍了在云上进行现代化改造需要采取的决策方法。

到目前为止,我们专注于解决方案架构的各个技术层面,然而,文档是架构设计的关键要素之一,有助于保持系统长期可维护。下一章将介绍解决方案架构师为最大化业务价值需要准备、编写和维护的各种文档。

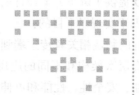

第 15 章　*Chapter 15*

解决方案架构文档

我们已经介绍了解决方案架构设计和优化的各个方面。在解决方案架构师进行设计的过程中，为了成功地交付应用程序，保持一致的沟通非常重要。解决方案架构师需要将解决方案的设计传达给所有的技术和非技术利益相关者。

解决方案架构文档（Solution Architecture Document，SAD）提供了一种端到端的应用程序视图，解决了与应用程序开发相关的所有利益相关者的需求，并帮助大家达成共识。

本章将深入探讨 SAD 的各方面，介绍 SAD 的结构，以及解决方案架构师需要考虑的其他文档类型，例如需求建议书（Request For Proposal，RFP），解决方案架构师要为其提供输入，以便制定战略决策。

本章涵盖以下主题：

❑ 文档目的。

❑ 文档视图。

❑ 文档结构。

❑ 解决方案架构的 IT 采购文档。

本章结束时，你将学到 SAD、SAD 的结构以及文档中需要包含的各种详细信息，还将了解各种 IT 采购文档，例如 RFP、信息请求（Request For Information，RFI）和报价邀请书（Request For Quotation，RFQ），解决方案架构师需要参与其中并提供反馈。

15.1　文档目的

对架构文档的需求经常会被忽略，这造成团队在尚未了解架构的整体情况时就开始着手实施。SAD 提供了解决方案设计的整体视图，让所有的利益相关者都能全面地了解情况。

SAD 有助于实现以下目的：

- 向所有的利益相关者传达端到端的应用程序解决方案。
- 提供高层次架构和不同的应用程序设计视图，以满足应用程序的服务质量要求，如可靠性、安全性、性能和可伸缩性。
- 提供解决方案对业务需求的可追溯性，并关注应用程序如何满足所有的功能性和非功能性需求（NFR）。
- 提供设计、构建、测试和实施所需的解决方案的所有视图。
- 定义解决方案的影响，以便于评估、规划和交付。
- 定义解决方案的业务流程、延续和运维，以便系统上线后不间断运行。

SAD 不仅定义了解决方案的目的和目标，还涵盖了解决方案限制条件、假设和风险等关键要素，而这些要素往往被实施团队所忽略。解决方案架构师需要确保自己用业务用户容易理解的语言来创建文档，并将业务上下文与技术设计联系起来。文档可以保留知识，有利于应对人员流失，并让整个设计过程不依赖某个人。

对于需要进行现代化改造的现有应用程序，SAD 可以提供当前及未来架构的抽象视图以及迁移计划。解决方案架构师应充分了解现有系统的依赖关系，并将其记录下来，以便于提前发现任何潜在的风险。迁移计划可以帮助企业了解处理新系统所需的工具和技术，并相应地进行资源规划。

在解决方案设计期间，解决方案架构师通过概念验证（POC）或市场调研进行各种评估。SAD 应该列出所有的架构评估及其影响，以及技术选择。SAD 展示了解决方案设计的当前状态和目标状态的概念视图，并保留了更改记录。

15.2 文档视图

解决方案架构师需要以业务用户和技术用户都能理解的方式来创建 SAD。SAD 是业务用户和开发团队之间的沟通桥梁，帮助他们了解整体应用程序的功能。捕捉所有利益相关者意见的最好方法是换位思考，从利益相关者的角度来看问题。解决方案架构师要对架构设计从业务和技术两方面进行评估，这样才能够了解所有技术和非技术用户的需求。

如图 15-1 所示，SAD 的整体视图包括从业务需求派生出的各种视图，涵盖了

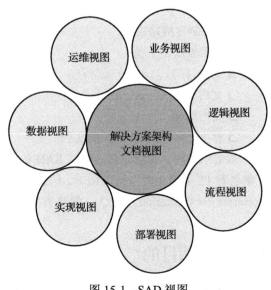

图 15-1　SAD 视图

不同的方面。

　　解决方案架构师可以选择标准图来展示各种视图，如统一建模语言（Unified Modeling Language，UML）图或 Microsoft Visio 的框图。总的来说，对于所有业务和技术利益相关者来说，图应是容易阅读及理解的。为满足每个人的需求，SAD 应当尽可能包括以下视图：

- ❑ **业务视图**：架构设计就是为了解决业务问题，明确业务目的。业务视图显示了整体解决方案和产品的价值主张。为了简化起见，解决方案架构师可以选择识别出与业务相关的高级场景，并将其以用例图的形式展现出来。业务视图还描述了利益相关者和执行项目所需的资源。业务视图也可以被定义为用例图。
- ❑ **逻辑视图**：它展示了系统上的各种程序包，以便业务用户和设计人员可以明了系统的各种逻辑组件。逻辑视图提供了它所应当构建的系统的时间顺序。它显示了系统的多个组件是如何连接的，以及用户如何与它们交互。例如，在银行应用程序中，用户首先需要使用安全程序包进行认证和授权，然后使用账户程序包登录账户，或者使用贷款程序包申请贷款，等等。每个程序包都代表了一个不同的模块，可以以微服务的形式来构建。
- ❑ **流程视图**：它呈现更多的细节，显示系统的关键流程如何协同工作。这一切也可以用状态图来反映。如果想要展示更多的细节，还可以创建序列图。在银行应用程序中，流程视图可以显示贷款或账户的审批情况。
- ❑ **部署视图**：它展示了应用程序如何在生产环境中工作，以及系统的不同组件（例如网络防火墙、负载均衡器、应用服务器、数据库等）是如何连接的。解决方案架构师应当创建简单的框图，便于业务用户理解，还可以在 UML 部署图中添加更多细节，向技术用户（如开发团队和 DevOps 团队）展示各种节点组件及其依赖关系。部署视图可以展示系统的物理布局。
- ❑ **实现视图**：SAD 的核心，体现了架构上和技术上的选择。解决方案架构师需要把架构图设置在这里，例如，显示出它是 3 层、N 层架构，还是事件驱动的架构，以及其背后的理由。你还需要详细说明技术选择，例如，Java 与 Node.js 的使用对比，以及它们各自的利弊。你需要在实现视图中说明执行项目所需的资源和技能。开发团队使用实现视图来创建详细的设计（例如，类图），但这不需要作为 SAD 的一部分。
- ❑ **数据视图**：由于大多数应用程序都是数据驱动的，因此数据视图尤为重要。数据视图显示了数据如何在不同组件之间流动，以及如何存储。它还可以用来解释数据安全性和数据完整性。解决方案架构师可以使用实体关系（Entity-Relationship，ER）图来显示数据库中不同表和模式之间的关系。数据视图还可以对所需的报告和分析进行说明。
- ❑ **运维视图**：它解释了系统在启动后如何进行维护。通常情况下，需要定义 SLA、告警和监控功能、灾难恢复计划，以及系统的支持计划。运维视图还提供了有关如何进行系统维护的详细信息，包括修复 bug、打补丁、备份和恢复、处理安全事件等。

以上视图能确保 SAD 覆盖系统和利益相关者的所有方面。你可以根据利益相关者的要求来提供额外的视图，如物理架构视图、网络架构视图和安全（控制）架构视图等。作为解决方案架构师，你需要提供关于系统功能的综合视图。我们来详细探讨文档的结构。

15.3 文档结构

根据利益相关者的要求和项目的性质，SAD 的结构可以因项目而异。你的项目可能是从头开始创建一个新产品，对遗留系统进行现代化改造，也可能是将整个系统迁移到云上。对于不同项目，解决方案架构文档可能会有所不同，但是，总体而言，它应当顾及各方利益相关者的意见，并充分考虑必要的部分，如图 15-2 所示。

目录

1.解决方案概述
  1.1 解决方案的目的
  1.2 解决方案的范围
    1.2.1 在范围内的
    1.2.2 超出范围的
  1.3 解决方案的假设
  1.4 解决方案的限制
  1.5 解决方案的依赖关系
  1.6 关键架构决策
2.业务上下文
  2.1 业务功能
  2.2 关键业务需求
    2.2.1 关键业务流程
    2.2.2 业务利益相关者
  2.3 非功能性需求
    2.3.1 可伸缩性
    2.3.2 可用性和可靠性
    2.3.3 性能
    2.3.4 可移植性
    2.3.5 容量
3.概念解决方案概述
  3.1 概念与逻辑架构
4.解决方案架构
  4.1 信息架构
    4.1.1 信息组件

  4.2 应用程序架构
    4.2.1 应用程序组件
  4.3 数据架构
    4.3.1 数据流与上下文
  4.4 集成架构
    4.4.1 接口组件
  4.5 基础设施架构
    4.5.1 基础设施组件
  4.6 安全架构
    4.6.1 身份和访问管理
    4.6.2 应用程序威胁模型
5.解决方案实施
  5.1 开发
  5.2 部署
  5.3 数据迁移
  5.4 应用程序停用
6.应用程序管理
  6.1 运维管理
    6.1.1 监控和告警
    6.1.2 支持与事件管理
    6.1.3 灾难恢复
  6.2 用户入门
    6.2.1 用户系统需求
7.附录
  7.1 开放项目
  7.2 概念验证结果

图 15-2　SAD 结构

在图 15-2 的 SAD 结构中，可以看到，不同的章节涵盖了解决方案架构和设计的多个方面。解决方案架构师可以根据项目需求添加额外的小节或是删除某些小节。例如，你可以再添加一个引言部分，用来概括文档的目的。对于迁移项目，你可以添加一个小节来介绍现有的架构及其与目标架构的比较等。我们来看每节的详细信息。

15.3.1　解决方案概述

在解决方案概述部分，你需要用几段话简要介绍解决方案，粗略地描述解决方案的功能及其不同的组件。最好通过一个高级框图，将各种组件集中展示出来。图 15-3 是某电子商务平台的解决方案概览。

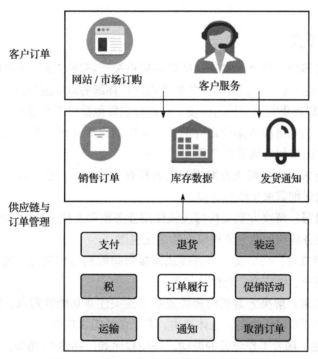

图 15-3　某电子商务平台的解决方案概览

应当用直白的语言对每个组件进行简要介绍，以便业务用户能够了解解决方案的整体工作情况。主要的小节包括：

❑ **解决方案的目的**：提供解决方案所要解决的业务问题的简要介绍，以及建立特定解决方案的理由。

❑ **解决方案的范围**：对提出的解决方案所要解决的业务范围进行说明。明确描述解决方案无须处理的范围外内容。

❑ **解决方案的假设**：列出所有解决方案架构师提出解决方案所基于的假设，例如，最小网络带宽可用性。

❑ **解决方案的限制**：列出所有的技术、业务和资源限制。通常情况下，制约因素来自行业和政府的合规条例，这些都需要在此列出。此外，还可以强调风险和缓解计划。

❑ **解决方案的依赖关系**：列出所有上游和下游的依赖关系。例如，电子商务网站需要与 UPS 或 FedEx 之类的运输系统进行通信，以便将包裹运输给客户。

❑ **关键架构决策**：列出主要问题的说明和相应的解决方案建议。描述每个方案的优缺点，做出特定决策的原因。

在给出解决方案概述后，还要将其与业务上下文联系起来。下一节将更详细地介绍业务上下文视图。

15.3.2　业务上下文

在业务上下文部分，解决方案架构师需要提供关于解决方案所支撑的业务功能和要满足的业务需求的概述。本节仅包含需求的抽象视图。详细的需求应当包含在单独的需求文档中。但是，这里可以提供需求文档的链接。这部分主要包括以下小节：

❑ **业务功能**：提供解决方案所设计的业务功能的简要描述。确保其中描述了功能的优势，以及它们将如何满足客户需求。

❑ **关键业务需求**：列出解决方案要解决的所有关键业务问题。提供关键需求的高层视图，并添加详细需求文档的链接。

❑ **关键业务流程**：解决方案架构师应该使用业务流程文档来说明关键流程。图 15-4 展示某电子商务应用的业务流程模型的简化视图。

❑ **业务利益相关者**：列出受项目直接或间接影响的利益相关者，包括赞助商、开发人员、终端用户、供应商、合作伙伴等。

❑ **非功能性需求**：解决方案架构师需要更多地关注非功能性需求，因为它们往往会被业务用户和开发团队忽略。总体来讲，非功能性需求应该包括：

  ● **可伸缩性**：随着工作负载的波动，应用程序如何伸缩？（例如，在某天或某月，从每秒 1000 次处理扩展到每秒 10 000 次处理。）

  ● **可用性和可靠性**：从系统可用性出发，可以接受多长的停机时间？（例如，99.99% 的可用性或每月允许 45 分钟的停机时间。）

  ● **性能**：系统的性能要求是什么？在不影响终端用户体验的前提下，系统可以承受多大的负载？（例如，目录页需要在 3 秒内加载。）

  ● **可移植性**：应用程序能否在多个平台上运行而不需要任何额外处理？（例如，移动应用需要在 iOS 和 Android 操作系统中运行。）

  ● **容量**：应用程序能处理的最大工作负载是多少？（例如，最大的用户数、请求数、预期响应时间和预期的应用程序负载等。）

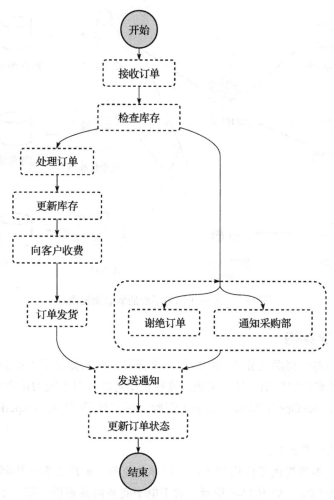

图 15-4 某电子商务平台的业务流程图

架构的概念视图是一个可以为业务和技术利益相关者提供良好系统概览的最佳选择。我们来详细地介绍概念视图。

15.3.3 概念解决方案概述

概念解决方案概述部分提供了一个抽象图，可以捕捉到整个解决方案的全貌，其中包括业务和技术两个方面。它为分析和比较研究提供了基础，有助于详细地完善和优化解决方案架构，以支持解决方案的设计和实施。图 15-5 是某电子商务平台的概念架构图。

图 15-5 展示了重要的模块及它们之间信息流的抽象视图。概念架构可以让业务和技术用户更好地理解整体架构。然而，技术用户需要更进一步的架构深度。下一节将深入研究解决方案架构。

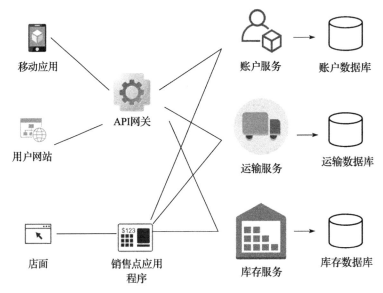

图 15-5 某电子商务平台的概念架构图

15.3.4 解决方案架构

解决方案架构部分将深入介绍架构的每一个部分,并且提供了不同的视图,技术团队可以使用这些视图来创建详细设计并实施。这些视图可以针对不同的用户群,如开发人员、基础设施工程师、DevOps 工程师、安全工程师、用户体验(User Experience,UX)设计师等。

此部分主要的小节如下:

❑ **信息架构**:本节提供了应用程序的用户导航流程。解决方案架构师需要放入一个应用程序导航结构。如图 15-6 所示,对于电子商务网站来说,用户需要点击三次才能导航到所需要的页面。

解决方案架构师可以添加更多的信息,如网站导航、分类或概括的线框图(UX设计师可以用它来生成详细的线框图)。

❑ **应用程序架构**:本节针对的是开发团队。它提供了更多的实施细节,软件架构师或开发团队可以在此基础上构建详细的设计方案。图 15-7 是某电子商务网站的应用程序架构,其中包括缓存、网络、内容发布、数据存储等技术构件。

对于应用程序现代化架构,本节列出了所有需要停用、保留、重新平台化和转换的应用程序模块。

❑ **数据架构**:本节主要针对数据库管理员和开发团队,方便其了解数据库模式和表之间如何相互关联。通常情况下,本节包括 ER 图,如图 15-8 的截屏图片所示。

数据架构小节列出了应用程序开发过程中需要考虑的所有数据对象。

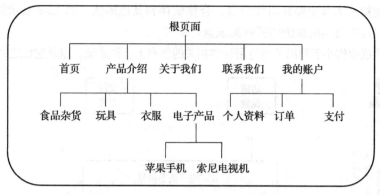

图 15-6 某电子商务平台的信息架构图

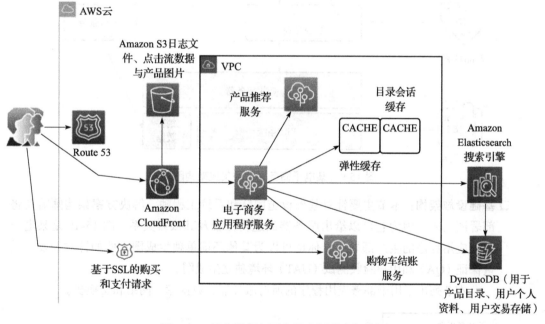

图 15-7 某电子商务平台的应用程序架构图

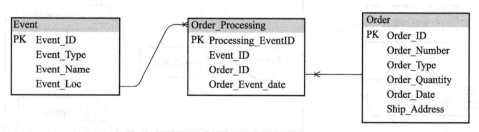

图 15-8 某电子商务平台的 ER 图

❑ **集成架构**：本节主要针对供应商、合作伙伴和其他团队。图 15-9 显示的是某电子商务应用程序与其他系统的所有集成点。

　　集成架构小节列出了与应用程序相关的所有上下游系统，以及它们之间的依赖关系。

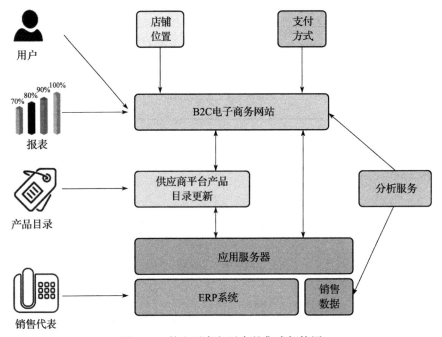

图 15-9　某电子商务平台的集成架构图

❑ **基础设施架构**：本节主要针对基础设施团队和系统工程师。解决方案架构师需要将部署图纳入，因为它可以给出服务器的逻辑位置及其依赖关系。图 15-10 是某电子商务应用程序的生产部署图。你也可以为其他环境单独生成图，例如针对开发、质量保证（QA）和用户验收测试（UAT）环境独立生成图。

　　本节列出了用于部署应用程序的所有服务器、数据库、网络和交换机。

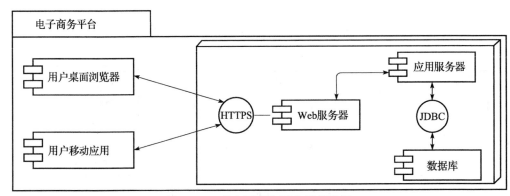

图 15-10　某电子商务平台的部署图

- ❑ **安全架构**：本节包含应用程序的所有安全性与合规性内容，包括：
  - 身份和访问管理（IAM），如活动目录（AD）、用户认证和授权管理等。
  - 基础设施安全，如防火墙配置、所需的入侵防御系统（IPS）/入侵检测系统（IDS）、防病毒软件等。
  - 应用程序安全，如 WAF、分布式拒绝服务（DDoS）保护等。
  - 数据安全，在静止和传输中使用安全套接层（SSL）协议、加密算法、密钥管理等。

总体而言，解决方案架构师还可以将应用程序威胁模型纳入，以识别任何潜在的漏洞，例如跨站脚本（XSS）、SQL 注入（SQLi）等，并规划如何保护应用程序免受任何安全威胁。

15.3.5　解决方案交付

解决方案交付部分包括开发和部署解决方案的基本注意事项，主要包括以下小节：

- ❑ **开发**：本节对于开发团队来说至关重要。它讨论了开发工具、编程语言、代码存储库、代码版本控制和分支策略，及其选择依据。
- ❑ **部署**：本节主要针对 DevOps 工程师，讲述了部署方式、部署工具、各种部署组件、部署清单，及其选择依据。
- ❑ **数据迁移**：本节帮助团队了解数据迁移和摄取方式、数据迁移范围、数据对象、数据提取工具、数据来源和数据格式等。
- ❑ **应用系统停用**：本节列出了需要停用的现有系统，以及在投资回报率（ROI）没有实现时，现有系统的退出策略。解决方案架构师需要提供旧系统停用的方法和时间表，并进行整体影响评估。

SAD 包含了应用程序开发的方法和工具。但是，它并未包括应用程序级的详细设计，例如类图或伪代码，因为这些细节需要由软件架构师或高级开发人员记录在相应的软件应用程序详细设计文档中。应用程序部署后，还需要在生产环境中对其进行管理。

15.3.6　解决方案管理

解决方案管理部分专注于生产环境支持和跨其他非生产环境的持续的系统维护。本节主要针对运维管理团队，主要解决以下几个方面的问题：

- ❑ 运维管理，如系统补丁和开发环境、测试环境、预置环境和生产环境的升级。
- ❑ 管理应用程序升级和新版本的工具。
- ❑ 管理系统基础设施的工具。
- ❑ 系统监控和告警，运维仪表盘。
- ❑ 生产环境支持、SLA 和事件管理。
- ❑ 灾难恢复和业务流程延续（Business Process Continuation，BPC）。

在解决方案设计过程中，解决方案架构师需要进行研究并收集数据来验证解决方案的正确性。相关附加细节可以放在附录部分。

15.3.7 附录

与商业计划书一样，SAD 也有一个附录部分，这个附录部分是开放的，可以放入支持整体架构和解决方案选择的任何数据。解决方案架构师可以将未解决的问题、研究数据（如 POC 的结果、工具对比数据、供应商和合作伙伴的数据等）放入附录部分。

我们已经对 SAD 结构的不同部分进行了很好的概述。SAD 必须包括前面提到的主要部分，但是，解决方案架构师可以根据组织和项目的要求，选择排除某些小节或添加额外的小节。与其他文档一样，继续对 SAD 进行迭代并寻找改进的机会是非常重要的。更健壮的 SAD 可以带来定义明确的实施指南，减少出故障的风险。

SAD 是一个活文档，它在初始阶段被创建，并根据整个应用程序生命周期中的各种变化保持更新。除了 SAD 之外，解决方案架构通常还会涉及有特定要求的重要采购提案，这个提案被称为 x 请求（Request For x，RFx）文档。

15.4 解决方案架构的 IT 采购文档

IT 采购文档通常被称为 RFx 文档。这个术语包括了采购流程的不同阶段。当提到 RFx 时，它指的是正式的请求过程。RFx 文档可分为 RFP、RFI 或 RFQ 文档。

解决方案架构师经常会参与采购，提供意见或给予指导。这些采购可能涉及外包、签约、采购软件（如数据库或开发工具）或购买 SaaS 解决方案。由于这些文档可能具有高度的技术性以及长期广泛的影响，因此解决方案架构师需要提供自己的意见，或者响应采购需求并给出建议。RFx 文档之间的区别如下：

❑ **RFI**：RFI 是在采购流程的早期，买家邀请不同的供应商提供信息，以便对后期的采购选择做出明智的决定。RFI 文档收集了不同供应商的产品信息，采购人可以据此对所有供应商进行类似参数的比较，并与入围的供应商推动下一步的工作。

❑ **RFP**：在这一过程中，在 RFI 过程中入围的供应商可以获得项目结果的更多信息。RFP 文档比 RFI 文档更加开放，供应商可以为买方提供最佳的采购选项。供应商可以在文档中给出多种选择，以及每种选择的利弊。

❑ **RFQ**：在这一过程中，与 RFP 相比，买方缩小了需求范围，并列出工作、设备和物资的具体需求。供应商需要提供所列需求的成本，买方可以从中选择最好的报价来签订合同。

RFP 是最普遍的选择，因为通常为了加快进程，买方组织会选择只向潜在供应商索取 RFP 文档。在这种情况下，RFP 文档需要具备适当的结构，以便买方能够在功能、解决方案和成本方面对首选供应商进行清晰的比较，从而快速决策。

由于 IT 企业采购具有技术性，解决方案架构师在代表买方评估供应商产品的能力和方法，以及从供应商角度响应 RFP 文档方面都发挥了非常重要的作用。

15.5　小结

解决方案架构文档（SAD）的目的是让所有的利益相关者达成一致，并就解决方案的设计和需求达成正式协议。由于利益相关者包括业务用户和技术用户，这就要求解决方案架构师必须了解 SAD 的各种视图。对于非技术用户，应包括业务、流程和逻辑视图等。对于技术用户，包括应用程序、开发、部署和运维视图等。

本章介绍了 SAD 的详细结构，包括章和节。SAD 的各个部分包括解决方案概述、业务上下文和概念架构等。参考架构图，本章介绍了各种架构视图，如应用程序、数据、基础设施、集成和安全性视图，还介绍了解决方案交付的注意事项和运维管理等。

这是一次漫长的学习之旅。你已经快读到本书的结尾了，但在结束之前，你还需要学习解决方案架构师应当具备的一些技巧，继续提高自己的知识水平。

最后一章将介绍各种软技能，如沟通风格、主人翁意识、批判性思维和持续学习技巧，帮助你成为一名更优秀的解决方案架构师。

第 16 章

学习软技能，成为更优秀的解决方案架构师

前面探讨了解决方案架构师如何才能满足所有利益相关者的需求。即使解决方案架构师的角色是技术型的，他们的工作也涉及整个组织——从高级管理层到开发团队。要成为一名成功的解决方案架构师，软技能是必不可少的关键因素。

解决方案架构师应该确保自己紧随当前的技术趋势，不断更新自己的知识，并始终对新事物充满好奇。只有不断地学习，你才可以成为一名更好的解决方案架构师。本章将介绍学习新技术的方法，以及如何分享和回馈技术社区。

解决方案架构师需要定义并提出整体的技术战略来解决业务问题，这需要出色的表达技能。解决方案架构师还需要跨业务和技术团队来协商最佳解决方案，这需要出色的沟通技能。

本章涵盖解决方案架构师必须具备的以下软技能：

❑ 掌握售前技能。

❑ 向公司高层做汇报演示。

❑ 勇于承担责任。

❑ 定义战略执行以及**目标与关键成果**（Objective and Key Result，OKR）。

❑ 着眼于大局。

❑ 灵活性和适应性。

❑ 设计思维。

❑ 编写代码动手实践。

❑ 持续学习，不断进步。

❑ 成为他人的导师。

❑ 成为技术布道者和思想领袖。

本章结束时，你将清楚地了解解决方案架构师担任该角色所需的各种软技能，学会获得战略技能（如售前技能，与高管沟通的技能）的方法，开发设计思维和个人领导力（如大局思维和主人翁意识）的技能，学会如何将自己打造成领导者，并不断自我提升。

16.1　掌握售前技能

售前是复杂的技术采购的关键阶段，客户在此阶段收集详细信息，做出购买决定。在客户组织中，解决方案架构师会参与此阶段，从不同的供应商处采购技术和基础设施资源。在供应商组织中，解决方案架构师需要响应客户的需求建议书（RFP），并提出潜在的解决方案，为组织获取新的业务。售前需要一套独特的技能，将强大的技术知识与软技能相结合，包括：

- ❑ **沟通和谈判技能**：解决方案架构师需要具备优秀的沟通技能，以便让客户了解正确且最新的细节信息。呈现解决方案的准确内容以及行业相关性，有助于客户明了解决方案如何解决其业务问题。解决方案架构师是销售团队和技术团队之间的桥梁，因此沟通和协调很关键。

  解决方案架构师还需要与客户和组织内部团队合作，以达成协议，这就需要优秀的谈判技能。尤其是战略层面的决策对各团队都有重大的影响，解决方案架构师需要在团队之间进行协调，权衡取舍，并提出一个优化的解决方案。

- ❑ **倾听和解决问题技能**：解决方案架构师需要具备强大的分析能力，才能根据客户的需求，确定正确的解决方案。首先，通过提出准确的问题来倾听并理解客户的用例，从而创建好的解决方案。你需要了解差距，并提出解决方案，以产生直接的业务影响，从而获得长期投资回报。对于某些客户而言，性能较为重要，但另一些客户可能更关注成本，这取决于它们的应用程序的用户群。解决方案架构师需要根据客户的主要关键绩效指标（KPI）目标提供正确的解决方案。

- ❑ **客户公关技能**：通常情况下，解决方案架构师需要同时与内部团队和外部客户团队合作。他们影响着各个层级的利益相关者，从企业高管到开发工程师。解决方案架构师向高级管理层提供解决方案并进行演示，而管理层更多地从业务前景的角度来考虑其建议。

  企业高管的支持和对计划的承诺对于所采用的解决方案的成功非常关键，这使得客户公关技能变得至关重要。企业高管需要在会议的有限时间内了解方案的细节，而解决方案架构师则需要利用分配的时间发挥其最大的优势（见 16.2 节）。

- ❑ **团队合作**：解决方案架构师需要与业务团队和产品团队建立联系。为了准备最佳的应用程序，解决方案架构师需要与各个级别的业务团队和技术团队合作。这就要求解决方案架构师必须具备良好的团队合作精神，能够与众多团队合作，分享想法，并找到合适的工作方式。

上述技能不仅是售前所必需的，也同样适用于解决方案架构师的日常工作职责。解决方案架构师通常有技术背景，作为这样的角色，他们需要掌握与高管进行关键对话的技能，下一节将介绍关于高管对话的内容。

16.2 向企业高管汇报

解决方案架构师需要从技术和业务的角度处理各种挑战。然而，获得高管的支持可能算得上最具挑战性的任务之一。首席执行官（CEO）、首席技术官（CTO）、财务总监（CFO）和首席信息官（CIO）等高级管理人员被称为 C 级高管，因为他们的日程安排很紧，需要做大量高层决策。作为解决方案架构师，你可能有很多细节需要进行演示，但是高管会议是有时间限制的。因此，解决方案架构师需要在规定的时间内，最大限度地发挥会议的价值。

首要的问题是：如何在有限的时间内获得高管的关注和支持？通常，在汇报过程中，人们往往会用一张总结性的幻灯片收尾，但对于高管会议来说，演示时间可能会根据优先级和议程进一步减少。向高管演示的关键是在前 5 分钟内总结出主要观点，应该做好这样的准备——即使演示从 30 分钟被压缩到 5 分钟，也足够传达自己的观点，并获得下一步的支持。

应当在总结之前就对议程和汇报内容结构进行说明。高管们会提出很多问题，从而高效利用其时间，因此，议程的安排应该传达出让他们有机会提出明确问题的信息。根据与他们的行业和组织一致的事实和数据来支持最后的总结，同时保留细节，以防他们想深入了解某个特定领域，还需要确保能够调出并展示所有的相关数据。

不要事无巨细地陈述，因为有些信息从你的角度来看可能是相关信息，但对高管听众来说可能没有太大意义。例如，作为解决方案架构师，你可能会更关注技术实施带来的效益，然而，高级管理层更关注的是如何减少运营开销，提高生产力，从而提高投资回报率。所以，应该准备好回答高管们更关心的以下问题：

- **所提出的解决方案将如何使我们的客户受益？** 业务围绕着客户展开，而高管们则关心的是公司的发展，但这一切只有在客户满意的情况下才有可能实现。确保对客户群及需求进行深入的研究。对于展示出的效益，要准备好可靠的数据支持。
- **针对解决方案做了哪些假设？** 通常情况下，这些会议处于初始阶段，可能还没有足够多的细节。解决方案架构师始终需要做出一些假设来确定解决方案的基准。以要点的方式列出这些假设，以及与之相关的缓解计划，以防事情未能按照假设进行。
- **投资回报率是多少？** 高管们总是通过确定总拥有成本（TCO）来推测 ROI。应当就拥有成本、解决方案维护成本、培训成本、总体成本节约等准备好相关数据。
- **如果维持现状而不采取任何行动，会怎么样？** 高级管理层可能会进入极端的审查模式，以确定投资回报率。他们想知道投资是否值得。这就需要准备好市场调研的结果，例如，技术趋势、客户趋势和竞争态势。

❏ **竞争对手对于此解决方案会有什么反应？** 竞争无处不在，而高管们往往更担心竞争。他们想了解解决方案是否具有创新性，是否能打败竞争对手，使组织脱颖而出。因此，最好做一些前期的调研，并加入与其行业和客户群相关的竞争力数据。

❏ **你的建议是什么，我能如何帮助你？** 在提供建议的同时，应该始终给出清晰的可以作为下一步的行动项列表，因为你需要得到高管们的认同，并通过请求帮助让他们感觉到自己参与其中。例如，可以要求 CIO 将你与工程团队或产品团队联系起来，以使解决方案推进到下一个步骤。

到目前为止，我们已经讨论了各种软技能，如沟通、汇报、倾听等。现在我们来介绍作为组织的技术领导者，解决方案架构师应当具备的领导力技能。

16.3　主人翁意识和责任心

树立主人翁意识，将自己定位为领导者，有助于以责任心赢得信任。"主人翁"并不意味着需要独自执行任务，更重要的是对组织的责任与担当，采取创新的举措并坚持下去。你可能会有一些想法，这些想法可以使组织提高生产力、敏捷性，节约成本并扩大客户群。有时，你或许没有时间或资源来实现这些想法，但应该始终尝试把它作为创新举措提出来，并让其他人参与其实现。

责任心就是要对推动结果负责。主人翁意识和责任心是相辅相成的，你不仅要主动提出想法，而且要努力取得结果。人们相信你能执行任何工作并获得成果。责任心有助于你与客户和团队建立信任，最终创造更好的工作环境并实现目标。

作为解决方案架构师，当你拥有主人翁意识时，它可以帮助你从客户和赞助商的角度看待问题。你会感到充满了动力，这是你喜欢做而且有意义的事情。要确保定义并创建成功目标与关键成果。目标应该使用具体的关键成果来衡量，而且它们必须是有时效性的。我们来介绍目标与关键成果（Objective and Key Result，OKR）。

16.4　定义战略执行以及目标与关键成果

战略执行是一项复杂而富有挑战性的工作。优秀的战略执行力对于实现组织的愿景、使命和目标至关重要。需要将理念转化为可操作的要素，使团队保持一致的目标，让每个人都朝着同一个方向前进。目标设定和目标管理是在组织中完成任务的最行之有效的方法之一。

OKR 是目标设定的原则和实践（愿景和执行）。OKR 是以战略执行为核心的战略管理体系。OKR 是一个简单的框架，可以让你定义组织的主要战略及其优先级。目标就是原则，关键成果则是实践——这是组织愿景的**内容**和**方式**。OKR 有四种超能力，如图 16-1 所示。

OKR 的超能力包括：

□ **确定重点**：从问题"我们的首要任务是什么，应该把精力集中在哪里？"入手，致力于真正重要的事情，并明确什么是必要的。

□ **对齐目标**：将目标公开化、透明化。与团队保持联系，获得跨团队、自下而上和横向对齐。

□ **跟踪进展**：直观地跟踪每个目标的关键成果，精确到百分点。

□ **扩展目标**：创建远大的目标，以实现卓越的成就。扩展目标可以让人们重新设想、重新思考。

图 16-1　OKR 的超能力

OKR 为从执行发起人到团队等不同层级的所有利益相关者提供了可见性和有意义的结果。OKR 使组织的愿景和使命变得清晰。处理日常活动的团队成员需要对使命有清晰的了解，他们需要知道自己的日常工作是如何对组织使命产生影响的。OKR 框架使你可以定义这种联系，并让团队中的每个人都知晓并理解其意义。

16.5　着眼于大局

解决方案架构师应当有能力着眼于大局并做到深谋远虑。解决方案架构师为团队奠定基础，团队在此基础上进行构建并发布产品。考虑到应用程序的长期可持续性，着眼于大局是解决方案架构师应该具备的关键技能之一。着眼于大局并不意味着必须设定不切实际的目标。它指的是你的目标应该足够高，足以挑战你自己，让你走出舒适区。无论是在个人层面还是组织层面，着眼于大局都是成功的关键。

永远不要怀疑自己的能力，而应着眼于大局。起初，实现这一目标可能很有挑战性，但当你开始朝着目标努力时，就会找到方法。相信自己，你会发现别人也开始支持和相信你了。着眼于大局有助于激励周围的人成为你成功的一部分。设定一个长期目标，比如"你希望自己和组织在未来十年的发展方向是什么？"然后，一步一个脚印，通过实现每一步的短期目标，最终实现长期目标。

一旦设定了具有挑战性的目标，它将能够帮助你大展身手，探索新的挑战。然而，要想取得成果，还需要同行和团队的支持，他们可以向你提供正确的反馈，并在必要时提供帮助。要努力成为人们愿意帮助的人，当然，这是双向的，要想获得别人的帮助，你需要敞开心扉去帮助别人。适应性是解决方案架构师与他人合作的另一项关键技能，我们来详细介绍一下。

16.6 灵活性和适应性

灵活性和适应性是相辅相成的，我们需要灵活地适应新的环境、工作文化和技术。适应性意味着总是对新的想法和与团队的合作持开放态度。团队可以采用最适合自己的流程和技术。作为解决方案架构师，需要在解决方案设计过程中灵活地适应团队的需求。

举个简单的例子，来说明微服务架构可以促进技术实现的灵活性。在微服务架构中，每个服务都通过 HTTP 上的标准 RESTful API 与其他服务进行通信。不同的团队可以选择使用不同的语言编写代码，比如 Python、Java、Node.js 或 .NET。唯一的要求是，团队需要确保公开他们的 API，以便整个系统可以利用它们来进行构建。

要想获得更具创新性的解决方案，需要用不同的思维方式和视角去研究问题。鼓励团队快速试错并进行创新，有助于提高组织的竞争力。灵活性的个人特征表现在：

❑ 与团队一起思考各种解决问题的方案，并采取最佳方法。
❑ 帮助团队成员减轻工作负担。
❑ 如果团队成员因个人工作原因需要请假数周，主动补位。
❑ 能够与不同地点、不同时区的团队进行有效协作。

我们需要有开放的心态，并能适应技术和流程的变化。在给团队或组织带来变化时，可能会面临种种阻力。这时就需要鼓励他人保持灵活变通，并传达变革的重要性。例如，当组织想要将其工作负载从企业本地转移到云上时，经常会遇到阻力，因为人们必须学习新的平台。因此，需要向大家解释云的价值主张，以及它将如何帮助大家更敏捷、更快速地创新。

作为解决方案架构师，需要具备适应性，以执行多种任务，并设定正确的执行优先级。这就要求具备适应形势和压力的能力。解决方案架构师需要具备批判性的设计思维，才能创建创新的解决方案。我们来介绍更多关于设计思维的知识。

16.7 设计思维

解决方案架构师的主要职责是进行系统设计，因此设计思维是他们的一项基本技能。设计思维是各行业用以解决具有挑战性且不明确的问题的最成功的方法之一。设计思维有助于从不同的角度看待问题和解决方案，而这些角度可能是你在第一时间没有考虑到的。设计思维更注重通过基于解决方案的方法来解决问题，从而交付结果。它可以帮助你对几乎所有的问题、解决方案和相关风险提出质疑，从而得出最优策略。

设计思维通过设身处地为终端用户和客户着想，帮助你以更加以人为本的方式重新定义问题。图 16-2 说明了设计思维的主要原则。

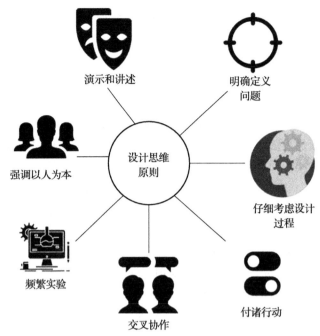

图 16-2　设计思维原则

设计思维原则如下：

❑ **强调以人为本**：收集不同用户的反馈，设身处地从不同的角度去理解问题。

❑ **交叉协作**：让不同背景的人参与进来，以多元化的方式寻找问题，并确保解决方案
能满足所有人的需求。

❑ **仔细考虑设计过程**：通过明确的目标和方法来理解整个设计过程。

❑ **演示和讲述**：以视觉化的形式将想法呈现出来，让在场的每个人都能轻松理解。

❑ **明确定义问题**：为给定的挑战创建清晰明确的愿景，这可以帮助其他人清楚地理解，
并鼓励他们做出更大贡献。

❑ **频繁实验**：创建原型，以了解该想法的实际实施情况。采取"快速失败"策略，更
频繁地进行实验。

❑ **付诸行动**：最终的设计是提供解决方案，而不仅仅是思维。积极主动地推进工作，
提出能够形成可行解决方案的行动。

设计思维具有坚实的基础，可以应用同理心，并针对给定的问题建立全局观。为了应用
设计思维，d.school（https://dschool.stanford.edu/resources/getting-started-with-design-thinking）
提出了一个五阶段模型，是教学和应用设计思维的先驱。图 16-3 展示了设计思维的五个
阶段。

设计思维是一种需要不断发展的迭代方法。每个阶段的输出可以递归输入其他阶段，
直到解决方案固化为止。对各阶段的简要概述如下：

❑ **同理心**：同理心是在人文背景下设计的构件和基础。要产生共鸣，就应该观察用户的

行为，并与他们接触，以了解实
际问题。通过置身其中，尝试让
自己沉浸在问题中，用心去体验。

❑ **定义**：当你体验到用户的需求和
他们所面临的问题时，同理心有
助于定义问题。在定义阶段，你
可以充分运用自己的洞察力清晰
地定义问题，这样可以激发思
路，从而找到创新而又简单的解
决方案。

❑ **构想**：构想阶段是从问题过渡到
解决方案的过程。通过与团队合
作，提出具有挑战性的假设，找

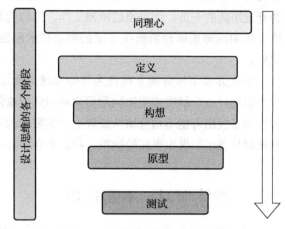

图 16-3　设计思维的五个阶段

到各种替代解决方案。在头脑中找到一个显而易见的解决方案，并协同工作，找到
所有可能的解决方案，从而实现创新。

❑ **原型**：原型阶段有助于将构想转化为具体的解决方案。原型可以提供大量的学习机
会，并通过演示概念验证（POC）来帮助解决分歧。它还能帮助找出偏差和风险。应
该在还未大量投入资本的情况下快速地构建原型，这样可以更容易应对失败并积累
经验。

❑ **测试**：测试阶段是为了获得解决方案的反馈，并进行相应的重复。测试阶段有助于
重新定义解决方案，并进一步了解用户。

设计思维涵盖了提出逻辑和实际解决方案所需的所有阶段。在设计应用程序架构时，
可以将设计思维的各个阶段和原则应用起来。在此要特别强调原型设计，因为这是用数据和
事实来固化提案和现有解决方案的唯一方法。解决方案架构师的主要工作是理解业务关注
点，并使用团队可以实现的原型来创建技术解决方案设计。为了构建原型，解决方案架构师
需要动手实践，亲自参与编码。

16.8　做一个动手写代码的程序员

解决方案架构师是在实践中学习的构建者。一个原型胜过一千张幻灯片。它有助于减
少沟通不畅，构想解决方案。呈现 POC 和原型设计是解决方案架构师角色中不可或缺的一
部分。原型设计是解决方案的前期阶段，它有助于加深对应用程序设计和用户的理解，以及
对多种解决方案路径的思考和构建。利用对原型的测试，通过演示愿景来完善解决方案，并
启发其他人，如团队、客户和投资者。

解决方案架构师是与开发团队紧密合作的技术领导者。在敏捷开发团队中，解决方案架构师除了要用 PowerPoint 做演示外，还需要展示 POC 的代码。解决方案架构师不需要成为开发团队的一员，而是通过协同工作，用他们的语言向开发团队传达解决方案。只有当解决方案架构师能够理解解决方案的深层技术层面，并且亲身实践编写代码，才有可能成功交付。

解决方案架构师通常被视为导师和球员教练，拥有一定的编码实践能力以帮助他们建立可信度。一个解决方案架构师需要对团队应该使用哪些编程语言和工具做出战略决策。实践有助于找出可能不适合团队或解决方案需求的漏洞——始终学习新的技术有助于解决方案架构师代表组织做出更好的决策。我们来介绍持续学习的技能。

16.9　持续学习，不断进步

解决方案架构师需要不断吸收新的知识，提升自己的技能，以帮助组织做出更好的决策。持续学习有助于与时俱进，保持信心。它能开阔思维，改变前景。在全职工作和繁忙的家庭生活之余，学习可能是一项颇具挑战性的任务。持续学习就是要培养不断学习新事物的习惯，因此必须要有动力、有纪律。首先，需要设定学习目标，并通过有效的时间管理来实现这些目标。在忙于日常工作时，往往会忽略这一点。

每个人都有自己的学习方式。有的人可能喜欢正规教育，有的人可能会阅读书籍，有的人可能想收听、观看教程。我们需要找到对自己最有效、最适合自己生活方式的学习方式。例如，可以选择在上下班的途中听有声书和教程，可以在商务旅行的航班上读书，也可以在健身房锻炼时观看视频教程。总的来说，你需要进行一些调整，从繁忙的工作生活中抽出时间来持续学习。以下是一些让自己不断学习的方法：

❑ **通过实践来学习新技术、框架和语言**：解决方案架构师是构建者，并随时准备亲自实践。作为一名成功的解决方案架构师，需要通过构建小型 POC 来不断学习新技术。了解现代编程语言和框架将有助于为组织和团队提供最佳的技术采用建议。

❑ **通过阅读书籍和教程来学习新技能**：在线学习带来了一场革命，使人们可以轻松地学习并深入任何知识领域。现在，庞大的知识库就掌握在我们手中，你可以学到所有知识。像 Udemy 或 Coursera 这样的在线平台提供了成千上万个各领域的视频教程课程，你可以在线观看或下载到设备上进行离线学习。

同样，Kindle 中也有数百万本书籍，你可以随时随地阅读。Audible 和 Google Play 等有声读物平台可以供人在通勤途中听书。有这么多便捷的资源，我们没有理由不持续学习。

❑ **通过阅读网站和博客上的文章来跟踪技术新闻和发展**：让自己跟上技术趋势的最好方法是订阅技术新闻和博客。你可以在 TechCrunch.com、Wired.com 和 Cnet.com 等流行的网站上获得最新的技术趋势。*CNBC* 或 *The New York Times*、BBC 新闻和 CNN

频道等都有技术文章，可以很好地洞察行业趋势。还可以订阅博客，获取相应技术领域的新知识。例如，对于云平台的学习，可以订阅 AWS 的博客，其中有数千 AWS 云领域的文章和用例，其他公有云（如 Azure 和 GCP）也有类似的博客。

❑ **撰写博客、白皮书和书籍**：分享知识是最好的学习方式，因为当你试图向他人介绍知识时，你会通过用例进行思考。在 medium.com、Blogger 和 Tumblr 等流行的博客发布平台上发表博客和文章，可以帮助你分享自己的学习成果，同时也可以向他人学习。积极参与问答平台，有助于为特定问题找到可用的解决方案。流行的问答平台有 Quora、Reddit、StackOverflow、Stack Exchange 等。

❑ **通过教授他人来巩固知识**：教导他人可以帮助你进行协作，并从不同的角度了解自己的知识。通常，学员提出的用例会让你有机会通过不同的方式来找到解决方案。举办一整天的研讨会，并进行实践性的实验室和概念构建，有助于巩固你的学习成果，并与他人一起学习。

❑ **参加在线课程**：有时候，我们想进行正规的学习，以便更加规范，同时又希望兼具灵活性。在线课程提供了灵活性，有助于安排其他优先事项，并节省时间。在线课程可以提供一种有组织的学习新技术的方式，并帮助你提升知识。

❑ **向队友学习**：团队成员有着相同的背景，每天的大部分时间你都和他们在一起。与团队成员一起学习有助于加快学习速度。团队可以采取分而治之的策略，每个团队成员可以分享主题，并进行深入的午餐研讨会。午餐研讨会是许多组织用来在团队成员之间进行定期学习的标准方法。每个团队成员在每周的午餐研讨会中分享他们的新知识，其他人都能快速学习新的主题。

❑ **参加用户组、出席会议**：所有大型的垂直行业和技术组织都会举办会议，包括对新技术趋势的洞察和实践环节。参加行业会议和用户组会议有助于培养人脉，了解技术趋势。来自行业领导者的大型技术会议包括 AWS re:Invent、Google Cloud Next、Microsoft Ignite、SAP SAPPHIRE、Strata Data 会议等。可以创建一个本地用户组，并在本地区域举行见面会，这将有助于你与各行业和组织的专业人士进行合作。

解决方案架构师扮演的是技术领导者的角色，一个好的领导者就应该培养更多像自己一样的领导者，这一点可以通过导师制来实现。解决方案架构师应当扮演球员教练的角色，并指导他人。

16.10　成为他人的导师

导师要帮助他人，并根据自己的学习和经验为他们建立成功的基础。建立一对一的导师/学员关系，是培养领导者的一种有效方式。要想成为一名优秀的导师，需要采取一种非正式的沟通方式，为学员建立一个舒适区。学员可以在多个领域寻求建议，比如职业发展或者在个人工作与生活的平衡方面。应当进行非正式的需求评估，并建立双方的共同目标和期望。

导师更多的是倾听。有时候，人们需要有人倾听他们的声音，并根据需要提供建议。你应该先认真倾听，了解他们的观点，然后帮助他们做出自己的决定，因为这样会让他们觉得更有成就感。作为一名优秀的导师，在就职业发展提供建议时，需要坦诚地提出最适合学员的建议，即使它不一定是最适合公司的。始终提供诚实的、建设性的反馈，以帮助他们找出差距，并克服差距。

导师的关键特质是激发他人的能力。通常情况下，如果人们在你身上看到了榜样，他们就会选择你作为导师。在不把你的观点提出来的情况下，帮助学员充分开发他们的潜力，实现他们之前从未想过的事情。作为导师是互惠互利的，你也可以从学员身上学到很多关于人的行为和成长的知识。成为他人的导师，最终会帮助你成为一个更好的领导者，和更优秀的人。

16.11　成为技术布道者和思想领袖

技术布道者要成为专家，为技术和产品代言。一些拥有庞大产品基础的组织会单独推出一个技术布道者的角色，但通常情况下，解决方案架构师需要在工作中扮演布道者的角色。作为技术布道者，需要在人与人之间了解现实世界中的问题，并提倡用你的技术来解决业务问题。

技术布道者需要以公开演讲者的身份参加行业会议，并推广各自的平台。它可以使你成为思想领袖和有影响力的人物，这可以帮助组织提高其平台和产品的采用率。公开演讲是解决方案架构师所必需的关键技能之一，以便在各种公共平台上进行互动，并在众多观众面前进行演示。

布道者还会创建和发布内容，比如博客文章、白皮书和微博，以此来宣传他们的产品。他们通过社交来提高产品的采用率，并与用户互动以了解他们的反馈。布道者从客户角度出发，将反馈信息传递给内部团队，帮助他们改进产品。随着时间的推移，作为布道者，你将提炼出符合组织最大利益的信息。

总的来说，解决方案架构师是一个身兼数职的角色，树立主人翁意识将帮助你在职业生涯中取得更大的成功。

16.12　小结

本章深入介绍了解决方案架构师成功所需的各种软技能。解决方案架构师需要具备售前技能，如谈判、沟通、解决问题和倾听等技能，这些技能可以帮助架构师为组织的售前周期提供支持，比如响应 RFP。本章还探讨了有关与高管对话，获得高管支持所需的演示技能。

本章也介绍了解决方案架构师必须具备为组织定义关键目标与成果所需的战略理解能力。为了在不同的层面定义战略执行，解决方案架构师应该有大局观和灵活的适应能力。本章同时介绍了解决方案架构师应有主人翁意识并对自己的行为负责。

解决方案架构师角色的主要职责是架构设计。本章讨论了设计思维，以及它的原则和各个阶段；还介绍了持续学习的重要性，以及如何才能保持学习，紧跟市场趋势；还介绍了解决方案架构师的其他职责——担任导师和布道者。

这是一段漫长的旅程，我们用 16 章介绍了关于解决方案架构师的所有知识，从他们的角色和职责，到解决方案设计和架构优化的不同方面。希望你有所收获，希望本书能帮助你发展成为一名解决方案架构师，或者帮助你在当前的工作岗位上取得成功。

祝学习愉快！

推荐阅读

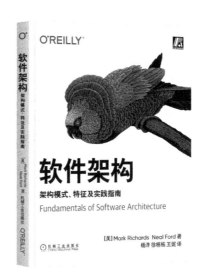

软件架构：架构模式、特征及实践指南

[美] Mark Richards 等 译者：杨洋 等 书号：978-7-111-68219-6 定价：129.00 元

畅销书《卓有成效的程序员》作者的全新力作，从现代角度，全面系统地阐释软件架构的模式、工具及权衡分析等。

本书全面概述了软件架构的方方面面，涉及架构特征、架构模式、组件识别、图表化和展示架构、演进架构，以及许多其他主题。本书分为三部分。第 1 部分介绍关于组件化、模块化、耦合和度量软件复杂度的基本概念和术语。第 2 部分详细介绍各种架构风格：分层架构风格、管道架构风格、微内核架构风格、基于服务的架构风格、事件驱动的架构风格、基于空间的架构风格、编制驱动的面向服务的架构、微服务架构。第 3 部分介绍成为一个成功的软件架构师所必需的关键技巧和软技能。

推荐阅读

企业级业务架构设计：方法论与实践
作者：付晓岩

从业务架构"知行合一"角度阐述业务架构的战略分析、架构设计、架构落地、长期管理，以及架构方法论的持续改良

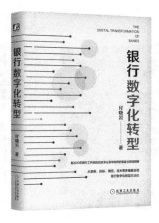

银行数字化转型
作者：付晓岩

有近20年银行工作经验的资深业务架构师的复盘与深刻洞察，从思维、目标、路径、技术多维度总结银行数字化转型方法论

凤凰架构：构建可靠的大型分布式系统
作者：周志明

超级畅销书《深入理解Java虚拟机》作者最新力作，从架构演进、架构设计思维、分布式基石、不可变基础设施、技术方法论5个维度全面探索如何构建可靠的大型分布式系统

架构真意：企业级应用架构设计方法论与实践
作者：范钢 孙玄

资深架构专家撰写，提供方法更优的企业级应用架构设计方法论详细阐述当下热门的分布式系统和大数据平台的架构方法，提供可复用的经验，可操作性极强，助你领悟架构的本质，构建高质量的企业级应用

推荐阅读